信息处理与智能计算类著作

国家自然科学基金资助项目

直觉模糊核匹配追踪理论及应用

雷　阳　孔韦韦　尤著宏　余晓东　刘　佳　张明书　任　聪　著

西安电子科技大学出版社

内容简介

本书系统地介绍了直觉模糊核匹配追踪理论与方法在模式识别、图像信息融合等领域的应用。全书分为三个部分，共13章。第1部分为基础知识部分(第1～5章)，第1章介绍目标识别的背景、意义、发展现状及直觉模糊集、核匹配追踪的概况；第2章介绍直觉模糊集的定义、性质及基本运算；第3章介绍直觉模糊集非隶属度函数的几种规范性确定方法；第4章介绍核匹配追踪的基本理论知识；第5章介绍弹道中段目标的弹道特性、自旋及进动特性、雷达回波特性等。第2部分为直觉模糊理论及目标识别应用(第6～8章)，第6章介绍直觉模糊推理的目标识别方法、自适应直觉模糊推理的目标识别方法；第7章介绍直觉模糊 CLOPE 的参数优选方法、特征加权的直觉模糊 c 均值聚类的目标识别方法；第8章介绍基于人工蜂群优化的直觉模糊核聚类弹道目标识别方法；第3部分为核匹配追踪理论及目标识别应用(第9～13章)，第9章介绍基于直觉模糊核匹配追踪的弹道目标识别方法。第10章介绍基于粒子群优化的直觉模糊核匹配追踪的目标识别方法和基于弱贪婪策略的随机直觉模糊核匹配追踪的目标识别方法；第11章介绍基于目标函数的直觉模糊 c 均值聚类的核匹配追踪算法及弹道中段目标识别方法；第12章介绍基于直觉模糊核匹配追踪集成的弹道目标识别方法。第13章介绍基于 ECOC 核匹配追踪的弹道目标识别方法。

本书可作为高等院校计算机、信息等专业高年级本科生或研究生计算智能课程的教材或教学参考书，也可供从事人工智能、模式识别等领域研究的教师、研究生以及科研人员参考。

图书在版编目(CIP)数据

直觉模糊核匹配追踪理论及应用/雷阳等著. —西安：西安电子科技大学出版社，2019.3

ISBN 978-7-5606-5202-3

Ⅰ. ① 直… Ⅱ. ① 雷… Ⅲ. ① 人工智能-研究 Ⅳ. ① TP18

中国版本图书馆 CIP 数据核字(2019)第 008344 号

策划编辑 李惠萍
责任编辑 唐小玉 雷鸿俊
出版发行 西安电子科技大学出版社(西安市太白南路2号)
电　　话 (029)88242885 88201467 邮　　编 710071
网　　址 www.xduph.com 电子邮箱 xdupfxb001@163.com
经　　销 新华书店
印刷单位 陕西天意印务有限责任公司
版　　次 2019年3月第1版 2019年3月第1次印刷
开　　本 787毫米×1092毫米 1/16 印张 14.5
字　　数 341千字
印　　数 1～2000册
定　　价 35.00元

ISBN 978-7-5606-5202-3/TP

XDUP 5504001-1

前　言

近年来，多传感器信息融合理论及其应用技术得到了快速发展，其中基于信息融合的目标识别技术是国内外一个重要的研究热点。在现代信息化战争中，空天目标识别是防空反导中的一项关键技术，但传感器受到多种因素干扰的影响，所获得的数据是不精确、不完整、不可靠的，往往难以发挥效用。直觉模糊集是对Zadeh模糊集的一种扩充与发展，同其他理论进行有效融合后，可用于解决复杂环境下空天目标的识别问题。

本书汲取直觉模糊集、核匹配追踪、神经网络、聚类、核方法、粒子群、弱贪婪、集成学习、免疫克隆选择等一系列人工智能理论的优势，有效融合、大胆尝试，探索和挖掘其意想不到的潜在价值，形成以直觉模糊核匹配追踪融合理论为主线的系列智能融合理论，进而从新的视角探索和建立空天目标识别方法模型。

本书共分三个部分，其中前两部分内容是基于直觉模糊理论的研究及其空天目标识别领域的应用，提供了四种直觉模糊非隶属度函数的规范性确定方法，建立了直觉模糊推理系统和基于T－S型自适应直觉模糊推理系统，进而提出了相应的目标识别方法；第三部分内容是基于核匹配追踪理论的研究及其在空天目标识别领域的应用、基于直觉模糊和核匹配追踪有效结合的理论研究及其在空天目标识别领域的应用，给出了一种基于人工蜂群算法优化的直觉模糊核聚类算法，并将其用于空天目标识别。

本书是系统介绍关于直觉模糊核匹配追踪理论的目标识别的著作，是作者在“国家自然科学基金项目”(No. 61309008，No. 61309022)、“国家级信息保障技术重点实验室开放基金课题”(No. KJ－13－108)、“全国博士后基金面上项目二等资助”(No. 2014M552718)、“陕西省自然科学基金项目”(No. 2013JQ8031，No. 2014JQ8049)、“武警工程大学自然研究基础基金”(No. WJY－201214，No. WJY－201312，WJY－201414)资助下系列研究成果的汇集，书中主要内容取自作者研究团队近年来发表的20余篇学术论文和数篇博士、硕士学位论文，在此对他们的辛勤工作表示诚挚的感谢。在本书撰写过程中，还参考了国内外大量的文献和资料，众多学者们的研究成果是本书不可或缺的素材，在此一并致以诚挚的感谢。此外，本书的出版还得到了“军队2110工程”建设项目的资助。

本书内容新颖，逻辑严谨，语言通俗，体例合理，注重基础，面向应用，可作为高等院校计算机、信息等专业高年级本科生或研究生计算智能课程的教材或教学参考书，也可供从事模式识别、人工智能等领域研究的教师、研究生以及科研人员参考。

全书分三部分共13章，第1部分为基础知识(第1～5章)，第2部分为直觉模糊理论及目标识别应用(第6～8章)，第3部分为核匹配追踪理论及目标识别应用(第9～13章)。

本书由雷阳主编，参加编撰工作的有：孔韦韦副教授(第7～9章)、尤著宏教授(第1章、第5、6章)、余晓东讲师(第10、11章)、张明书副教授(第12、13章)、刘佳副教授(第2、3章)、任聪讲师(第4章)等课题组成员。

目标识别技术是近年来信息处理领域内的热点研究问题，其理论及应用研究受到国内外众多学者的关注，是当前研究的一个热点领域，本书汇集的研究成果只是冰山一角，只能起抛砖之效，加之作者水平有限，书中难免有不足之处，敬请广大读者批评指正。

作　者

2018年10月

目录

第1部分 基础知识

第 2 部分　直觉模糊理论及目标识别应用

第3部分 核匹配追踪理论及目标识别应用

第 1 部分

基础知识

第1章　概　　述

弹道目标识别是模式识别领域研究的热点问题，也是关乎我国空天安全的现实难题。本书通过融合直觉模糊集、核匹配追踪等相关理论的优势，对弹道中段目标识别方法进行了研究，提出了新的弹道目标识别方法，以获得更有效的识别结果。

本章的主要内容包括本书的研究背景、研究目的及作用意义；国内外直觉模糊集、核匹配追踪、弹道目标识别等相关领域的发展研究现状。

1.1　弹道目标识别的研究背景及目的意义

1.1.1　研究背景

弹道导弹是一种可从水、陆发射，按固定轨道高速飞行的攻击性武器，具备速度快、射程远、精度高、突防能力强等优点，已成为局部战争的“撒手锏”武器。据不完全统计，全世界目前有近40个国家及地区拥有战术弹道，现役弹道导弹数量更是高达1万枚以上。甚至可以说，世界上没有一个国家不是处在弹道导弹的打击威胁之下[1]。如图1.1所示，目前，我国周边地区拥有超过1000 km射程弹道导弹的国家就分别有俄罗斯、印度、伊朗、朝鲜、巴基斯坦以及沙特阿拉伯6个国家，拥有射程低于1000 km的国家有哈萨克斯坦、越南、韩国、中国台湾等19个国家和地区。尤其是印度、中国台湾等国家和地区弹道导弹的相继研制和列装，已对我国战略防御环境构成了严重威胁。印度射程为3500 km的“烈火-Ⅲ”型弹道导弹可覆盖我国包括首都在内的大部分区域，其于2012年4月29日首次试射成功的“烈火-Ⅵ”型弹道导弹射程达到5000 km，打击范围覆盖我国全境。

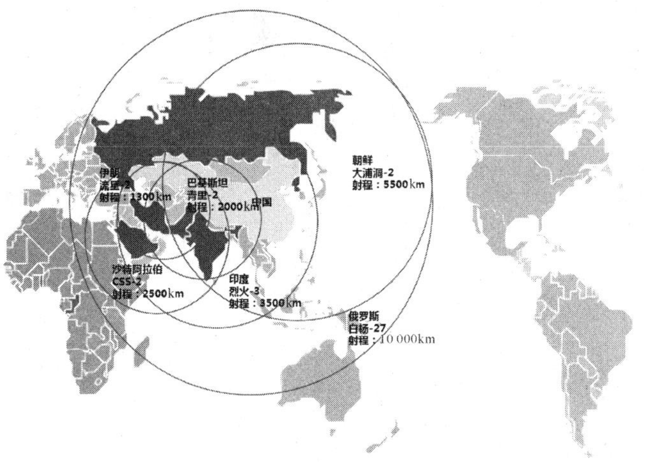

图1.1　周边国家和地区弹道导弹对我国国土覆盖示意图

由此可见，我国在地缘上已处于拥有并部署弹道导弹的国家、地区的重重包围之中，而且部分国家和地区的矛头直指我国。随着弹道导弹技术的进一步扩散以及不友好国家和地区弹道导弹武器系统的发展，我国面临弹道导弹的威胁正在不断加剧，并有多元化、多方向、现实与潜在并存、受威胁地域不断扩大等特点。这无疑对我国的空天安全构成了现实且紧迫的威胁。

值得强调的是，2015 年 9 月 3 日，纪念中国人民抗日战争暨世界反法西斯战争胜利 70 周年大会在北京隆重举行。习近平总书记在短短十多分钟的讲话里 18 次提及和平，并语重心长地讲到："今天，和平与发展已成为时代主题，但世界仍很不太平，战争的达摩克利斯之剑依然悬在人类头上。"作为祖国和人民的忠诚战士，我们同样珍爱和平，但我们更要做到能打仗，打胜仗！为此，在"空天一体，攻防兼备"的战略指导方针下，深入研究弹道导弹防御技术，并逐步建立完善的弹道导弹防御体系，已势在必行，刻不容缓。

本书所涉及的研究内容正是在此背景下展开的，作者结合直觉模糊集、核匹配追踪等理论各自的优势，从新的视角研究空天目标识别方法，对我国战略预警、防空反导系统的建设具有重要理论意义和应用价值。

1.1.2 研究目的及意义

纵观弹道导弹防御技术的发展历程，从 20 世纪 60 年代以来，目标群中的真弹头识别问题一直是其研究热点和核心难题之一[2]。弹道中段的飞行时间约占整个飞行时间的 80%～90%，是识别真弹头并拦截的重要阶段。

由于缺乏大气的过滤作用，弹头在中段飞行过程中会与诱饵、碎片等目标以相同速度在近似轨道上运动。因此，在该阶段进行真假弹头识别变得极为困难。如图 1.2 所示，以一个射程 2317 km 的中程弹道导弹为例[3]，其飞行时长为 879 s，发射 20 s 后预警卫星发现目标，并警示远程预警雷达对其进行跟踪；340 s 左右地基多功能跟踪雷达与远程预警雷达进

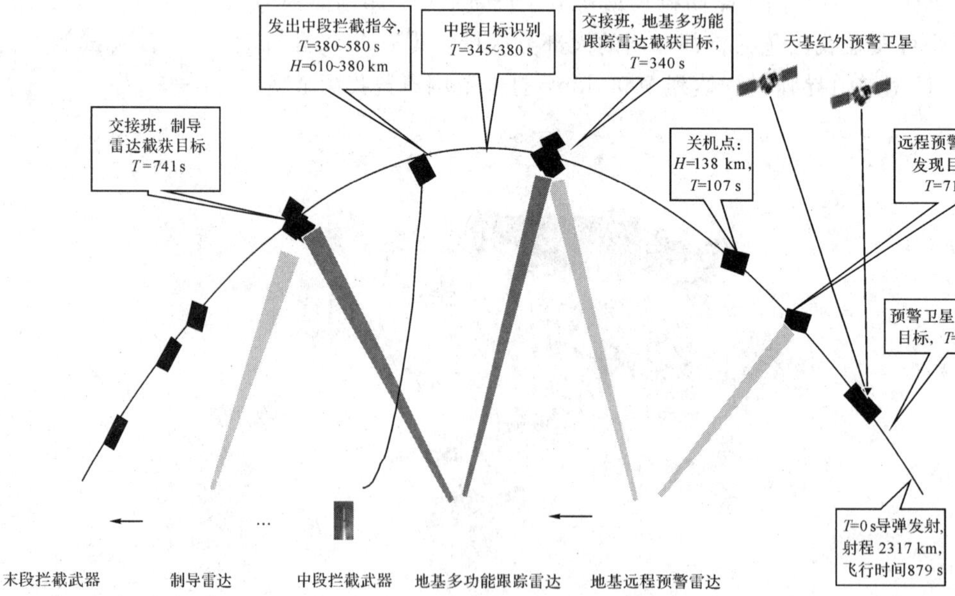

图 1.2　反导作战过程示意图

行交接班；在 345～380 s 之间，地基多功能雷达负责对弹道目标群进行连续跟踪与识别，并在此基础上完成反导作战决策；在 380～580 s 之间，指控系统发出拦截弹发射指令，实施中段拦截。从反导作战过程的时序上看，留给反导系统进行目标识别的时间只有短短 35 s左右。由于没有空气阻力，诱饵、母舱、碎片残骸等假目标均会在弹道附近伴随弹头高速运动，形成了一个几千米范围的目标群。要在这么短的时间内从这么庞大的目标群中识别出真弹头，其难度可想而知。

美国军事理论家 Drall 曾说过："我们不知道在大气层外如何分辨出真假目标，从一开始这个难题就为反导武器系统的研制带来极大的困难。"由此可知，弹道中段目标的识别问题是公认的技术难题之一，也是现阶段防空反导系统研究的技术瓶颈，这个瓶颈的突破程度很大程度上决定了未来导弹防御系统的发展前途及方向。因此，本书主要针对弹道中段目标的识别问题展开研究。

随着战争样式的日益多样化及各种高性能电子对抗装备的综合使用，战场环境越发复杂恶劣，传感器所获得的目标数据也通常都是不精确、不完备和不确定的。尤其是弹道导弹在中段飞行时，攻击方可以从几何特性、雷达特性以及红外特性等多个方面进行伪装，而防御方的雷达探测系统要在数千公里之外对这些在识别特性上只有细微差别的目标予以区分识别。显然，这种识别具有极大的不确定性。传统的目标识别方法大多是基于理想条件，信息融合缺乏自学习性、自适应性及泛化能力，且鲁棒性差，其研究成果往往难以满足复杂电磁干扰环境下弹道目标识别系统的实战需求。因此，本书重点选取有较强不确定知识表达及处理能力的直觉模糊集(Intuitionistic Fuzzy Set，IFS)理论以及有较强分类性能却具有更稀疏解的一种新兴核机器方法——核匹配追踪(Kernel Matching Pursuit，KMP)——对复杂战场环境下的弹道中段目标识别方法进行大胆创新与尝试。

IFS 理论因其增加了犹豫度属性参数，从而能更加有效地表达出"非此非彼"的模糊概念，其内涵是人们在对事物的认知过程中存在不同程度的犹豫或表现出一定程度的知识缺乏，从而使认知结果中存在介于"支持"与"反对"之间的犹豫度。IFS 理论在描述客观事物不确定性本质时表现出来的优良特性，为模糊不确定性信息的建模与处理提供了新的思路和方法。虽然 IFS 理论具备较强的不确定性知识表达能力，但从目前已有的研究成果来看，对于复杂战场环境下的弹道中段目标识别问题，单一的信息处理方法已难以奏效，应综合灵活使用多种不同的信息处理技术，以期达到更好的应用效果。因此，如何将 IFS 理论同其他理论进行科学有效的融合成为弹道中段目标识别领域赋予我们的一项新任务。

KMP 是近年来在模式识别领域兴起的一种崭新有效的稀疏核机器学习方法[4]，其思想源自于信号领域中的匹配追踪(Matching Pursuit，MP)算法以及支持向量机(Support Vector Machine，SVM)中的核方法。KMP 通过将低维空间线性不可分的数据投影到高维特征空间来实现线性可分的目的，其分类性能与 SVM 的分类性能相当，却具有更为稀疏的解。此外，KMP 同其他核方法相比，在 KMP 中应用的核函数可使用任意的核，不必满足 Mercer 条件，甚至在生成函数字典时可采用多个核函数。与 SVM 相比，KMP 具备明显的优势，但由于该理论 2002 年才问世，目前仍处于初步发展阶段，因此还存在一些不足。如何对该理论进行深入研究以发现其深层次的问题，并进行必要、有效的改进，已成为弹道中段目标识别领域对我们提出的另一项新任务。

因此，本书在前期成果拓展与创新的基础上，结合直觉模糊集、核匹配追踪等理论进行深入研究，从新的视角研究目标识别技术，以期为弹道中段的目标识别提供一次有益的尝试。

1.2 目标识别

目标识别是模式识别领域的一个研究热点问题，这一基础而又重要的技术在现代军事领域及诸多民事领域中均具有重要的意义，且得到了非常广泛的应用。

随着空天战场信息化技术的迅猛发展，空天攻防对抗日益受到越来越多国家的重视。因此，对来袭目标的有效探测和预警，对战场目标的高清侦察和监视，精确制导武器的高精度定位，等等，都需要目标识别技术作为支撑，其主要作用是对空中飞机、空地导弹、巡航导弹及弹道导弹真假弹头、碎片、伴随物、干扰物等目标进行探测和跟踪，提取目标的特征信息，进而实现准确识别。可见高技术武器的信息化、智能化发展趋势对目标识别技术的需求是显而易见的，这奠定了该技术在军事信息化领域中的重要地位。

在严格意义上，广义的目标识别(Target Recognition)可以划分为目标辨别(Target Discrimination)、目标分类(Target Classification)和目标辨识(Target Identification)三个层次。通常所说的目标识别，即狭义的目标识别，多指最高层次的目标辨识。本书的研究工作也主要集中在目标辨识这一层次上。

目标识别系统或识别算法千变万化，但是研究内容主要包括五个大的方面，即目标电磁反射特性和背景特性、电磁波的传播、特征提取、识别算法和目标数据库[5]，这五个方面与系统的识别效果密切相关。然而，即使是其中的任一个方面，也包含了相当丰富的内容，具有相当的难度。本书的研究内容重点是在识别算法的创新与拓展上。

在现代信息化战争中，由于威胁平台的多样化、密集型、隐蔽性以及目标对抗措施的先进性，使单传感器提供的信息无法满足作战要求，因而只有将多个传感器(既包括雷达、红外等物理传感器，也包括不同的分类器及特征子集等所构成的逻辑意义上的传感器)关于目标身份提供的信息依据某种准则来进行组合，才能获得更为准确可靠的目标身份估计。可见多传感器信息融合技术已成为军事力量的倍增器。而根据传感器输出信息的抽象层次不同，融合目标识别可以分为数据层融合目标识别、特征层融合目标识别以及决策层融合目标识别[6]。本节重点研究基于特征层、决策层的融合目标识别。

由于复杂的识别背景和目标本身的动态变化，目标识别问题是一个难度较大的课题。通常目标识别既要区分相近的不同目标，又要在同一目标发生姿态、尺度、位置变化时不致误判。此外目标识别算法还要对于光照变化、噪声干扰、背景变化有一定的鲁棒性，有时为了达到一定的实时性，目标识别算法还必须在足够短的时间内完成。这导致识别过程非常复杂，信息量和计算量都很大。目前在目标识别方法中，还没有通用的方法能对不同情况的目标均能准确识别。而目标识别理论经过多年的发展，识别方法琳琅满目，枚不胜数。

美国在该领域的研究成果占据国际领先地位。早在20世纪70年代，Berni就提出利用目标时域的自然频率响应来进行识别[7]，该方法思路直观，在信噪比较高的情况下能够保持一定的识别率，但仍与实用化有一定距离。之后，Blaricum研究了直接从目标的时域响应提取极点及其留数的方法[8]。这些极点及其留数是将目标看做一个电路系统时域响应的极点及其留数，由于将Prony法作为计算工具，因而一般将该目标识别方法简称为Prony

法。Stephen 等提出一种利用 beta 概率函数为目标的雷达反射截面的建模方法[9]，并且进一步研究了将其用于复杂目标雷达反射截面建模及 SAR 目标识别的问题。为了解决 SAR 目标识别中的目标数据建模问题，Richards 研究了多个 SAR 图像生成目标模板的方法[10]；Reuven 针对 SAR 目标识别中的目标特征与数据库模板的匹配问题展开了研究，形成一种基于非线性的优化方案[11]；Koets 和 Moses 提出了基于散射中心的 SAR 特征提取方案，并形成了较为有效的算法[12]；以 Chen 为代表的研究小组极大地推动了基于波形综合的目标识别发展，形成了整体构架方案[13]；Army Research Laboratory（美国陆军研究实验室，ARL）开发了一种基于 BP 网（Back Propagation Nerual Network，BPNN）的目标识别技术，Wellman 等采用基于图像/图形高阶统计信息实现了其特征提取部分，达到了较好的效果[14]；而 Goldman 和 Dropkin 在利用 ISAR（Inverse Synthetic Aperture Radar，逆合成孔径雷达）技术识别非合作运动目标上进展也较大[15]。此外，一些大的公司对目标识别表现出极高的热情，较为出色地完成了某些研究。Cyber Dynamics 公司的 Wells 和 Beckner 研发实现的目标数据库自动更新技术多年来一直闪耀着光芒[16]；而 See 等研究了 SAR 目标识别中非训练目标对系统产生的混淆作用[17]。

近年来，国外学者的一些典型目标识别方法研究有：2006 年，Cooke 等研究了一种从逆合成孔径雷达图像的序列信息中获得 3D 目标散射信息的新型目标识别方法[18]；2007 年，Barshan 等通过红外传感器获得目标数据信息，并研究和发展了多种统计学模式识别方法将其应用于目标识别[19]；2008 年，Prasad 等研究了一种采用权重大小分配信任度的方法对超光谱进行决策融合，从而达到目标识别效果[20]；Du 等提出了一种基于超球面几何模型的雷达高分辨距离像的统计识别方法[21]；2009 年，Lui 等研究了地面目标识别的电磁散射问题，获得了有效的识别方法[22]；Yang 等研究了轮廓波包变换算法，结合神经网络用于雷达目标识别[23]；2010 年，Pal 等提出了一种新型的雷达信号目标识别方法[24]；Stumpf 等研究了基于高分辨图像的目标识别方法[25]；2011 年，Giusti 等提出了一种针对持续散射物极谱度量自动目标识别方法[26]；Ames 等从分子结构角度提出了一种全新的目标识别方法[27]。

我国学者另辟新径，深入研究，提出了一系列目标识别方法。2006 年，张天序等提出了一种三维运动目标的多尺度智能递推的识别方法[28]；2007 年，刘华林等运用核修正格兰-施密特正交化过程直接提取正交投影变换矩阵，从而提出了一种 QR 分解的广义辨别分析算法用于雷达目标识别[29]；2008 年，宦若虹等提出了一种基于核函数的费舍尔判别分析（KFD）和独立分量分析（ICA）特征提取的合成孔径雷达（SAR）图像目标识别方法[30]；2009 年，刘华林等提出了一种基于广义奇异值分解的核不相关辨别子空间算法，并将其用于高分辨距离像雷达目标识别[31]；2010 年，龙泓琳等采用非负矩阵分解结合费舍尔线性判别方法对合成孔径雷达图像进行识别，得到了一种有效的目标识别方法[32]；2011 年，潘泓等结合多尺度几何分析和局部二值模式算子，构造了一种新的多尺度局部方向特征描述子——局部 Contourlet 二值模式（Local Contourlet Binary Pattern，LCBP），通过对尺度内、尺度间及同一尺度不同方向子带直方图的分析，研究了 LCBP 特征的边缘和条件统计模型，又用隐马尔可夫树模型对 LCBP 系数建模，并提出了隐马尔可夫树模型 LCBP 目标识别算法，取得了较传统小波变换特征和 Contourlet 域高斯分布模型特征更好的识别结果[33]。

在目标识别众多应用领域中，弹道目标识别占有独特的、重要的一席之地。由于弹道导弹的作战技术不断提高，其精确打击和超常的破坏力给被攻击方造成极大威胁，作为对立面，弹道导弹防御系统应运而生，其功能是为己方基础设施、军事要地和部队提供全方位和多层次的防御，免遭敌方弹道导弹袭击，避免在不对称攻击中处于劣势。美国目前实施的弹道导弹防御计划系统由助推段防御系统、中段防御系统和末段防御系统组成，其中中段防御系统包括两部分：一是海基中段防御系统，即原海军全战区防御系统(NTW)；二是陆基中段防御系统(GMD)，即原国家导弹防御系统(National Missile Defense，NMD)。该系统用于保护美国本土，是目前美国导弹防御计划发展的重点[34]。在弹道导弹中段，目标在大气层外作惯性飞行，不存在助推段、再入段中目标与大气作用的复杂物理过程，因而时间相对较长，是进行识别和拦截的较好时机。但是在中段，进攻方常利用释放诱饵、改变目标特性信号等突防手段，形成包含真假多目标的复杂光电对抗环境，对识别提出了更高的要求。中段是弹道目标识别中最具挑战性的阶段，这也决定了大部分的弹道目标识别研究主要围绕中段识别而开展。弹道导弹防御系统的作战思想基于“全程观测、分段拦截”，把中段作为主要作战窗口之一。迄今为止弹道中段目标识别仍是困扰NMD系统发展的一个“瓶颈”。

弹道中段又称自由飞行段，是弹道中最长的一段，约占导弹整个射程的80%～90%。中段目标识别成功与否在一定程度上决定了防御系统拦截的成败。弹道中段的目标类型众多，具体有：① 发射碎片，可能是助推火箭、保护罩、废弃母舱、弹簧和各种螺栓部件；② 一个或数个真实弹头；③ 诱饵，包括涂有金属的气球或红外热源等；④ 主动干扰机；⑤ 箔条等。以上这些都要求防御系统能够进行准确识别，以便进行有效拦截。在推进系统关机后，中段目标的温度大大降低，这时天基红外系统的定位和识别能力都相当有限，因此制导雷达(主要是GBR)将在中段目标识别中发挥核心作用。对于中段弹道目标，雷达识别大致有三个途径：一是“特征”识别，通过对信号特征的分析识别获取有关目标的特征信息，例如通过回波信号的幅度、相位、极化频率特征估计目标的飞行姿态、结构特征、材料特征等；二是“成像”识别，即用高分辨雷达获取目标图像，进而确定目标的尺寸、形状、材料；三是根据目标再入大气层所特有的运动状态，获取目标的弹道参数，确定目标的质量。由于弹头与诱饵所具有的相似特性以及目标飞行的动态特性，因而识别过程应基于各目标的不同特征，综合利用多种识别手段，不断排除假目标、碎片等，实现真假目标的良好辨识。

近年来，关于弹道目标的识别能力及其对抗手段一直是研究的热点。国内外在此方面均开展了大量研究，主要技术包括成像技术(一维像技术、ISAR成像技术和超分辨ISAR成像技术)、微动特性识别技术及雷达散射截面(RCS)识别技术。其中具有代表性的研究成果有：Lammers研究了进动目标的雷达成像[35]；Foster和Thomas对几类弹头目标RCS时间序列的均值、标准差、直方图、概率密度函数、功率等特征进行比较，总结了从累计概率分布、傅立叶变换、数密度等特征中提取参数进行分类的方法[36, 37]；Rasmussen等对目标RCS时间序列进行频谱分析，利用频域特征对目标分类，仅用DFT变换的前5个最大系数便可识别出立方体、锥体、圆柱体等几类简单形体[38]；Schultg等研究了弹道导弹弹头的激光雷达特征，建立了关于弹头几何参数和运动参数的距离——多普勒特征的近似模型[39]；Sato研究了通过距离——多普勒技术估计空间目标尺寸和形状的方法[40]。我国教授许小剑利用目标RCS幅度信息，采用模糊判决原理对导弹和飞机目标进行识别实验[41]，在准确测得目标位置和运动参数的情况下，平均识别率高达84.6%。航天二院罗宏博士对再入目标特征信号进行分析，对再入目标高分辨一维距离像进行子波变换时频分析，提高了识别率[42]。国防科技大学冯德军博士提出了一种新的弹道目标特征提取方法，对宽带雷达回波进行STRETCH处理后用ESPRIT方法估计频点，然后采用Gerschgorin半径方法进行散射源数目估计，去除虚假频率，获得目标散射点的数目、位置、散射中心强度等特征参数。与基于FFT算法的特征提取方法相比，这种方法具有更强的抑制杂波能力及更高的分辨率[43]。国防科技大学刘涛博士在原有目标及诱饵的红外辐射特性模型的基础上，综合考虑姿态运动、空间热环境辐射和内热源传热等因素，进而利用节点网络方法建立了弹道中段目标的动态红外辐射计算模型，并对不同时刻、不同观测点、不同运动状态下的中段目标红外辐射特性进行了仿真计算[44]。国防科技大学朱玉鹏博士从宽带雷达目标一维距离像序列的动态变化特性出发，采用广义Radon变换技术，对锥体目标散射中心的位置进行估计，为进一步获得目标结构尺寸信息提供了条件[45]。国防科技大学的魏玺章博士针对弹道中段目标RCS序列识别问题，提出了一种新的利用RCS幅度相对于目标姿态角变化率进行目标识别的新方法[46]。

弹道目标的识别问题是导弹防御系统的核心难题。为了应对弹道导弹的威胁，世界各国相继建立了庞大的弹道目标监视及预警系统，同时也展开了广泛的弹道目标特性测量及识别技术研究工作。美国是世界上最早研究弹道导弹防御系统的国家，它将弹道导弹防御分为助推段防御、中段防御和末段防御三个部分。助推段防御系统目前尚处于研究发展阶段，主要包括动能拦截弹和机载激光。中段防御有地基中段防御(GMD)系统和宙斯盾弹道导弹防御系统。爱国者-3(PAC-3)系统是经过实战检验的末段低层防御单元，THAAD系统属于末段高层防御。

根据弹道导弹从发射到命中目标的飞行过程，通常将其分为3段，即助推段(Boost Phase)、中段(Middle Phase)和再入段(Reentry Phase)，其飞行过程如图1.3所示。

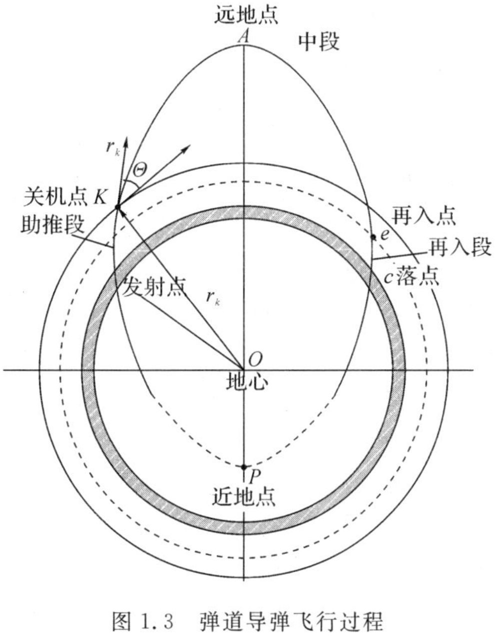

图1.3 弹道导弹飞行过程

助推段又称为主动段，是指从导弹离开发射架到最后一级火箭助推器关机的过程。在该阶段，导弹防御系统的任务是将弹道导弹从飞机、卫星等空天目标中区分出来，迅速实现正确预警。弹道目标在大气层内飞行时，主要利用它与飞机目标之间的运动特性(如高度、速度等)差异来识别；在大气层外飞行时则需要将弹道导弹与近地轨道卫星进行区分。卫星轨道的最小矢径大于地球半径，而弹道导弹由于要返回地面，其椭圆轨道的最小矢径小于地球半径。因此，可先利用反导预警侦查系统对目标进行跟踪，经定轨后计算其最小矢径来实现区分。

再入段又称末段，是指弹头及其伴飞物重返大气层并飞向打击目标的阶段，一般持续时间只有几分钟。该阶段由于大气阻力作用，目标群中的伴飞物会因摩擦产生高温而烧毁或减速，只有少数专门设计的重诱饵可以呈现出类似弹头的轨迹。而不同质阻比的目标表现出的减速特征亦不同，因此在再入段可以基于质阻比对真假弹头进行识别。该阶段进行真假目标识别的压力不大，但反应时间很短，这对整个反导武器系统的效能提出了更高的要求。

中段是指弹道导弹助推火箭关闭发动机后在大气层外飞行的过程，也是导弹飞行过程中时间最长的一段。该阶段真弹头识别的成功与否在一定程度上决定了整个反导系统拦截作战的成败，这也决定了大部分关于弹道目标识别的研究均是围绕中段识别开展。弹道中段的目标种类众多，伴随弹头飞行的目标包括母舱、各种形式的发射碎片以及释放诱饵或干扰机，这些都要求反导系统能够从中准确识别出真弹头，以便进行有效拦截[47]。在推进系统关机后，中段目标的温度大大降低，导弹在该阶段红外辐射信号基本消失，但电磁特征较为明显，因此地基雷达(Ground-Based Radar，GBR)将在中段目标识别中发挥核心作用。

近年来，国内外对弹道中段的目标识别问题开展了大量研究，主要包括：雷达散射截面(Rader Cross Section，RCS)识别技术、微动特性识别技术以及成像识别技术(高分辨一维距离像(High Resolution Range Profile，HRRP)成像技术、二维逆合成孔径雷达(Inverse Synthetic Aperture Rader，ISAR)像成像技术和超分辨 ISAR 成像技术)。其中具有代表性的研究成果有：Rasmussen 等分析了弹道目标的 RCS 序列的频谱特性，并基于其频域特征进行目标分类研究[48]；Lammers 对进动弹道目标的雷达成像方法进行研究[49]；Thomas 等研究了从弹头目标 RCS 序列的累计概率分布、傅立叶变换、数密度等特征中提取参数进行分类的方法[50, 51]；Hussian 研究了基于 HRRP、目标速度、目标长度的弹道目标的方法；Sato 对空间目标的距离-多普勒特征进行了研究，并以此对空间目标的大小及形状进行估计[52]；Schultg 等对目标的激光雷达特性进行了研究，并建立了弹头的距离-多普勒特征的近似模型[53]；陈行勇博士对弹道目标的微动特征提取技术进行了研究，并以惯量比为特征，提出了识别弹头和诱饵的方法[54]；王涛博士对弹头姿态与全极化散射矩阵之间的关系进行了研究，并给出了一种基于姿态变化的目标全极化信息识别方法[55]；冯德军博士提出了基于目标散射点特征的弹道目标识别方法[56]；王森博士提出了基于多特征综合模糊识别方法的弹道中段目标识别方法[57]；魏玺章博士给出了一种基于 RCS 幅值相对姿态角变化率的弹道目标识别方法[58]；寇鹏博士研究了基于轨迹特性的中段目标识别方法，并给出了一种空间目标翻滚周期估计的新方法[59]；庞礴博士对导弹突防过程中无源诱饵的极化识别问题进行了研究，并给出了基于多维极化信息的弹道目标综合识别方法[60]；王春花博士研究了基于二叉树 SVM 的弹道目标 RCS 识别方法[61]；张国亮博士结合红外多光谱数据融合的思想，提出一种基于粒子群优化概率神经网络的大气层外空间弹道目标识别方法[62]；束长勇博士提出了基于 ISAR 像序列的锥体目标进动及结构参数估计方法[63]。

弹道目标识别成功与否从某种意义上决定着导弹防御系统的作战效能，因而受到国内外科研工作者广泛的关注。总结前人的工作可以发现，国防科技大学、空军工程大学、空军雷达学院、空军装备研究院、装备指挥技术学院、第二炮兵工程学院、第二炮兵装备研究院、解放军电子工程学院、航天二院、西安电子科技大学、南京电子技术研究所、北京航空航天大学、中国科学院等国内众多单位在弹道目标特性及识别研究方面都作了有益的探索和研究，取得了大量成果。但总体来说，由于问题自身的难度较大，弹道目标识别的研究还处在快速起步阶段。

当前，弹道中段目标识别研究的难点及热点主要集中在弹道中段目标特性的精确建模以及弹道中段目标识别算法等方面。弹道中段目标识别算法既要区分相近的不同弹道目标又要在同一弹道目标发生姿态、尺度、位置变化时不致误判。此外识别算法还要对于光照变化、噪声干扰、背景变化有一定的鲁棒性，为了确保实时性，算法还必须在足够短的时间内完成。这导致识别过程非常复杂，信息量和计算量都很大。目前在弹道目标识别算法中，还没有通用的算法均能对不同情况下的目标进行准确识别，多是针对某一情况有效。因此急需引进新理论、新方法对其薄弱环节进行深入、系统的研究，以期开辟解决问题的新思路、新途径。

1.3　直觉模糊集

1965 年，Zadeh 首次提出了模糊集理论，该理论在模糊控制、模式识别等领域均取得了良好的应用。然而随着该理论的日趋成熟，其单一隶属度的局限性也逐渐显现。针对这个问题，1986 年著名学者 Atanassov 首次提出了 IFS 理论[64]，他在《Fuzzy Sets and Systems》期刊上发表了一系列论文，系统地定义了 IFS 的概念及其一系列运算和定理，提出了直觉模糊逻辑命题及其“算子”运算规则，为 IFS 的进一步研究与发展奠定了坚实的理论基础[65~76]。

至此，国内外学者对 IFS 理论展开了深入的理论研究，并取得了一系列的研究成果：Bustince 等证明了 Vague 集实际上等价于直觉模糊集[77, 78]，其定义相当于直觉模糊集的另一种表述，并对直觉模糊关系的若干运算性质进行了研究；Burillo 首次定义了直觉模糊熵的概念[79]，并给出满足其公理化定义的直觉模糊熵计算公式；Hung W 将隶属度、非隶属度及犹豫度视为概率测度，并基于此给出了一种新的直觉模糊熵的公理化定义[80]；Farhadinia B给出了区间直觉模糊熵计算公式[81]；Eulalia S 等对如何度量两个直觉模糊集之间的距离进行了研究，并给出了几个常用直觉模糊距离度量函数[82]。与此同时，还有许多学者从不同角度对 IFS 的度量方法进行了拓展[83-87]，并将其应用于直觉模糊超子群[88]和直觉模糊粗糙集的构建[89]；Deschrijver 等对直觉模糊合成关系[90]、直觉模糊关系拓展等问题进行了研究[91]；Abbas S 等人对直觉模糊拓扑空间[92]及其空间紧凑性[93]进行了研究；Abdul M 等对直觉模糊空间的不动点理论进行了研究[94]；近几年，Atanassov 又对直觉模糊蕴含式[95]及其扩展算子[96]进行了定义；徐泽水[97]、申晓勇[98]等将模糊聚类拓展到直觉领域，提出了直觉模糊聚类的概念；Chris C[99]、路艳丽[100]、Lei Z[101]等对直觉模糊粗糙集的构建、属性约简方法进行了研究；雷英杰[102-109]等对直觉模糊算子、直觉模糊关系及其合成运算的若干性质进行了系统的研究，给出了直觉模糊推理的逻辑合成计算公式，并证明了直觉模糊神经网络的收敛性；赵涛等提出了二型直觉模糊集的概念[110]；高明美等给出了一种改进的直觉模糊熵公理化定义和构造公式[111]。

直觉模糊理论在应用领域的研究成果包括：Supriya[112]等给出了基于 IFS 的医疗诊断方法，将 IFS 理论应用于医学领域；Evren G 对基于 IFS 的身份识别与机械手控制方法进行了研究[113]；Kankana C 提出了基于 IFS 的智能决策算法[114]；Eulalia S 分别给出了基于 IFS 距离度量的群决策算法以及基于 IFS 的分类模型[115]；Mitchell H B 对基于 IFS 的模式识别方法进行了研究[116]；李登峰[117]、徐泽水[118]等提出了将 IFS 理论应用于多属性决策领域，此后大量的文献[119-122]对基于 IFS 的多属性决策方法进行了研究；Iakovidis D K[123]提出了基于直觉模糊聚类的计算机视觉方法；Yager R R[124]、Ludmila D[125]及宋亚飞[126]等研究了基于 IFS 理论与证据理论的信息融合方法；Garg H[127]等提出了基于 IFS 的多目标优化方法；雷英杰[128~137]等对 IFS 理论的应用进行一系列的探索和研究，提出了多种优化方法，并成功应用于态势评估、意图判定、目标识别、网络安全以及时间序列预测等领域，扩展了 IFS 理论的实际应用领域。

综合来看，目前国内外关于直觉模糊集的研究大部分还是致力于对 IFS 理论进行纯数学拓展，而基于 IFS 理论的应用研究典型且有影响的案例还比较少，但从其初步的实践结果分析，IFS 理论在研究不确定性问题方面所呈现出来的优势总体上是成功的。经历了二十多年研究发展，IFS 理论已逐渐成为一个相对成熟的理论，但作为经典模糊理论拓展的主要分支之一，IFS 无论从理论拓展还是实际应用仍有许多研究工作。比如，增加了犹豫度之后，那些适用于 Zadeh 模糊领域的性质、结论及运算规律在直觉模糊领域是否依然适用，如不适用，则如何对其进行直觉模糊化扩展，都需要一一仔细推敲。此外，IFS 理论虽然能有效表征充满高度非线性及不确定性的复杂系统，但其模型本身并不具备学习功能，且输入模型的先验信息往往由各领域专家提供，因而这些信息也通常是主观的、不完整和不精确的，这就要求模型具有较强的自适应学习能力。因此，将 IFS 理论与其他机器学习方法或计算智能技术进行有效融合，汲取各自优势，发展成为混合型直觉模糊智能模型已势在必行，这也为我们开展自主创新研究提供了良好的机遇。

1.4 核匹配追踪

让机器能以人类智能相似的方式工作——人工智能(Artficial Intelligence，AI)是科技工作者一直为之奋斗的目标，让机器模拟人类的学习能力——机器学习(Machine Learning，ML)则是实现人工智能的核心。核方法(Kernel Method，KM)，作为目前最具活力的机器学习工具之一，被广泛应用于回归估计、模式识别和新颖性检测等多个领域。1995 年，Cortes 和 Vapnik[138, 139]基于统计学习理论和核方法提出了支持向量机(Support Vector Machine，SVM)理论。2000 年，Tipping 等提出了相关向量机(Relevance Vector Machine，

RVM)理论[140]。2002 年，Vincent P[4]等提出了核匹配追踪(Kernel Matching pursuit，KMP)理论。自此，SVM、RVM 及 KMP 成为近年来兴起的三大机器学习方法[141]。

KMP 是一种有效的稀疏核机器学习方法，它通过一次增加一个基函数来构造判决函数，当满足停机条件时，则停止增加基函数。KMP 的识别性能与 SVM 相当，但稀疏性更强。虽然目前 KMP 理论仍处于起步发展阶段，但已在理论及应用上有了进一步的发展：Vlod P[142]指出核函数的选择是 KMP 的计算“瓶颈”，并对此进行改进，使其能有效处理大数据样本集。

近年来我国学者焦李成教授及其研究团队对 KMP 进行了一系列的研究，大大推动了 KMP 理论的发展：为了提高 KMP 分类器的识别精度及泛化能力，他将 KMP 分类器与集成理论相结合，并在此基础上提出了 KMP 集成分类器[143]；为了进一步从集成系统中选择一组较优个体子集，他引入免疫克隆算法对训练得到的多个子核匹配追踪分类器进行免疫克隆选择，得到了一个具有更好推广性能的集成系统，并将其应用于图像识别领域[144，145]；他还分别提出了基于模糊聚类的 KMP 算法[146]、KMP 的核函数选择算法[147]、多分辨率 KMP 学习机[148]以及小波 KMP 学习机[149]；他的学生也分别提出了基于模糊 KMP 的特征识别方法[150]、基于免疫克隆选择的 KMP 快速图像识别方法[151]、基于多尺度几何分析的 KMP 图像识别方法[152]、基于自适应 KMP 及基于迁移 KMP 的医学影像诊断方法[153]。此外，马建华等研究了基于 KMP 的雷达高分辨距离像识别方法[154]；李建武等研究了基于 KMP 的归约分类算法[155]及基于 KMP 的信用风险评估模型[156]；廖学军等将 KMP 理论应用于分类领域，给出了一种基于 M-ary 的 KMP 目标分类方法[157]；王伟等研究了基于 KMP 的空间目标检测方法[158]；Dieth T 和 Hussain Z 给出了一种基于 KMP 的人脸识别方法[159]；唐继勇提出将粗糙集理论与 KMP 理论相结合，并给出了一种基于粗糙集理论与 KMP 的入侵检测方法[160]；雷阳针对需要对重要目标类别进行高精度识别这一问题以及 KMP 算法进行全局最优搜索导致学习时间过长的缺陷，分别提出基于直觉模糊集的 KMP 目标识别方法[161]以及基于直觉模糊 c 均值聚类 KMP 的目标识别方法[162]；付丽华等提出了一种基于更贪心策略的快速正交核匹配追踪算法[163]；安冬研究了基于粒子群聚类和 KMP 的说话人识别方法[164]；储岳中给出了一种基于近邻传播聚类与 KMP 的遥感图像目标识别方法[165]。

综上所述，KMP 这一理论在处理非线性问题中表现出了突出优势使其成功应用于目标识别、数据挖掘、医学诊断、异常检测等诸多模式识别领域。但该理论也势必存在其不足之处，事实上 KMP 在处理实际问题中包含大量模糊性信息，应该与 IFS 理论进行结合，从而将其更好地应用于相关领域。课题组前期针对目标识别中要求根据目标类别的重要性可进行不同精度识别这一问题，将 IFS 理论与 KMP 相结合，提出一种基于直觉模糊 KMP 的目标识别方法，通过将直觉模糊参数赋予重要性程度不同的样本，使学习机的判决函数能对指定重要目标类别进行高精度识别，并通过对 UCI 数据集的识别测试结果验证了该方法的高识别率。因此，KMP 这一稀疏核机器方法的独特优势与实际应用价值是不言而喻的，但对其进行理论优化亦是势在必行，应力求创新、不断改进，以期得到更好的结果，促使相关领域问题更合理地解决。

参考文献

[1] 刘兴. 防空防天信息系统及其一体化技术[M]. 北京：国防工业出版社，2009.

[2] 周万幸. 弹道导弹雷达目标识别技术[M]. 北京：电子工业出版社，2011.

[3] 梁维泰，王俊，杨进佩. 反弹道导弹指挥控制系统结构初探[J]. 指挥信息系统与技术，2010，(1)：5－9.

[4] Vincent P，Bengio Y. Kernel matching pursuit[J]. Machine Learning，2002(48)：165－187.

[5] 李彦鹏. 自动目标识别效果评估：基础、理论体系及相关研究[D]. 长沙：国防科技大学，2004.

[6] 贾宇平. 基于信任函数理论的融合目标识别方法研究[D]. 长沙：国防科技大学，2009.

[7] Berni A J. Target identification by natural resonance estimation[J]. IEEE Transactions on Aerospace & Electronic Systems，1975，11(2)：147－154.

[8] Blaricum M. A Technique for extracting the poles and residues of a system directly from its transient response[J]. IEEE Transactions on Antenna and Propogation，1975，23(6)：777－781.

[9] Stanhope，Stephen A. Statistical modeling of complex target radar cross section with the beta probability density function[C]. 1999 SPIE Algorithms for Synthetic Aperture Radar Imagery VI Conference，Orlando，FL，USA. SPIE Proceedings.

[10] Richards J A，Fisher J W，Willsky A S. Target model generation from multiple SAR images [C]. 1999 SPIE Algorithms for Synthetic Aperture Radar Imagery VI Conference，Orlando，FL，USA. SPIE Proceedings.

[11] Reuven M，Chellappa R. Target matching in synthetic aperture radar imagery using a non-linear optimization technique [C]. 1999 SPIE Algorithms for Synthetic Aperture Radar Imagery VI Conference，Orlando，FL，USA. SPIE Proceedings.

[12] Koets M A，Moses R L. Feature extraction using attributed scattering center models on SAR imagery[C]. 1999 SPIE Algorithms for Synthetic Aperture Radar Imagery VI Conference，Orlando，FL，USA. SPIE Proceedings.

[13] Chen K，Nyquist D P，Rothwell E J. Radar target discrimination by convolution of radar return with extinction-pulses and single-model extinction signals [J]. IEEE Transactions on Antenna and Propogation，1986，34(7)：896－904.

[14] Wellman M，Our N. Enhanced target identification using higher order shape statistics[C]. 1999：Available from NTIS.

[15] Goldman G H，Dropkin H. High-frequency autofocus algorithm for noncooperative ISAR[C]. 1999：Available from NTIS.

[16] Wells B S，Beckner F L. Automatic rapid updating of ATR target knowledge bases[C]. 1999：Available from NTIS.

[17] See J E，Schneider N，Kuperman G G. Effects of TEL confusers on operator target acquisition performance with SAR imagery[C]. 1998：Available from NTIS.

[18] Cooke T，Martorella M. Use of 3D ship scatterer models from ISAR images sequences for target recognition[J]. Elsevier Digital Signal Processing，2006(16)：523－532.

[19] Barshan B，Aytac T. Target differentiation with simple infrared sensors using statistical pattern recognition techniques[J]. Elsevier Pattern Recognition，2007(40)：2607－2620.

[20] Prasad S，Bruce L M. Decision fusion with confidence-based weight assignment for hyperspectral target recognition[J]. IEEE Transactions on Geoscience and Remote Sensing，2008，46(5)：1448－1456.

[21] Du L，Liu H W. Radar HRRP statistical recognition based on hypersphere model[J]. Elsevier Signal

Processing，2008(88)：1176－1190.

[22] Lui H，Aldhubaib F. Subsurface target recognition based on transient electromagnetic scattering[J]. IEEE Transactions on Antennas and Propagation，2009，57(10)：3398－3401.

[23] Yang S Y，Wang M. Radar target recognition using contourlet packet transform and neural network approach[J]. Elsevier Signal Processing，2009(89)：394－409.

[24] Pal N R，Cahoon T C. A new approach to target recognition for LADAR data[J]. IEEE Transactions on Fuzzy System. 2010，9(1)：44－52.

[25] Stumpf W E. In vivo recognition with high-resolution imaging：significance for drug development[J]. European Journal of Drug Metabolism and Pharmacokinetics，2010，35(10)：1－2.

[26] Giusti E，Martorella M. Polarimetrically persistent scatterer based automatic target recognition[J]. IEEE Transactions on Geoscience and Remote Sensing，2011，49(11)：4588－4599.

[27] Ames J B.，Sungyuk L. Molecular structure and target recognition of neuronal calcium sensor proteins[C]. Biochimica et Biophysica Acta(BBA)-General Subjects，Available online，2011.

[28] 张天序，翁文杰，冯军. 三维运动目标的多尺度智能递推识别新方法[J]. 自动化学报，2006，(5)：641－658.

[29] 刘华林，杨万麟. 基于QR分解的广义辨别分析用于雷达目标识别[J]. 红外与毫米波学报，2007，26(3)：205－208.

[30] 宦若虹，杨汝良. 基于KFD＋ICA特征提取的SAR图像目标识别[J]. 系统工程与电子技术，2008，30(7)：1237－1240.

[31] 刘华林，杨万麟. 基于GSVD的核不相关辨别子空间与雷达目标识别[J]. 电子与信息学报，2009，31(5)：1095－1098.

[32] 龙泓琳，皮亦鸣，曹宗杰. 基于非负矩阵分解的SAR图像目标识别[J]. 电子学报，2010，38(6)：1425－1429.

[33] 潘泓，李晓兵，金立左. 基于多尺度几何分析的目标描述和识别[J]. 红外与毫米波学报，2011，30(1)：85－90.

[34] 李康乐，刘永祥，黎湘. 弹道导弹中段防御系统目标识别仿真研究[J]. 现代雷达，2006，28(11)：11－19.

[35] Lammers H W，Mavr R A. Doppler imaging based on radar target precession[J]. IEEE Transactions on Aerospace and Electronic System，1993，29 (1)：166－173.

[36] Foster T. Application of Pattern Recognition Techniques for Early Warning Radar Discrimination [A]. Active & Passive Radar Detection & Equipment，ADA298895，1995，Jan. 27.

[37] Thomas F. Techniques for early warning radar[A]. Final Report，ADA299735，1995，Mar. 29.

[38] Rasmussen J L，Haupt R L，Walker M L. RCS feature extraction from simple targets using time-frequency analysis[J]. Radar Processing，Technique and Applications，1996，SPIE 2845(66)：124－138.

[39] Schultg K，Davidson S，Stein A，et al. Range droppler laser radar for midcourse discrimination：the firefly experiments[J]. AIAA and SDIO，Annual Interceptor Technology Conference，1993，12(2)：232－237.

[40] Sato T. Shape estimation of space debris using single-range doppler interferometry[J]. IEEE Transactions on Geoscience and Remote Sensing，1999，37(2)：1000－1005.

[41] 许小剑，黄培康. 利用RCS幅度信息进行雷达目标识别[J]. 系统工程与电子技术，1992(6)：1－9.

[42] 罗宏. 动态雷达目标的建模与识别研究[D]. 北京：航空工业总公司第二研究院，2000.

[43] 冯德军. 弹道中段目标雷达识别与评估研究[D]. 长沙：国防科技大学，2006.

[44] 刘涛，姜卫东，黎湘，等. 弹道中段目标动态红外辐射特性仿真计算[J]. 红外与激光工程，2008，

37(6)：955 - 958.
[45] 朱玉鹏，王宏强，黎湘，等. 基于一维距离相序列的空间弹道目标微动特征提取[J]. 宇航学报，2009，30(3)：1133 - 1140.
[46] 魏玺章，丁小峰，黎湘. 基于椭球体模型的弹道中段目标特性反演[J]. 电子与信息学报，2009，31(7)：1706 - 1710.
[47] 高红卫，谢贵良，文树梁，等. 弹道目标微多普勒特征提取[J]. 雷达科学与技术，2008，12(2)：147 - 166.
[48] Rasmussen J L，Haupt R L，Walker M L. RCS feature extraction from simple targets using time-frequency analysis[J]. Radar Processing，Technique and Applications，1996，2845(66)：124 - 138.
[49] Lammers H W，Mavr R A. Doppler imaging based on radar target precession. IEEE Transactions on Aerospace and Electronic System，1993，29 (1)：166 - 173.
[50] Thomas F. Application of Pattern Recognition Techniques for Early Warning Radar (EWR) Discrimination[A]. Progress Report Ⅱ.
[51] Thomas Foster. Application of Pattern Recognition Techniques for Early Warning Radar (EWR) Discrimination[A]. Final Report.
[52] Sato T. Shape estimation of space debris using single-range doppler interferometry[J]. IEEE Transactions on Geoscience and Remote Sensing，1999，37(2)：1000 - 1005.
[53] Schultg K，Davidson S，Stein A，et al. Range droppler laser radar for midcourse discrimination：the firefly experiments[C]. AIAA and SDIO，Annual Interceptor Technology Conference，1993，12(2)：232 - 237.
[54] 陈行勇. 中段目标进动雷达特征提取[J]. 信号处理，2006，22(5)：707 - 711.
[55] 王涛. 弹道中段目标极化特征与识别[D]. 长沙：国防科技大学，2006.
[56] 冯德军. 弹道中段目标雷达识别与评估研究[D]. 长沙：国防科技大学，2006.
[57] 王森，杨建军，孙鹏. 基于多特征综合模糊识别方法的弹道中段目标识别[J]. 弹箭与制导学报，2011，31(5)：23 - 25.
[58] 魏玺章，丁小峰，黎湘. 基于椭球体模型的弹道中段目标特性反演[J]. 电子与信息学报，2009，31(7)：1706 - 1710.
[59] 寇鹏，刘永祥，朱得糠，等. 基于轨迹特性的中段目标识别方法[J]. 宇航学报，2012，33(1)：91 - 99.
[60] 庞礴，代大海，王雪松，等. 基于多维极化信息的弹道目标综合识别方法[J]. 系统工程与电子技术，2014，35(4)：678 - 683.
[61] 王春花，张仕元. 基于二叉树 SVM 的弹道目标 RCS 识别[J]. 现代雷达，2015，37(2)：25 - 27.
[62] 张国亮，杨春玲，王晪来. 基于优化概率神经网络和红外多光谱融合的大气层外空间弹道目标识别[J]. 电子与信息学报，2014，36(4)：897 - 902.
[63] 束长勇，陈世春，吴洪骞，等. 基于 ISAR 像序列的锥体目标进动及结构参数估计[J]. 电子与信息学报，2015，37(5)：1078 - 1084.
[64] Atanassov K. Intuitionistic fuzzy sets[J]. Fuzzy Sets and Systems，1986，20(1)：87 - 96.
[65] Atanassov K. Research on intuitionistic fuzzy sets in Bulgaria[J]. Fuzzy Sets and Systems，1987，22(1 - 2)：193.
[66] Atanassov K. Remarks on the intuitionistic fuzzy sets[J]. Fuzzy Sets and Systems，1992，51(1)：117 - 118.
[67] Atanassov K，Christo Georgiev. Intuitionistic fuzzy prolog[J]. Fuzzy Sets and Systems，1993，53(2)：121 - 128.
[68] Atanassov K. Research on intuitionistic fuzzy sets[J]. Fuzzy Sets and Systems，1993，54(3)：363 - 364.
[69] Atanassov K. New operations defined over the intuitionistic fuzzy sets[J]. Fuzzy Sets and Systems，

1994，61(2)：137－142.
[70] Atanassov K. Operators over interval valued intuitionistic fuzzy sets[J]. Fuzzy Sets and Systems，1994，64(2)：159－174.
[71] Atanassov K. Remarks on the intuitionistic fuzzy sets[J]. Fuzzy Sets and Systems，1995，75(3)：401－402.
[72] Atanassov K. An equality between intuitionistic fuzzy sets[J]. Fuzzy Sets and Systems，1996，79(2)：257－258.
[73] Atanassov K，George Gargov. Elements of intuitionistic fuzzy logic (Part I)[J]. Fuzzy Sets and Systems，1998，95(1)：39－52.
[74] Atanassov K. Remark on the intuitionistic fuzzy logics[J]. Fuzzy Sets and Systems，1998，95(1)：127－129.
[75] Atanassov K. Two theorems for intuitionistic fuzzy sets[J]. Fuzzy Sets and Systems，2000，110(2)：267－269.
[76] Atanassov K，Kacprzyk J，Szmidt E，et al. On Separability of Intuitionistic Fuzzy Sets[J]. Lecture Notes in Artificial Intelligence，2003(2715)：285－292.
[77] Bustince H，Burillo P. Vague sets are intuitionistic fuzzy sets[J]. Fuzzy Sets and Systems，1996，79(3)：403－405.
[78] Bustince H. Construction of intuitionistic fuzzy relations with predetermined properties[J]. Fuzzy Sets and Systems，2000，109(3)：379－403.
[79] Burillo P，Bustince H. Entropy on intuitionistic fuzzy sets and on interval-valued fuzzy sets[J]. Fuzzy Sets and Systems，1996，78(3)：305－316.
[80] Hung W L，Yang M S. Fuzzy entropy on intuitionistic fuzzy sets[J]. Inter nationel of Journal of Intelligent Systems，2006，21(4)：443－451.
[81] Farhadinia B. A theoretical development on the entropy of interval-valued fuzzy sets based on the intuitionistic distance and its relationship with similarity measure[J]. Knowledge-based Systems，2013，26(1)：79－84.
[82] Eulalia S，Janusz K. Distances between intuitionistic fuzzy sets[J]. Fuzzy Sets and Systems，2000，114(3) ：505－518.
[83] Li D F，Cheng C T. New similarity measures of intuitionistic fuzzy sets and application to pattern recognitions [J]. Pattern Recognition Letters，2002，23(1－3)：221－225.
[84] Liang Z Z，Shi P F. Similarity measures on intuitionistic fuzzy sets[J]. Pattern Recognition Letters，2003，24(15)：2687－2693.
[85] Abbas S E. Intuitionistic supra fuzzy topological spaces[J]. Chaos，Solitons & Fractals，2004，21(5)：1205－1214.
[86] Abdul M. Fixed-point theorems in intuitionistic fuzzy metric spaces[J]. Chaos，Solitons & Fractals，2007(34)：1689－1695.
[87] Yuan X H，Li H X，Sun K B. The cut sets，decomposition theorems and representation theorems on intuitionistic fuzzy sets and interval valued fuzzy sets[J]. Science China (Information Sciences)，2011，54(1)：91－110.
[88] Davvaz B，Corsini P，LEOREANU-FOTEA V. Atanassov's intuitionistic(S，T)-fuzzy n-ary sub-hypergroups and their properities[J]. Information Sciences，2009(179)：654－666.
[89] Cornelis C，Martine，Etienne E. Intuitionistic fuzzy rough sets：at the crossroads of imperfect knowledge[J]. Expert Systems，2003，20(5)：260－270.

[90] Deschrijver G, Etienne E K. Uninorms in L＊-fuzzy set theory[J]. Fuzzy Sets and Systems, 2004, 148(2): 243-262.

[91] Glad D, Etienne E K. On the composition of intuitionistic fuzzy relations[J]. Fuzzy Sets and Systems, 2003, 136(3): 333-361.

[92] Abbas S E. Intuitionistic supra fuzzy topological spaces[J]. Chaos, Solitons & Fractals, 2004, 21(5): 1205-1214.

[93] Abbas S E. On intuitionistic fuzzy compactness[J]. Information Sciences, 2005, 173(1-3): 75-91.

[94] Abdul Mohamad. Fixed-point theorems in intuitionistic fuzzy metric spaces[J]. Chaos, Solitons & Fractals, 2007(34): 1689-1695.

[95] Atanassov K. On eight new intuitionistic fuzzy implications[C]. 3rd International IEEE Conference Intelligence Systems, 2006(9): 741-746.

[96] Atanassov K. On intuitionistic fuzzy negations and intuitionistic fuzzy extended modal operators[C]. 4th International IEEE Conference Intelligence Systems, 2008(13): 19-20.

[97] Xu Z S, Chen J, Wu J J. Clustering algorithm for intuitionistic fuzzy sets[J]. Information sciences, 2008(178): 3775-3790.

[98] 申晓勇，雷英杰，李进，等. 基于目标函数的直觉模糊集合数据的聚类方法[J]. 系统工程与电子技术，2009，31(11)：2732-2735.

[99] Chris C, M, Etienne E. Intuitionistic fuzzy rough sets: at the crossroads of imperfect knowledge[J]. Expert Systems, 2003, 20(5): 260-270.

[100] 路艳丽，雷英杰，华继学. 基于直觉模糊粗糙集的属性约简算法[J]. 控制与决策，2009，24(3)：335-341.

[101] Lei Z, Wei-Zhi W, Zhang W-X. On characterization of intuitionistic fuzzy rough sets based on intuitionistic fuzzy implicators[J]. Information Sciences, 2009, 179(7): 883-898.

[102] 雷英杰，王宝树，苗启广. 直觉模糊关系及其合成运算[J]. 系统工程理论与实践，2005，25(2)：113-118.

[103] 雷英杰，赵晔，王涛. 直觉模糊语义匹配的相似性度量[J]. 空军工程大学学报：自然科学版，2005，6(2)：83-86.

[104] 雷英杰，王宝树，王晶晶. 直觉模糊条件推理与可信度传播[J]. 电子与信息学报，2006，28(10)：1790-1793.

[105] 雷英杰，王宝树，路艳丽. 基于直觉模糊逻辑的近似推理方法[J]. 控制与决策，2006，21(3)：305-310.

[106] 雷英杰，汪竞宇，吉波. 真值限定的直觉模糊推理方法[J]. 系统工程与电子技术，2006，28(2)：234-236.

[107] 申晓勇，雷英杰，蔡茹，张弛. 基于加权 Minkowski 距离的 IFS 相异度度量方法[J]. 系统工程与电子技术，2009，31(6)：1358-1361.

[108] 徐小来，雷英杰. 基于直觉模糊三角模的直觉模糊粗糙集[J]. 控制与决策，2008，23(8)：900-904.

[109] 雷英杰，路艳丽，李兆渊. 直觉模糊神经网络的全局逼近能力[J]. 控制与决策，2007，22(5)：597-600.

[110] 赵涛，肖建. 二型直觉模糊集[J]. 控制理论与应用，2012，29(9)：1215-1222.

[111] 高明美，孙涛，朱建军. 一种改进的直觉模糊熵公理化定义和构造公式[J]. 控制与决策，2014，29(3)：470-474.

[112] Supriya K D, Ranjit B, Akhil R R. An application of intuitionistic fuzzy sets in medical diagnosis [J]. Fuzzy Sets and Systems, 2001, 117(2): 209-213.

[113] Evren G, IIsmet E, Aydan M. E. Two-way fuzzy adaptive identification and control of a flexible-joint robot arm[J]. Information Sciences, 2002(145): 13-43.

[114] Kankana C. Intuition in Soft Decision Analysis[J]. Springer LNAI, 2003, 2639(1): 374 - 377.

[115] Eulalia S, Janusz K. An application of intuitionistic fuzzy set similarity measures to a multi-criteria decision making problem[J]. Lecture Notes in Computer Science, 2006(3): 314 - 323.

[116] Mitchell H B. Pattern recognition using type-II fuzzy sets[J]. Information Sciences, 2005(170): 409 - 418.

[117] Li D F. Extension of the LINMAP for multiattribute decision making under Atanassov's intuitionistic fuzzy environment[J]. Fuzzy Optimization and Decision Making, 2008, 7(1): 17 - 34.

[118] Xu Z S. Multi-person multi-attribute decision making models under intuitionistic fuzzy environment [J]. Fuzzy Optimization and Decision Making, 2007, 6(3): 221 - 236.

[119] Zhang Z M, Wang C, Tian D Z. A novel approach to interval-valued intuitionistic fuzzy soft set based decision making[J]. Applied Mathematical Modelling, 2014, 38(4): 1255 - 1270.

[120] Liu P D, Liu Z M, Zhang X. Some intuitionistic uncertain linguistic Heronian mean operators and their application to group decision making[J]. Applied Mathematics and Computation, 2014, 230 (Complete): 570 - 586.

[121] Murat K, Serkan G, Gokhan E. Ranking the sustainability performance of pavements: An intuitionistic fuzzy decision making method[J]. Automation in Construction, 2014, 40(Complete): 33 - 43.

[122] He Y D, Chen H Y, Zhou L G, et al. Intuitionistic fuzzy geometric interaction averaging operators and their application to multi-criteria decision making [J]. Information Sciences, 2014, 259 (Complete): 142 - 159.

[123] Iakovidis D K, Pelekis N, KOTSIFAKOS E. Intuitionistic fuzzy clustering with applications in computer vision[J]. Lecture Notes in Computer Science, 2008, 5259(1): 764 - 774.

[124] Yager R R. An intuitionistic view of the Dempster-Shafer belief structure[J]. Soft Computing, 2014, 18(11): 2091 - 2099.

[125] Ludmila D, Pavel S. An interpretation of intuitionistic fuzzy sets in terms of evidence theory: Decision making aspect[J]. Knowledge-Based Systems, 2010, 23(6): 772 - 782.

[126] Song Y F, Wang X D, Lei L, et al. A novel similarity measure on intuitionistic fuzzy sets with its applications[J]. Applied Intelligence, 2015, 42(2): 252 - 261.

[127] Garg H, Rani M, Sharma S P, et al. Intuitionistic fuzzy optimization technique for solving multi-objective reliability optimization problems in interval environment [J]. Expert Systems with Applications, 2014, 41(7): 3157 - 3167.

[128] 雷英杰，王宝树，王毅. 基于直觉模糊决策的战场态势评估方法[J]. 电子学报，2006，34(12)：1275 - 1279.

[129] 雷英杰，王宝树，王毅. 基于直觉模糊推理的威胁评估方法[J]. 电子与信息学报，2007，29(9)：2077 - 2081.

[130] 雷阳，雷英杰，孔韦韦，等. 基于自适应直觉模糊推理的目标识别方法[J]. 系统工程与电子技术，2010，32(7)：1471 - 1475.

[131] 雷阳，雷英杰，冯有前，等. 基于直觉模糊推理的目标识别方法[J]. 控制与决策，2011，26(8)：1163 - 1168.

[132] 孔韦韦，雷英杰. 基于直觉模糊熵的红外图像预处理方法[J]. 系统工程理论与实践，2010，30(9)：1484 - 1491.

[133] 孔韦韦，雷英杰，雷阳，张捷. 基于 NSCT 域改进型 NMF 的图像融合方法[J]. 中国科学(信息科学)，2010，53(12)：2429 - 2440.

[134] 郑寇全，雷英杰，王睿，等. 基于 IFSTR 的抽象化空间推理方法[J]. 系统工程与电子技术，2013，35(3)：650－655.

[135] 杨铭，郑寇全，雷英杰. 基于直觉模糊贝叶斯网络的不确定性推理方法[J]. 火力与指挥控制，2015，40(3)：37－41.

[136] 郑寇全，雷英杰，余晓东，等. 基于直觉模糊线性方程组的 IFTS 预测方法[J]. 控制与决策，2014，29(5)：941－945.

[137] 郑寇全，雷英杰，余晓东，等. 基于线性 IFTS 的弹道中段目标融合识别方法[J]. 控制与决策，2014，29(6)：1047－1052.

[138] Cortes C，Vapnik V. Support-Vector Networks[J]. Machine Learning，1995，20(3)：273－297.

[139] Muller k. R，Smola A. J，Ratsch G. An introduction to kernel-based learning algorithms. IEEE Transactions on Neural Networks，2001，12(2)：181－201.

[140] Tipping M. E. The Relevance Vector Machine[C]. Advances in Neural Information Processing Systems 12. Cambridge，Mass：MIT Press，2000.

[141] 余晓东，雷英杰，岳韶华，等. 基于粒子群优化的直觉模糊核匹配追踪算法[J]. 电子学报，2015，43(7)：1309－1314.

[142] Vlad P，Sam B，Jean P T. Kernel maching pursuit for Large datasets. Pattern Recgnition，2005，38(12)：2385－2390.

[143] Jiao L C，Li Q. Kernel matching pursuit classifier ensemble[J]. Pattern Recognition，2006，39(4)：587－594.

[144] Gou S P，Li C，Li YY，et al. Kernel matching pursuit based on immune clonal algorithm for image recognition[J]. Lecture Notes on Computer Science，2006，4247(1)：26－33.

[145] 缑水平，焦李成，张向荣. 基于免疫克隆的核匹配追踪集成图像识别算法[J]. 模式识别与人工智能，2009，22(1)：79－85.

[146] Gou S P，Li Q，ZHANG X G. A new dictionary learning method for kernel matching pursuit[J]. Lecture Notes in Computer Science，2006，4223(1)：776～779.

[147] Li Q，Jiao L C. Base vector selection for kernel matching pursuit[J]. Lecture Notes in Computer Science，2006，4093(1)：967－976.

[148] Li Q，Jiao L C ，Yang S Y. MRA Kernel Matching Pursuit Machine. Lecture Notes in Computer Science，2006，4099(1)：1032－1036.

[149] Li Q，Jiao L C，Gou S P. Wavelet kernel matching pursuit machine[J]. Lecture Notes on Computer Science，2006，4304(1)：1157－1167.

[150] 李青，焦李成，周伟达. 基于模糊核匹配追寻的特征模式识别[J]. 计算机学报，2009，32(8)：1687－1694.

[151] 缑水平，焦李成，张向荣，等. 基于免疫克隆与核匹配追踪的快速图像目标识别[J]. 电子与信息学报，2008，30(5)：1104－1108.

[152] 缑水平，焦李成. 基于多尺度几何分析与核匹配追踪的图像识别[J]. 模式识别与人工智能，2007，20(6)：776－781.

[153] 姚瑶. 基于核匹配追踪的医学影像辅助诊断[D]. 西安：西安电子科技大学，2010.

[154] 马建华，刘宏伟，保铮. 利用核匹配追踪算法进行雷达高分辨距离像识别[J]. 西安电子科技大学学报：自然科学版，2005，32(1)：84－88.

[155] Li J W，Deng X C. Kernel matching reduction algrithms for classification[J]. Springer LNAI，2008(50)：564－571.

[156] 魏海周. 基于机器学习的信用风险评估技术若干研究[D]. 北京：北京理工大学，2011.

[157] Liao X J, Li H, Krishnapuram B. An M-ary kernel macthing pursuit classifier for multi-aspect target classification[C]. Proceedings of IEEE International conference on Acoustics, Speech, and Signal Processing (ICASSP), 2004(2): 61-64.

[158] Wang W, Yang X, Chen S S. A kernel matching pursuit approach to man-made objects detection in aerial images[J]. Springer LNACS, 2007(4478): 507-514.

[159] Dieth T, Hussain Z. Kernel Polytope Faces Pursuit[J]. Springer LNAI, 2009(5781): 290-301.

[160] 唐继勇，宋华，孙浩，等. 基于粗糙集理论与核匹配追踪的入侵检测方法[J]. 计算机应用，2010，30(5)：1202-1205.

[161] 雷阳，雷英杰，周创明，等. 基于直觉模糊核匹配追踪的目标识别方法[J]. 电子学报，2011，39(6)：1441-1446.

[162] 雷阳，孔韦韦，雷英杰. 基于直觉模糊 c 均值聚类核匹配追踪的弹道中段目标识别方法[J]. 通信学报，2012，33(11)：136-143.

[163] 付丽华，李宏伟，张猛. 基于更贪心策略的快速正交核匹配追踪算法[J]. 电子学报，2013，41(8)：1580-1585.

[164] 安冬，荣超群，杨丹，等. 基于 PSOA 聚类和 KMP 算法的说话人识别方法[J]. 仪器仪表学报，2013，34(6)：1306-1311.

[165] 储岳中，徐波，高有涛，等. 基于近邻传播聚类与核匹配追踪的遥感图像目标识别方法，2014，36(12)：2924-2928.

第2章 直觉模糊集

本章主要介绍直觉模糊理论基础知识，内容包括直觉模糊集的定义及基本运算，直觉模糊关系及其性质，直觉模糊集合成运算以及直觉模糊条件推理。

2.1 直觉模糊集的定义及其基本运算

Atanassov对直觉模糊集给出如下定义：

定义 2.1(直觉模糊集[1]) 设 X 是一个给定论域，则 X 上的一个直觉模糊集 A 为

$$A=\{\langle x,\mu_A(x),\gamma_A(x)\rangle \mid x\in X\} \tag{2.1}$$

其中 $\mu_A(x): X\to[0,1]$ 和 $\gamma_A(x): X\to[0,1]$ 分别代表 A 的隶属函数 $\mu_A(x)$ 和非隶属函数 $\gamma_A(x)$，且对于 A 上的所有 $x\in X$，$0\leqslant\mu_A(x)+\gamma_A(x)\leqslant 1$ 成立。

当 $X\{X_1, X_2, \cdots X_n\}$ 为连续空间时，有

$$A=\int_X \langle\mu_A(x),\gamma_A(x)\rangle/x,\ x\in X \tag{2.2}$$

当 $X=\{x_1, x_2, \cdots, x_n\}$ 为离散空间时，有

$$A=\sum_{i=1}^{n}\langle\mu_A(x_i),\gamma_A(x_i)\rangle/x_i,\ x_i\in X \tag{2.3}$$

直觉模糊集 A 有时可以简记作 $A=\langle x,\mu_A,\gamma_A\rangle$ 或 $A=\langle\mu_A,\gamma_A\rangle/x$。显然，每一个一般模糊子集对应于直觉模糊子集 $A=\{\langle x,\mu_A(x),1-\mu_A(x)\rangle \mid x\in X\}$。

对于 X 中的每一个直觉模糊子集，称 $\pi_A(x)=1-\mu_A(x)-\gamma_A(x)$ 为 A 中 x 的直觉指数(Intuitionistic Index)，它是 x 对 A 的犹豫程度(Hesitancy Degree)的一种测度。显然，对于每一个 $x\in X$，$0\leqslant\pi_A(x)\leqslant 1$，对于 X 中的每一个一般模糊子集 A，$\pi_A(x)=1-\mu_A(x)-[1-\mu_A(x)]=0$，$\forall x\in X$。

若定义在 U 上的Zadeh模糊集的全体用 $F(U)$ 表示，则对于一个模糊集 $A\in F(U)$，其单一隶属度 $\mu_A(x)\in[0,1]$ 既包含了支持 x 的证据 $\mu_A(x)$，也包含了反对 x 的证据 $1-\mu_A(x)$，但它不可能表示既不支持也不反对的“非此非彼”中立状态的证据。而一个直觉模糊集 $A\in \mathrm{IFS}(X)$，其隶属度 $\mu_A(x)$、非隶属度 $\gamma_A(x)$ 以及直觉指数 $\pi_A(x)$ 分别表示对象 x 属于直觉模糊集 A 的支持、反对、中立这三种证据的程度。可见，IFS有效地扩展了Zadeh模糊集的表示能力。

定义 2.2(直觉模糊集基本运算[1-3]) 设 A 和 B 是给定论域 X 上的直觉模糊子集，则有

(1) $A\cap B=\{\langle x,\mu_A(x)\wedge\mu_B(x),\gamma_A(x)\vee\gamma_B(x)\rangle \mid \forall x\in X\}$。

(2) $A\cup B=\{\langle x,\mu_A(x)\vee\mu_B(x),\gamma_A(x)\wedge\gamma_B(x)\rangle \mid \forall x\in X\}$。

(3) $\overline{A}=A^c=\{\langle x, \gamma_A(x), \mu_A(x)\rangle \mid x\in X\}$。

(4) $A\subseteq B\Leftrightarrow\ \forall x\in X, [\mu_A(x)\leqslant\mu_B(x)\wedge\gamma_A(x)\geqslant\gamma_B(x)]$。

(5) $A\subset B\Leftrightarrow\ \forall x\in X, [\mu_A(x)<\mu_B(x)\wedge\gamma_A(x)>\gamma_B(x)]$。

(6) $A=B\Leftrightarrow\ \forall x\in X, [\mu_A(x)=\mu_B(x)\wedge\gamma_A(x)=\gamma_B(x)]$。

2.2　直觉模糊关系及其性质

直觉模糊关系必定有其自身的特点，虽然它增加了属性函数，但其合成运算的一些运算规律如结合率等仍应该成立。直觉模糊关系也具有自反性、对称性、传递性等性质。

2.2.1　直觉模糊关系

定义 2.3(直觉模糊关系[4])　设 X 和 Y 是普通、有限、非空集合或论域。定义在直积空间 $X\times Y$ 上的直觉模糊子集称为从 X 到 Y 之间的二元直觉模糊关系，记为

$$R=\{\langle (x, y), \mu_R(x, y), \gamma_R(x, y)\rangle \mid x\in X, y\in Y\} \tag{2.4}$$

其中，μ_R：$X\times Y\to[0, 1]$和 γ_R：$X\times Y\to[0, 1]$满足条件 $0\leqslant\mu_R(x, y)+\gamma_R(x, y)\leqslant 1$，$\forall(x, y)\in X\times Y$。

我们用 IFR($X\times Y$)来表示 $X\times Y$ 上的直觉模糊子集的全体。若 X 和 Y 为有限集时，即 $X=\{x_1, x_2, \cdots, x_m\}$，$Y=\{y_1, y_2, \cdots, y_n\}$，则从 X 到 Y 之间的二元直觉模糊关系 R 可以用矩阵表示。对于 $\forall(x_i, y_j)\in X\times Y(i=1, 2, \cdots m, j=1, 2, \cdots, n)$，记为$(\mu_{ij})_{m\times n}$和$(\gamma_{ij})_{m\times n}$，其中 $\mu_{ij}=\mu_R(x_i, y_j)$，$\gamma_{ij}=\gamma_R(x_i, y_j)$，$0\leqslant\mu_{ij}\leqslant 1$，$0\leqslant\gamma_{ij}\leqslant 1$($i=1, 2, \cdots, m$，$j=1, 2,\cdots, n$)分别称为元素 x_i与 y_j之间关系 R 存在和不存在的程度。

若 X_1，X_2，…，X_n 是 n 个集合，则所谓直积空间 $X_1\times X_2\times\cdots\times X_n$ 上的一个 n 元直觉模糊关系 R 是指 $X_1\times X_2\times\cdots\times X_n$ 上的一个直觉模糊子集，记为

$$R=\{\langle (x_1, x_2, \cdots, x_n), \mu_R(x_1, x_2, \cdots, x_n), \gamma_R(x_1, x_2, \cdots, x_n)\rangle \mid x_i\in X_i, i=1, 2, \cdots, n\} \tag{2.5}$$

其中 μ_R：$X_1\times X_2\times\cdots\times X_n\to[0, 1]$和 γ_R：$X_1\times X_2\times\cdots\times X_n\to[0, 1]$满足条件

$0\leqslant\mu_R(x_1,x_2,\cdots,x_n)+\gamma_R(x_1,x_2,\cdots,x_n)\leqslant 1$，$\forall(x_1,x_2,\cdots,x_n)\in X_1\times X_2\times\cdots\times X_n$

由以上定义可以看出，直觉模糊关系是一般模糊关系的一种推广。

定义 2.4(直觉模糊零关系[4])　设 $0\in$ IFR($X\times Y$)，定义零关系 0 的隶属函数与非隶属函数为

$$\begin{cases}\mu_0(x, y)=0\\ \gamma_0(x, y)=1\end{cases}, \quad \forall(x, y)\in X\times Y \tag{2.6}$$

定义 2.5(直觉模糊全关系[4])　设 $E\in$ IFR($X\times Y$)，定义全关系 E 的隶属函数与非隶属函数为

$$\begin{cases}\mu_E(x, y)=1\\ \gamma_E(x, y)=0\end{cases}, \quad \forall(x, y)\in X\times Y \tag{2.7}$$

定义 2.6(直觉模糊恒等关系[4])　设 $I\in$ IFR($X\times Y$)，定义恒等关系 I 的隶属函数与非隶属函数为

若 $x=y$，则 $\mu_I(x, y)=1$，$\gamma_I(x, y)=0$，$\forall (x, y)\in X\times Y$。

若 $x\neq y$，则 $\mu_I(x, y)=0$，$\gamma_I(x, y)=1$，$\forall (x, y)\in X\times Y$。

由以上定义可以看出，直觉模糊关系是一般模糊关系的一种推广。

定义 2.7(直觉模糊逆关系[4]) 设 $R\in \mathrm{IFR}(X\times Y)$，定义 $R^{-1}\in \mathrm{IFR}(Y\times X)$ 的隶属函数与非隶属函数为

$$\begin{cases}\mu_{R^{-1}}(y, x)=\mu_R(x, y)\\ \gamma_{R^{-1}}(y, x)=\gamma_R(x, y)\end{cases},\quad \forall (y, x)\in Y\times X$$

称 Y 到 X 的二元直觉模糊关系 R^{-1} 为 R 的逆关系。

性质 2.1 设 R 和 P 是给定直觉模糊子集 X 和 Y 之间的直觉模糊关系，$\forall (x, y)\in X\times Y$，则它们具有如下性质：

(1) $R\leqslant P\Leftrightarrow \mu_R(x, y)\leqslant \mu_P(x, y)$ 且 $\gamma_R(x, y)\geqslant \gamma_P(x, y)$。

(2) $R\geqslant P\Leftrightarrow \mu_R(x, y)\leqslant \mu_P(x, y)$ 且 $\gamma_R(x, y)\leqslant \gamma_P(x, y)$。

(3) $R=P\Leftrightarrow \mu_R(x, y)=\mu_P(x, y)$ 且 $\gamma_R(x, y)=\gamma_P(x, y)$。

(4) $R\vee P=\{\langle (x, y), \mu_R(x, y)\vee \mu_P(x, y), \gamma_R(x, y)\wedge \gamma_P(x, y)\rangle \mid x\in X, y\in Y\}$。

(5) $R\wedge P=\{\langle (x, y), \mu_R(x, y)\wedge \mu_P(x, y), \gamma_R(x, y)\vee \gamma_P(x, y)\rangle \mid x\in X, y\in Y\}$。

(6) $R^c=\{\langle (x, y), \gamma_R(x, y), \mu_R(x, y)\rangle \mid x\in X, y\in Y\}$。

定理 2.1[4] 设 R、P 和 Q 是 $\mathrm{IFR}(X\times Y)$ 上的直觉模糊关系，$\forall (x, y)\in X\times Y$，则有

(1) $R\leqslant P\Rightarrow R^{-1}\leqslant P^{-1}$。

(2) $(R\vee P)^{-1}=R^{-1}\vee P^{-1}$。

(3) $(R\wedge P)^{-1}=R^{-1}\wedge P^{-1}$。

(4) $(R^{-1})^{-1}=R$。

(5) $R\wedge (P\vee Q)=(R\wedge P)\vee (R\wedge Q)$，$R\vee (P\wedge Q)=(R\vee P)\wedge (R\vee Q)$。

(6) $R\vee P\geqslant R$，$R\vee P\geqslant P$，$R\wedge P\leqslant R$，$R\wedge P\leqslant P$。

(7) 若 $R\geqslant P$ 且 $R\geqslant Q$，则 $R\geqslant (P\vee Q)$；若 $R\leqslant P$ 且 $R\leqslant Q$，则 $R\leqslant (P\wedge Q)$。

定义 2.8(直觉模糊集的截集[1]) 设 $A=\{\langle x, \mu_A(x), \gamma_A(x)\rangle \mid x\in X\}$ 为有限论域 X 上的一个 IFS，若 $0\leqslant \alpha, \beta\leqslant 1$，且 $\alpha+\beta\leqslant 1$，则称集合

$$A_{(\alpha, \beta)}=\{x \mid \mu_A(x)\geqslant \alpha, \gamma_A(x)\leqslant \beta, x\in X\}$$

为直觉模糊集 A 的 (α, β) 截集。(α, β) 称为置信水平或置信度，对每组 (α, β) 都能确定 X 上的一个普通集合。

定义 2.9(直觉模糊关系的截集[4]) 设 $\boldsymbol{R}\in \mathrm{IFR}(X\times Y)$，对 $0\leqslant \alpha, \beta\leqslant 1$，且 $\alpha+\beta\leqslant 1$，定义 $\boldsymbol{R}$ 的 (α, β)-截集 $\boldsymbol{R}_{(\alpha, \beta)}$ 如下：

$$\boldsymbol{R}_{(\alpha, \beta)}=\{(x, y) \mid \mu_R(x, y)\geqslant \alpha, \gamma_R(x, y)\leqslant \beta, (x, y)\in X\times Y\}$$

并称 $\boldsymbol{R}_\alpha=\{(x, y) \mid \mu_R(x, y)\geqslant \alpha, (x, y)\in X\times Y\}$ 和 $\boldsymbol{R}_\beta=\{(x, y) \mid \gamma_R(x, y)\leqslant \beta, (x, y)\in X\times Y\}$ 分别为属于 $\boldsymbol{R}$ 的 α-截集和不属于 $\boldsymbol{R}$ 的 β-截集，显然 $\boldsymbol{R}_{(\alpha, \beta)}$ 是一个经典二元关系。特别当 $\boldsymbol{R}$ 为直觉模糊矩阵时，$\boldsymbol{R}_{(\alpha, \beta)}$ 称为 $\boldsymbol{R}$ 的截矩阵，若 $\boldsymbol{R}=(\mu_{ij}, \gamma_{ij})_{m\times n}$，则 $\boldsymbol{R}_{(\alpha, \beta)}=(r_{ij})_{m\times n}$ 的取值如下：

$$r_{ij}=\begin{cases}1 & \mu_{ij}\geqslant \alpha \text{ 且 } \gamma_{ij}\leqslant \beta\\ 0 & \text{其他}\end{cases}$$

定理 2.2 设 $\boldsymbol{R}\in \mathrm{IFR}(X\times Y)$，对 $0\leqslant\alpha$，$\beta\leqslant 1$，且 $\alpha+\beta\leqslant 1$，则

$$(\boldsymbol{R}^{-1})_{(\alpha,\beta)}=(\boldsymbol{R}_{(\alpha,\beta)})^{-1}$$

定理 2.2 的证明可参考文献[4]，此处不再赘述。

2.2.2 直觉模糊关系的自反性

定义 2.10(自反性[4]) 设直觉模糊关系 $R\in \mathrm{IFR}(X\times X)$，则

(a) R 是自反的。若 $I\leqslant R$，即 $\forall x\in X$，则 $\mu_R(x,x)=1$，$\gamma_R(x,x)=0$。

(b) R 是弱自反的。若 $\forall x$，$y\in X$，则 $\mu_R(x,x)\geqslant\mu_R(x,y)$，$\gamma_R(x,x)\leqslant\gamma_R(x,y)$。

(c) R 是 ε 弱自反的。若 $\varepsilon>0$，且 $\forall x\in X$，则 $\mu_R(x,x)\geqslant\varepsilon$，$\gamma_R(x,x)\leqslant 1-\varepsilon$。

(d) R 是逆自反的。若 $\forall x\in X$，则 $\mu_R(x,x)=0$，$\gamma_R(x,x)=1$。

(e) 称包含 R 的最小的自反直觉模糊关系为 R 的自反闭包，记作 $r(R)$。

定理 2.3 给出了自反性的一些基本性质。

定理 2.3[4] 设 X 上的直觉模糊关系 $R\in \mathrm{IFR}(X\times X)$，则

(a) R 是自反的，当且仅当 R^c 是逆自反的；

(b) R 是逆自反的，当且仅当 $R\wedge I=0$；

(c) 若 R 是自反的，则 $R^n\leqslant R^{n+1}$ 且 R^n 也是自反的($n\geqslant 1$)；

(d) $r(R)=R\vee I$。

2.2.3 直觉模糊关系的对称性

定义 2.11(对称性[4]) 设直觉模糊关系 $R\in \mathrm{IFR}(X\times X)$，则

(a) R 是对称的。若 $R=R^{-1}$，即 $\forall(x,y)\in X\times X$，则 $\mu_R(x,y)=\mu_R(y,x)$，$\gamma_R(x,y)=\gamma_R(y,x)$；否则称为不对称的。

(b) R 是逆对称直觉的。若 $\forall(x,y)\in X\times X$，$x\neq y$，则 $\mu_R(x,y)\neq\mu_R(y,x)$，$\gamma_R(x,y)\neq\gamma_R(y,x)$，$\pi_R(x,y)=\pi_R(y,x)$。

(c) R 是完全逆对称直觉的。若 $\forall(x,y)\in X\times X$，$x\neq y$ 且 $\mu_R(x,y)>0$ 或者 $\mu_R(x,y)=0$ 且 $\gamma_R(x,y)<1$，则 $\mu_R(y,x)=0$ 且 $\gamma_R(y,x)=1$。

(d) 称包含 R 的最小的对称直觉模糊关系为 R 的对称闭包，记作 $s(R)$。

这里，完全直觉逆对称的定义并不能覆盖 Zadeh 针对一般模糊关系给出的完全模糊逆对称的定义。对称关系有如下定理给出的基本性质：

定理 2.4[4] 设 X 上的直觉模糊关系 R、R_1、$R_2\in \mathrm{IFR}(X\times X)$，则有

(a) R 是对称的$\Leftrightarrow R=R^{-1}$；

(b) R_1、R_2都是对称的，则 $R_1\circ R_2$ 对称$\Leftrightarrow R_1\circ R_2=R_2\circ R_1$，即 R_1、R_2是可交换的；

(c) R 是对称的，则 R^n 也是对称的($n\geqslant 1$)；

(d) $R\circ R^{-1}$是 X 上的对称关系；

(e) $s(R)=R\vee R^{-1}$。

2.2.4 直觉模糊关系的传递性

定义 2.12(传递性[4]) 设直觉模糊关系 $R\in \mathrm{IFR}(X\times X)$，则

(a) R 是传递的，若 $R \geqslant R_{\wedge}^{\vee} \circ_{\rho}^{\beta} R$。

(b) R 是 C -传递的，若 $R \leqslant R_{\vee}^{\wedge} \circ_{\beta}^{\rho} R$。

(c) 称包含 R 的最小的传递直觉模糊关系为 R 的传递闭包，记作 $t(R)$。

直觉模糊传递关系有如下定理给出的一些性质：

定理 2.5[4]　设 X 上的直觉模糊关系 R、R_1、$R_2 \in \mathrm{IFR}(X \times X)$，则有

(a) R 是传递的 $\Leftrightarrow R^2 \leqslant R$；

(b) R 是传递的，则 R^n 也是传递的 $(n \geqslant 1)$；

(c) $t(R)=\bigcup\limits_{k=1}^{\infty} R^k$。

本节中定理 2.3、2.4、2.5 的证明可参考文献[4]，此处不再赘述。

2.3　直觉模糊合成运算

2.3.1　直觉模糊集 T -范数与 S -范数

设映射 T：$[0,1]\times[0,1]\rightarrow[0,1]$ 表示直觉模糊子集的隶属函数和非隶属函数向 A 和 B 的交集的隶属函数和非隶属函数转换的一个函数，即

$$T[\langle \mu_A(x), \gamma_A(x)\rangle, \langle \mu_B(x), \gamma_B(x)\rangle]=\langle \mu_{A\cap B}(x), \gamma_{A\cap B}(x)\rangle$$

由直觉模糊运算规则可知

$$\begin{cases}\mu_{A\cap B}(x)=\min[\mu_A(x), \mu_B(x)]\\ \gamma_{A\cap B}(x)=\max[\gamma_A(x), \gamma_B(x)]\end{cases}$$

为使函数 T 适合于计算直觉模糊集交的隶属函数和非隶属函数，它应满足以下 4 个条件：

(1) 有界性：$T(0,0)=0$，$T(x,1)=x$，$T(x,0)=0$，$\forall x\in[0,1]$。

(2) 交换性：$T(x,y)=T(y,x)$，$\forall x, y\in[0,1]$。

(3) 交合性：$T(T(x,y),z)=T(x,T(y,z))$，$\forall x, y, z\in[0,1]$。

(4) 单调性：若 $x\leqslant z$ 且 $y\leqslant t$，则 $T(x,y)\leqslant T(z,t)$，$\forall x, y, z, t\in[0,1]$。

定义 2.13(直觉模糊集 T -范数[4])　任何满足上述条件的函数 T：$[0,1]\times[0,1]\rightarrow[0,1]$ 称为 T -范数。

设映射 S：$[0,1]\times[0,1]\rightarrow[0,1]$ 表示直觉模糊子集的隶属函数和非隶属函数向 A 和 B 的并集的隶属函数和非隶属函数转换的一个函数，即

$$S[\langle \mu_A(x), \gamma_A(x)\rangle, \langle \mu_B(x), \gamma_B(x)\rangle]=\langle \mu_{A\cup B}(x), \gamma_{A\cup B}(x)\rangle$$

由直觉模糊运算规则可知

$$\begin{cases}\mu_{A\cup B}(x)=\max[\mu_A(x), \mu_B(x)]\\ \gamma_{A\cup B}(x)=\min[\gamma_A(x), \gamma_B(x)]\end{cases}$$

为使函数 S 适合于计算直觉模糊集并的隶属函数和非隶属函数，它应满足以下 4 个条件：

(1) 有界性：$S(1,1)=1$，$S(x,1)=1$，$S(x,0)=x$，$\forall x\in[0,1]$。

(2) 交换性：$S(x,y)=S(y,x)$，$\forall x,y\in[0,1]$。

(3) 交合性：$S(S(x,y),z)=S(x,S(y,z))$，$\forall x,y,z\in[0,1]$。

(4) 单调性：若 $x\leqslant z$ 且 $y\leqslant t$，则 $S(x,y)\leqslant S(z,t)$，$\forall x,y,z,t\in[0,1]$。

定义 2.14(直觉模糊集 S-范数[4]）　任何满足上述条件的函数 S：$[0,1]\times[0,1]\to[0,1]$称为 S-范数。

在上述定义中，有界性给出直觉模糊集并、交运算在边界处的特性，交换性保证运算结果与直觉模糊集的顺序无关。结合性把直觉模糊运算扩展到两个直觉模糊集合以上。单调性给出了直觉模糊集运算的通用必要条件：两个直觉模糊集合的隶属度值上升与非隶属度值下降会导致这两个直觉模糊集的并集、交集的隶属度值的升高与非隶属度值的下降，而两个直觉模糊集合的隶属度值下降与非隶属度值上升会导致这两个直觉模糊集的并集、交集的隶属度值的下降和非隶属度值的升高。

定义 2.15(对偶范数[5]）　设 $T(x,y)$为 T-范数，$S(x,y)$为 S-范数，若对$\forall x,y\in[0,1]$有 $T(x,y)=1-S(1-x,1-y)$，则称 $T(x,y)$与 $S(x,y)$为一对对偶范数。这时，称 S-范数为 T-协范数。

2.3.2　直觉模糊关系的合成运算

合成运算是一种专对模糊关系适用的运算，当用于直觉模糊关系时，有如下定义：

定义 2.16(直觉模糊合成关系[4]）　设 α、β、λ、ρ 是 T-范数或 S-范数，但不必是两两对偶范数，$\boldsymbol{R}\in\mathrm{IFR}(X\times Y)$且 $\boldsymbol{P}\in\mathrm{IFR}(Y\times Z)$，则合成关系 $R_{\lambda}^{\alpha}\circ_{\rho}^{\beta}P\in\mathrm{IFR}(X\times Z)$定义为

$$R_{\lambda}^{\alpha}\circ_{\rho}^{\beta}P=\{\langle(x,z),\mu_{R_{\lambda}^{\alpha}\circ_{\rho}^{\beta}P}(x,z),\gamma_{R_{\lambda}^{\alpha}\circ_{\rho}^{\beta}P}(x,z)\rangle\mid x\in X,z\in Z\}$$

其中

$$\begin{cases}\mu_{R_{\lambda}^{\alpha}\circ_{\rho}^{\beta}P}(x,z)=\underset{y}{\alpha}\{\beta[\mu_R(x,y),\mu_P(y,z)]\}\\ \lambda_{R_{\lambda}^{\alpha}\circ_{\rho}^{\beta}P}(x,z)=\underset{y}{\lambda}\{\rho[\gamma_R(x,y),\gamma_P(y,z)]\}\end{cases}$$

且满足 $0\leqslant\mu_{R_{\lambda}^{\alpha}\circ_{\rho}^{\beta}P}(x,z)+\gamma_{R_{\lambda}^{\alpha}\circ_{\rho}^{\beta}P}(x,z)\leqslant1$，$\forall(x,z)\in X\times Z$。

此处，α、β 作用于隶属度函数，λ、ρ 作用于非隶属度函数。本书中我们取 $\alpha=\vee$，$\beta=\wedge$，$\lambda=\wedge$，$\rho=\vee$，上述合成关系记作 $R^{\circ}P\in\mathrm{IFR}(X\times Z)$。

若 X、Y、Z 均为有限集，设 $X=\{x_1,x_2,\cdots,x_m\}$，$Y=\{y_1,y_2,\cdots,y_n\}$，$Z=\{z_1,z_2,\cdots,z_l\}$，则 $\boldsymbol{R}\in\mathrm{IFR}(X\times Y)$ 可以表示为一对 $m\times n$ 模糊矩阵$[\langle\mu_R(x_i,y_k),\gamma_R(x_i,y_k)\rangle]_{m\times n}$，$\boldsymbol{P}\in\mathrm{IFR}(Y\times Z)$ 可以表示为一对 $n\times l$ 模糊矩阵$[\langle\mu_P(y_k,z_j),\gamma_P(y_k,z_j)\rangle]_{n\times l}$。$\boldsymbol{S}=\boldsymbol{R}\circ\boldsymbol{P}\in\mathrm{IFR}(X\times Z)$是 X 到 Z 的直觉模糊关系，它可以表示为一对 $m\times l$ 的模糊矩阵$[\langle\mu_S(x_i,z_j),\gamma_S(x_i,z_j)\rangle]_{m\times l}$，由定义可得

$$\begin{cases}\mu_S(x_i,z_j)=\bigvee\limits_{k=1}^{n}[\mu_R(x_i,y_k)\wedge\mu_P(y_k,z_j)],\quad i=1,2,\cdots,m,j=1,2,\cdots,l\\ \gamma_S(x_i,z_j)=\bigwedge\limits_{k=1}^{n}[\gamma_R(x_i,y_k)\vee\gamma_P(y_k,z_j)],\quad i=1,2,\cdots,m,j=1,2,\cdots,l\end{cases}\tag{2.8}$$

式(2.8)表示直觉模糊关系矩阵的合成运算，它完全是直觉模糊关系合成的一种矩阵表达形式。合成矩阵的每个元素也是“∨—∧”运算的结果。

定理 2.6(直觉模糊合成运算定律[4]) 设 R、S、T 为三个直觉模糊关系，且可进行合成运算，则有：

(a) 结合律：$(R\circ S)\circ T=R\circ(S\circ T)$。

(b) 左右分配律：$(R\vee S)\circ T=(R\circ T)\vee(S\circ T)$；$T\circ(R\vee S)=(T\circ R)\vee(T\circ S)$。

(c) 单调性：$R\leqslant S\Rightarrow R\circ T\leqslant S\circ T$。

(d) 不等分配律：$(R\wedge S)\circ T\leqslant(R\circ T)\wedge(S\circ T)$；$T\circ(R\wedge S)\leqslant(T\circ R)\wedge(T\circ S)$。

定理 2.7[4] 设 $\boldsymbol{R}\in \mathrm{IFR}(X\times Y)$，$\boldsymbol{S}\in \mathrm{IFR}(Y\times Z)$，则有：

$$(R\circ S)^{-1}=S^{-1}\circ R^{-1}$$

性质 2.2(直觉模糊合成运算性质[4]) 设直觉模糊关系 $\boldsymbol{R}\in \mathrm{IFR}(X\times X)$，则它们具有如下性质：

(a) $R\circ I=I\circ R=R$；

(b) $R\circ 0=0\circ R=0$；

(c) $R^{m+1}=R^m\circ R$，$R^0=I$。

本节中定理 2.6、2.7 的证明可参考文献[4]，此处不再赘述。

2.4 直觉模糊条件推理

直觉模糊条件推理分为四种，分别是条件式直觉模糊推理[4]、多重式直觉模糊推理[4]、多维式直觉模糊推理[4]、多重多维式直觉模糊推理[4]。

2.4.1 条件式直觉模糊推理

设 A、B、$C\in[0, 1]$是直觉模糊命题，且 A 在论域 X 上取值，B、C 在论域 Y 上取值。直觉模糊逻辑中的条件式为“$A\rightarrow B$, $\overline{A}\rightarrow C$”，其关系矩阵 $\boldsymbol{R}(A; B, C)$为

$$\begin{aligned}\boldsymbol{R}_{A\rightarrow B,\overline{A}\rightarrow C} &= (A\times B)\cup(\overline{A}\times C)\\ &=\int_{X\times Y}\langle\mu_{A\rightarrow B,\overline{A}\rightarrow C}(x, y), \gamma_{A\rightarrow B,\overline{A}\rightarrow C}(x, y)\rangle/(x, y)\end{aligned} \tag{2.9}$$

其中

$$\begin{aligned}\mu_{A\rightarrow B,\overline{A}\rightarrow C}(x, y)&=(\mu_A(x)\wedge\mu_B(y))\vee(\mu_{\overline{A}}(x)\wedge\mu_C(y))\\ &=(\mu_A(x)\wedge\mu_B(y))\vee(\gamma_A(x)\wedge\mu_C(y))\end{aligned} \tag{2.10a}$$

$$\begin{aligned}\gamma_{A\rightarrow B,\overline{A}\rightarrow C}(x, y)&=(\gamma_A(x)\vee\gamma_B(y))\wedge(\gamma_{\overline{A}}(x)\wedge\gamma_C(y))\\ &=(\gamma_A(x)\vee\gamma_B(y))\wedge(\mu_A(x)\wedge\gamma_C(y))\end{aligned} \tag{2.10b}$$

其真值为

$$T(A\rightarrow B, \overline{A}\rightarrow C)=(T(A)\wedge T(B))\vee((1-T(A))\wedge T(C)) \tag{2.11}$$

其中 $T(A)$、$T(B)$及 $T(C)$的真值由直觉模糊逻辑(IFL)命题演算规则求得。

若已知 A_1，则 B_1 可由 A_1 与关系矩阵 $\boldsymbol{R}$ 的合成运算推理求得，即

$$B_1 = A_1 \circ \boldsymbol{R}^* = \int_Y \langle \mu_{B_1}(y),\ \gamma_{B_1}(y) \rangle / y \tag{2.12}$$

其中

$$\mu_{B_1}(y) = \bigvee_{x \in X} (\mu_{A_1}(x) \wedge \mu_{R*}(x,\ y)) \tag{2.13a}$$

$$\gamma_{B_1}(y) = \bigwedge_{x \in X} (\gamma_{A_1}(x) \vee \gamma_{R*}(x,\ y)) \tag{2.13b}$$

式中 $\boldsymbol{R}^*$ 为 $\boldsymbol{R}_{A\to B,\ \overline{A}\to C}$，即 $\mu_{R*}(x,\ y)$与 $\gamma_{R*}(x,\ y)$分别取为 $\mu_{A\to B,\ \overline{A}\to C}(x,\ y)$和 $\gamma_{A\to B,\ \overline{A}\to C}(x,\ y)$。

这一推理合成运算也适应于蕴涵式直觉模糊推理规则，亦即式中 $\boldsymbol{R}^*$ 可以取为 $\boldsymbol{R}_{A\to B}$，$\mu_{R*}(x,\ y)$与 $\gamma_{R*}(x,\ y)$分别取为 $\mu_{A\to B}(x,\ y)$和 $\gamma_{A\to B}(x,\ y)$。

2.4.2　多重式直觉模糊推理

设 A_i、$B_i \in [0,\ 1]$是直觉模糊命题，且 A_i在论域 X 上取值，B_i在论域 Y 上取值，$A_i \to B_i$ 有关系 $\boldsymbol{R}_i(i = 1,\ 2,\ \cdots,\ n)$，则$(A_1\to B_1,\ A_2\to B_2,\ \cdots,\ A_n\to B_n)$称为多重条件推理，其总的合成关系 $\boldsymbol{R}(A_1\to B_1,\ A_2\to B_2,\ \cdots,\ A_n\to B_n)$为

$$\begin{aligned} &\boldsymbol{R}_{A_1\to B_1,\ A_2\to B_2,\ \cdots,\ A_n\to B_n} \\ &= \bigcup_{i=1}^{n} \boldsymbol{R}_i(A_i,\ B_i) \\ &= \int_{X\times Y} \langle \mu_{A_1\to B_1,\ A_2\to B_2,\ \cdots,\ A_n\to B_n}(x,\ y),\ \gamma_{A_1\to B_1,\ A_2\to B_2,\ \cdots,\ A_n\to B_n}(x,\ y) \rangle / (x,\ y) \end{aligned} \tag{2.14}$$

对应的有

$$\begin{aligned} &\mu_{A_1\to B_1,\ A_2\to B_2,\ \cdots,\ A_n\to B_n}(x,\ y) \\ &= \bigvee_{i=1}^{n} (\mu_{A_i}(x) \wedge \mu_{B_i}(y)) \\ &= (\mu_{A_1}(x) \wedge \mu_{B_1}(y)) \vee (\mu_{A_1}(x) \wedge \mu_{B_1}(y)) \vee \cdots \vee (\mu_{A_1}(x) \wedge \mu_{B_1}(y)) \end{aligned} \tag{2.15a}$$

$$\begin{aligned} &\gamma_{A_1\to B_1,\ A_2\to B_2,\ \cdots,\ A_n\to B_n}(x,\ y) \\ &= \bigwedge_{i=1}^{n} (\gamma_{A_i}(x) \vee \gamma_{B_i}(y)) \\ &= (\gamma_{A_1}(x) \vee \gamma_{B_1}(y)) \wedge (\gamma_{A_1}(x) \vee \gamma_{B_1}(y)) \wedge \cdots \wedge (\gamma_{A_1}(x) \vee \gamma_{B_1}(y)) \end{aligned} \tag{2.15b}$$

其真值为

$$T(A_1 \to B_1,\ A_2 \to B_2,\ \cdots,\ A_n \to B_n) = \bigvee_{i=1}^{n} (T(A_i) \wedge T(B_i)) \tag{2.16}$$

若已知 A^*，则 B^* 可由 A^* 与 $\boldsymbol{R}_{A_1\to B_1,\ A_2\to B_2,\ \cdots,\ A_n\to B_n}$ 的合成运算 $B^* = A^* \circ \boldsymbol{R}_{A_1\to B_1,\ A_2\to B_2,\ \cdots,\ A_n\to B_n}$ 求得；反之，若已知 B^*，则 A^* 可由 $\boldsymbol{R}_{A_1\to B_1,\ A_2\to B_2,\ \cdots,\ A_n\to B_n}$ 与 B^* 的合成运算 $A^* = \boldsymbol{R}_{A_1\to B_1,\ A_2\to B_2,\ \cdots,\ A_n\to B_n} \circ B^*$ 求得。

2.4.3　多维式直觉模糊推理

设 A_i、$B \in [0,\ 1]$是直觉模糊命题，且 A_i在论域 X 上取值，B 在论域 Y 上取值($i=1$,

2，…，n)，则多维条件推理的形式为 $A_1 \times A_2 \times \cdots \times A_n \to B$。此时，令 $A = A_1 \times A_2 \times \cdots \times A_n$，则 $A_1 \times A_2 \times \cdots \times A_n \to B$ 可简记为 $A \to B$，亦即

$$\mu_A(x) = \bigwedge_{i=1}^{n} \mu_{A_i}(x) = \mu_{A_1}(x) \wedge \mu_{A_2}(x) \wedge \cdots \wedge \mu_{A_n}(x) \tag{2.17a}$$

$$\gamma_A(x) = \bigvee_{i=1}^{n} \gamma_{A_i}(x) = \gamma_{A_1}(x) \vee \gamma_{A_2}(x) \vee \cdots \vee \gamma_{A_n}(x) \tag{2.17b}$$

关系矩阵 $\boldsymbol{R}(A_1, A_2, \cdots, A_n; B)$为

$$\begin{aligned} \boldsymbol{R}_{A_1 \times A_2 \times \cdots \times A_n \to B} &= (A_1 \times A_2 \times \cdots \times A_n \times B) \cup (\overline{A_1 \times A_2 \times \cdots \times A_n} \times Y) \\ &= \int_{X \times Y} \langle \mu_{A_1 \times A_2 \times \cdots \times A_n \to B}(x, y), \gamma_{A_1 \times A_2 \times \cdots \times A_n \to B}(x, y) \rangle / (x, y) \end{aligned} \tag{2.18}$$

式(2.18)可简化为

$$\mu_{A_1 \times A_2 \times \cdots \times A_n \to B}(x, y) = (\mu_A(x) \wedge \mu_B(y)) \vee \gamma_A(x) \tag{2.19a}$$

$$\gamma_{A_1 \times A_2 \times \cdots \times A_n \to B}(x, y) = (\gamma_A(x) \vee \gamma_B(y)) \wedge \mu_A(x) \tag{2.19b}$$

式中，$\mu_A(x)$与 $\gamma_A(x)$按式(2.9a)、(2.9b)进行合成计算。

规则的真值为

$$T(A_1 \times A_2 \times \cdots \times A_n \to B) = (\bigwedge_{i=1}^{n} T(A_i)) \wedge T(B) \tag{2.20}$$

若已知 $A^* = A_1^* \times A_2^* \times \cdots \times A_n^*$，则 B^* 可由 A^* 与 $\boldsymbol{R}_{A_1 \times A_2 \times \cdots \times A_n \to B}$ 的合成运算 $B^* = A^* \circ \boldsymbol{R}_{A_1 \times A_2 \times \cdots \times A_n \to B}$求得。

2.4.4 多重多维式直觉模糊推理

对于直觉模糊多重多维式，由于其既含有多重推理又含有多维推理的形式，因而可分解进行推理合成运算，亦即先按式(2.14)～(2.16)进行推理合成运算，再按式(2.17)～(2.20)进行推理合成运算。

本章小结

本章针对与本书研究内容相关的直觉模糊基础知识进行了详细介绍。具体内容有：介绍了 Atanassov 对直觉模糊集所给出的定义、直觉模糊集的隶属度函数、非隶属度函数及直觉指数(犹豫度)的概念，且讲述了直觉模糊集的一系列基本运算；系统地给出了直觉模糊关系、直觉模糊零关系、直觉模糊全关系、直觉模糊恒等关系、直觉模糊逆关系的定义，以及直觉模糊集的截集和直觉模糊关系截集的定义；介绍了直觉模糊集 T-范数与直觉模糊集 S-范数，介绍了直觉模糊合成关系的定义和直觉模糊合成的运算定律及性质；之后分别介绍了直觉模糊关系的三种性质，详细给出了直觉模糊关系的自反性、对称性、传递性的定义及相关定理；最后介绍了四种直觉模糊条件推理，分别是条件式直觉模糊推理、多重式直觉模糊推理、多维式直觉模糊推理、多重多维式直觉模糊推理。以上所给出的若干直觉模糊理论知识为本书后续的研究提供了充分的理论基础与支撑。

参考文献

[1] Atanassov K. Intuitionistic fuzzy sets[J]. Fuzzy Sets and Systems, 1986, 20 (1): 87 - 96.

[2] Atanassov K. Research on intuitionistic fuzzy sets in Bulgaria[J]. Fuzzy Sets and Systems, 1987, 22(1): 193.
[3] Atanassov K. More on intuitionistic fuzzy sets[J]. Fuzzy Sets and Systems, 1989, 33(1): 37 - 45.
[4] 雷英杰，王宝树，苗启广. 直觉模糊关系及其合成运算[J]. 系统工程理论与实践，2005, 25(2): 113 - 118.
[5] Bustince H. Construction of intuitionistic fuzzy relations with predetermined properties[J]. Fuzzy Sets and Systems, 2000, 109(3): 379 - 403.

第3章 IFS 非隶属度函数的规范性确定方法

IFS 非隶属度函数的规范性确定方法是制约 IFS 理论成功应用的瓶颈。本章对此问题进行研究，主要内容包括：IFS 非隶属度函数的规范性确定方法；基于三分法的 IFS 非隶属度函数确定算法；基于优先关系定序法的 IFS 非隶属度函数确定算法；基于对比平均法的 IFS 非隶属度函数确定算法；基于绝对比较法的 IFS 非隶属度函数确定算法。

3.1 IFS 非隶属度函数的规范性确定方法

IFS 是通过隶属度、非隶属度和直觉指数进行表述的，其各自的确定方法甚为重要。由于直觉指数的影响，IFS 非隶属度函数的方法呈现极大的复杂性。文献[1]研究了基于直觉模糊逻辑的近似推理方法，在进行推理合成运算时直接假定了 IFS 的非隶属度函数。文献[2]也是根据具体问题直接给出有关的 IFS 非隶属度函数。文献[3]在基于直觉模糊推理的威胁评估方法中，通过对具体应用问题的分析，设计了有关的 IFS 非隶属度函数。从已发表文献可知，一直以来，人们很少注意 IFS 非隶属度函数的规范化确定问题，非隶属度函数均是根据具体问题分析设定或直接给出的，未形成明确系统的思路与方法，成为制约 IFS 应用的一个瓶颈。

本节研究 IFS 非隶属度函数的确定问题，提出一种 IFS 非隶属度函数的规范性确定方法，并对直觉模糊集新定义了非犹豫度指数，给出了非犹豫度指数的性质。

3.1.1 IFS 隶属度函数的确定方法

在求解实际应用问题时，隶属度函数的确定十分重要。Zadeh 模糊集隶属度函数的选取与确定已有多种方法，它们各有千秋，分别适应不同的情形，针对不同的问题可选用不同的方法。这些方法目前已趋于成熟，大部分已被应用到实际问题当中，解决了大量的实际问题，经过多年来的实际应用积累和发展，这些方法更趋完善。

IFS 理论是 Zadeh 模糊集理论的一种拓展。因此，IFS 非隶属度函数的确定是基于隶属度函数形式的选择，并与实际应用问题有关的。而 IFS 的隶属度函数可以通过以下方法确定，如模糊统计法（二相模糊统计法、多相模糊统计法、二阶多相统计法、高阶多相统计法）、三分法、F 分布法、二元对比排序法（择优比较法、优先关系定序法、相对比较法、对比平均法、绝对比较法、取小法）、推理法、专家评分法（德尔菲法）、因素加权综合法、频率法、增量法、集值统计迭代法、m 分类法、例证法、蕴涵解析定义法。除以上常见方法外，还有基于理论与模型的确定方法，例如基于神经元网络法、基于前向模糊神经网络法、基于自组织特征映射网络模型等诸多方法。

3.1.2　IFS 非隶属度函数的计算公式

定义 3.1(非犹豫度指数)　设 X 是给定论域，则 $A\in \mathrm{IFS}(X)$且包括隶属度函数$\mu_A(x)$、非隶属度函数 $\gamma_A(x)$和直觉指数 $\pi_A(x)$三个因素，它们之间的关系满足以下约束

$$\mu_A(x)+\gamma_A(x)+\pi_A(x)=1 \tag{3.1}$$

从而

$$\gamma_A(x)=[1-\pi_A(x)]-\mu_A(x) \tag{3.2}$$

记 $\delta_A(x)=1-\pi_A(x)$，故有

$$\gamma_A(x)=\delta_A(x)-\mu_A(x) \tag{3.3}$$

式中，$\delta_A(x)$称为非犹豫度指数。

定理 3.1(非犹豫度指数性质)　IFS 的非犹豫度指数 $\delta_A(x)$有如下性质：

(1) $\mu_A(x)+\gamma_A(x)=\delta_A(x)$；

(2) $0\leqslant\delta_A(x)\leqslant 1$。

证明：(1)

$$\begin{aligned}\delta_A(x)&=1-\pi_A(x)=1-\{1-[\mu_A(x)+\gamma_A(x)]\}\\&=\mu_A(x)+\gamma_A(x)\end{aligned}$$

(2) 已知

$$\begin{aligned}\pi_A(x)&=1-\mu_A(x)-\gamma_A(x)=1-[\mu_A(x)+\gamma_A(x)]\\&=1-\delta_A(x)\end{aligned}$$

即

$$0\leqslant 1-\delta_A(x)\leqslant 1$$

故

$$0\leqslant\delta_A(x)\leqslant 1$$

【证毕】

这样，在用前述方法确定了隶属度函数 $\mu_A(x)$之后，公式(3.3)就可以作为确定 IFS 非隶属度函数的计算公式。

假设直觉指数为一常量值，即 $\pi_A(x)=a(0\leqslant a\leqslant 1)$，可得

$$\delta_A(x)=1-\pi_A(x)=1-a \tag{3.4}$$

这时，非犹豫度指数亦为常量，记为 $c=1-a$，故有

$$\gamma_A(x)=c-\mu_A(x) \tag{3.5}$$

在直觉指数为常量值的情况下，公式(3.5)就可以直接作为确定 IFS 非隶属度函数的计算公式。

研究表明[1~3]，假设直觉指数为一常量值能适合于大部分实际情况与具体问题的求解。

3.2　基于三分法的 IFS 非隶属度函数确定方法

基于 IFS 非隶属度函数的规范化确定方法使非隶属度函数的确定方法得到进一步扩展。三分法是一种有效的隶属度函数确定方法，对于三个或三个以上的模糊概念，便于正确描述实际应用问题的特性，这一特点使其在求解不确定性问题时最具实用性。鉴于此，

本节提出一种基于三分法的 IFS 非隶属度函数确定方法，并定义了正规直觉模糊集的概念，给出了三分法 IFS 非隶属度函数确定方法的计算步骤，并对该方法的正确性进行了理论证明和实例验证。

3.2.1　三分法非隶属度函数的确定方法

三分法本质上是一种模糊统计法，是针对具有三个模糊概念的隶属度函数和非隶属度函数的确定方法。

三分法的基本原理是：对论域 X 作模糊划分试验，将划分的界点视为随机变量，求取该随机变量的概率分布，并当作所划类别的隶属度函数或非隶属度函数。

定理 3.2　设(ξ, η)是满足 $P(\xi \leqslant \eta)=1$ 的连续随机变量，对于(ξ, η)的每一次取点，都联系着一个映射

$$e_{(\xi, \eta)}: U \rightarrow P=\{A_1, A_2, A_3\}$$

即

$$e(\xi, \eta)(x)=\begin{cases}A_1, & x \leqslant \xi \\ A_2, & \xi<x \leqslant \eta \\ A_3, & \eta<x\end{cases} \tag{3.6}$$

则三相模糊统计试验所确定的三相隶属度函数为

$$\begin{cases}\mu_{A1}(x)=P\{x \leqslant \xi\}=\int_x^{+\infty} p_{\xi}(x) \mathrm{d} x \\ \mu_{A3}(x)=P\{\eta<x\}=\int_{-\infty}^x p_\eta(x) \mathrm{d} x \\ \mu_{A2}(x)=1-\mu_{A1}(x)-\mu_{A3}(x)\end{cases} \tag{3.7}$$

其中 $p_{\xi}(x)$与 $p_\eta(x)$分别是随机变量 ξ 与 η 的概率密度。

定理 3.2 的证明过程可参见文献[4]。

通常，ξ、η 具有正态分布特性，设

$$\begin{cases}\xi: N(a_1, \sigma_1{}^2), \\ \eta: N(a_2, \sigma_2{}^2)\end{cases}$$

则式(3.7)可化为

$$\begin{cases}\mu_{A1}(x)=1-\Phi\left(\dfrac{x-a_1}{\sigma_1}\right) \\ \mu_{A3}(x)=\Phi\left(\dfrac{x-a_2}{\sigma_2}\right) \\ \mu_{A2}(x)=\Phi\left(\dfrac{x-a_1}{\sigma_1}\right)-\Phi\left(\dfrac{x-a_2}{\sigma_2}\right)\end{cases}$$

此处

$$\Phi(x)=\int_{-\infty}^x \frac{1}{\sqrt{2 \pi}} \mathrm{e}^{-\frac{t^2}{2}} \mathrm{d} t$$

用这种方法可以同时确定三相 IFS 隶属度函数，进而可以确定三相 IFS 的非隶属度函数。

由上所述，可给出基于三分法 IFS 非隶属度函数的确定算法。

算法 3.1 基于三分法 **IFS** 非隶属度函数的确定算法

输入： $x \in X$，a_1，a_2，σ_1，σ_2

输出： A_1，A_2，$A_3 \in \text{IFS}(X)$

Step 1： 利用三分法，确定 $\mu_{A1}(x)$、$\mu_{A2}(x)$、$\mu_{A3}(x)$。

Step 2： 根据实际应用问题，设定 $\pi_A(x) \in [0, 1]$。若对具体问题合适且为简便起见，可设置直觉指数为常量 a。

Step 3： 利用公式(3.4)，计算得出非犹豫度指数 $\delta_A(x)$。

Step 4： 利用公式(3.5)，计算得出 IFS 三相非隶属度函数 $\gamma_{A1}(x)$、$\gamma_{A2}(x)$、$\gamma_{A3}(x)$。

显然，该方法在理论上是正确的、可行的，下面给出具体证明过程。

定义 3.2(正规直觉模糊集) 设 X 为一有限论域，A 为一直觉模糊集。如果 $A \in \text{IFS}(X)$ 满足：

(1) $0 \leqslant \pi_A(x) \leqslant 1$，$0 \leqslant \delta_A(x) \leqslant 1$；

(2) $0 \leqslant \mu_A(x) \leqslant 1$，$0 \leqslant \gamma_A(x) \leqslant 1$；

(3) $\mu_A(x) + \gamma_A(x) = \delta_A(x)$；

(4) $0 \leqslant \mu_A(x) + \gamma_A(x) \leqslant 1$；

(5) $\mu_A(x) + \gamma_A(x) + \pi_A(x) = 1$。

则称直觉模糊集 A 是论域 X 上的一个正规直觉模糊集。由上述定义可得：

定理 3.3 基于三分法的 IFS 非隶属度函数确定方法是规范的，亦即 $A \in \text{IFS}(X)$ 是正规的。

证明： (1) 根据算法 3.1 的 **Step2**，可知直觉指数设定为 $\pi_A(x) \in [0, 1]$，即 $0 \leqslant \pi_A(x) \leqslant 1$，由此可得 $0 \leqslant \pi_{Ai}(x) \leqslant 1 (i = 1, 2, 3)$。

由式(3.4)可知 $\delta_{Ai}(x) = 1 - \pi_{Ai}(x)$ $(i = 1, 2, 3)$，所以可得 $0 \leqslant \delta_{Ai}(x) \leqslant 1 (i = 1, 2, 3)$，即 $0 \leqslant \delta_A(x) \leqslant 1$。

(2) 根据正态分布函数 $\Phi(x) \in [0, 1]$的特性及式(3.7)易得 $0 \leqslant \mu_{Ai}(x) \leqslant 1 (i = 1, 2, 3)$，即 $0 \leqslant \mu_A(x) \leqslant 1$。

由于已证 $0 \leqslant \delta_A(x) \leqslant 1$ 且 $0 \leqslant \mu_A(x) \leqslant 1$，根据式(3.3)，易得 $0 \leqslant \gamma_A(x) \leqslant 1$，即 $0 \leqslant \gamma_{Ai}(x) \leqslant 1 (i = 1, 2, 3)$。

(3) 根据算法 3.1 的 **Step 4**，有

$$\gamma_A(x) = \delta_A(x) - \mu_A(x)$$

从而

$$\mu_A(x) + \gamma_A(x) = \mu_A(x) + [\delta_A(x) - \mu_A(x)] = \delta_A(x)$$

故得

$$\mu_A(x) + \gamma_A(x) = \delta_A(x)$$

(4) 由

$$\mu_A(x)+\gamma_A(x)=\delta_A(x) \quad (\text{已证})$$

$$0\leqslant\delta_A(x)\leqslant 1 \quad (\text{已证})$$

可得

$$0\leqslant\mu_A(x)+\gamma_A(x)\leqslant 1$$

故有

$$0\leqslant\mu_{Ai}(x)+\gamma_{Ai}(x)\leqslant 1 \quad (i=1,2,3)$$

（5）由

$$\delta_A(x)=1-\pi_A(x)$$

且

$$\mu_A(x)+\gamma_A(x)=\delta_A(x) \quad (\text{已证})$$

可得

$$1-\pi_A(x)=\mu_A(x)+\gamma_A(x)$$

故

$$\mu_A(x)+\gamma_A(x)+\pi_A(x)=1$$

【证毕】

定理 3.3 表明，基于三分法的 IFS 非隶属度函数确定方法可以有效确定一个直觉模糊集的隶属度函数和非隶属度函数，且所确定的直觉模糊集是正规的，亦即该方法是正确的，从而在理论上解决了方法的正确性问题。

3.2.2 实例分析

有一空袭目标进入了我方某导弹阵地武器平台的作用范围，该平台通过传感器发现了目标。传感器对空袭目标属性的重要判断指标是飞行高度(km)。通过对传感器所获得的信息进行分析，可知该目标不属于以下三种参考机型：$A_1=\{$隐形轰炸机$\}$，$A_2=\{$隐形战斗机$\}$，$A_3=\{$无人侦察机，无人电子干扰机$\}$。假定 A_1、A_2、A_3 三种机型的最大飞行高度分别是 10 km、5 km、1.5 km。故飞行高度的论域取 $X=[0, 10]$，分界点变量 ξ 的均值 $a_1=1.5$ km，标准差 $\sigma_1=6.6$ km，η 的均值 $a_2=5$ km，标准差 $\sigma_2=6.6$ km，则可得到 Φ_ξ 与 Φ_η 为

$$\Phi_\xi=\Phi\left(\frac{x-a_1}{\sigma_1{}^2}\right)=\Phi\left(\frac{x-1.5}{6.6}\right)$$

$$\Phi_\eta=\Phi\left(\frac{x-a_2}{\sigma_2{}^2}\right)=\Phi\left(\frac{x-5}{6.6}\right)$$

A_1、A_2、A_3 的隶属度函数分别为

$$\mu_{A1}(x)=1-\Phi\left(\frac{x-1.5}{6.6}\right)$$

$$\mu_{A3}(x)=\Phi\left(\frac{x-5}{6.6}\right)$$

$$\mu_{A2}(x)=\Phi\left(\frac{x-1.5}{6.6}\right)-\Phi\left(\frac{x-5}{6.6}\right)$$

此时，设定直觉指数 $a=0.2$，从而 $c=0.8$，则 A_1、A_2、A_3 的非隶属度函数分别为

$$\gamma_{A1}(x)=c-\mu_{A1}(x)=c-\left[1-\Phi\left(\frac{x-1.5}{6.6}\right)\right]=\Phi\left(\frac{x-1.5}{6.6}\right)-0.2$$

$$\gamma_{A2}(x)=c-\mu_{A2}(x)=c-\left[\Phi\left(\frac{x-1.5}{6.6}\right)-\Phi\left(\frac{x-5}{6.6}\right)\right]$$
$$=\Phi\left(\frac{x-5}{6.6}\right)-\Phi\left(\frac{x-1.5}{6.6}\right)+0.8$$
$$\gamma_{A3}(x)=c-\mu_{A3}(x)=0.8-\Phi\left(\frac{x-5}{6.6}\right)$$

若此时目标的飞行高度 $x=4.8$ km，则 A_1、A_2、A_3的非隶属度分别是

$$\gamma_{A1}(4.8)=\Phi(0.5)-0.2=0.7$$
$$\gamma_{A2}(4.8)=\Phi\left(\frac{4.8-5}{6.6}\right)-\Phi(0.5)+0.8=0.1$$
$$\gamma_{A3}(4.8)=0.8-\Phi\left(\frac{4.8-5}{6.6}\right)\approx 0.8$$

从以上算例的结果可以看出，当目标飞行高度为 4.8 km 时，目标的机型对于 A_1的非隶属度为 0.7，对于 A_2的非隶属度为 0.1，对于 A_3的非隶属度为 0.8，从而明确了该目标不属于这三种参考机型的程度，进而根据系统的参数设置给出目标的优先级。

由此可见，该方法用于求解实际应用问题时，可以有效确定 IFS 的非隶属度函数，且是一种较为规范实用简便的方法。

3.3　基于优先关系定序法的 IFS 非隶属度函数确定方法

优先关系定序法适用于解决优先比较因素集的不确定性问题。在求解实际应用问题时，利用 IFS 的非隶属度函数描述模糊概念是一种更为有效的方法。鉴于此，本节提出一种基于优先关系定序法的 IFS 非隶属度函数确定方法，并给出了相应的算法步骤、适用范围和时间复杂度，同时对该方法进行了理论证明和实例验证。

3.3.1　优先关系定序法非隶属度函数的确定方法

优先关系定序法是基于二元对比排序的思想，先用二元对比的方法确定每一个元素在集合中的顺序关系或优先程度，并作定量估计，把 n 个对象按照某种特性或原则两两比较来确定出它们之间的优先次序。借鉴这一思想，可以构造出一种算法，用来确定 IFS 的非隶属度函数。我们把这 n 个对象(u_1，u_2，…，u_n)的特性用 $U=\{u_1, u_2, \cdots, u_n\}$上的直觉模糊集 $A\in \mathrm{IFS}(U)$来表示，且包括隶属度函数 $\mu_A(u)$、非隶属度函数 $\gamma_A(u)$、直觉指数 $\pi_A(u)$和非犹豫度指数 $\delta_A(u)$的因素。下面给出该算法的具体描述。

算法 3.2　优先关系定序法的 IFS 非隶属度函数确定算法

输入： n 个对象 u_1，u_2，…，u_n

输出： 对象 $u\in U$ 的非隶属度函数 $\gamma_A(u)$

Step1：确定优先关系矩阵 $\boldsymbol{C}=(c_{ij})_{n\times m}$。在矩阵 $\boldsymbol{C}$ 中，用 c_{ij}表示 u_i 与 u_j 相比较时 u_i 相对于 u_j 优越的成分。利用如下方法确定 c_{ij}($c_{ij}\in[0, 1]$，$i\neq j$，$i=1, 2, \cdots, n$，$j=1, 2, \cdots, m$)：

① 两两相比较，把一方优于另一方之处合在一起算作优越成分的总量记为1，即 $c_{ij}+c_{ji}=1$。

② 自己没有比自己更多的长处，故取 $c_{ii}=0(i=1, 2, \cdots, n)$。

③ 当只发现 u_i 比 u_j 有长处而未发现 u_j 比 u_i 有任何长处时，记 $c_{ij}=1$，$c_{ji}=0$。

④ 当 u_i 比 u_j 的长处与 u_j 比 u_i 的长处分不出轻重时，记 $c_{ij}=c_{ji}=0.5$。

Step2：确定 n 个对象 $u_1, u_2, \cdots, u_n$ 的优先次序。取定阈值 $\lambda\in[0, 1]$，得截矩阵 $\boldsymbol{C}_\lambda=(c_{ij}^\lambda)$。如果 $c_{ij}\geqslant\lambda$，则 $c_{ij}^\lambda=1$，否则 $c_{ij}^\lambda=0$。λ 取值从1下降至0，若首次出现 c_{λ_1}，它的第 i 行元素除对角线元素之外全等于1，则 u_{i_1} 算作是第一优越对象(不一定唯一)。由于其优越性数值均大于 λ，除去第一优越的那一批对象，可得到新的优越关系矩阵；用同样方法获取第二批优越对象……如此递推下去，可将全体对象排出一定的优先次序。

Step3：确定隶属度函数 $\mu_A(u)$。利用集值统计迭代法来确定 $\mu_A(u_1)$，$\mu_A(u_2)$，$\mu_A(u_3)\cdots$。取第 j 批优越对象 $U_j=\{u_{i_1}, u_{i_2}, \cdots, u_{i_{k_j}}\}$，其中 $j=1, 2, \cdots, s$，$k_1+k_2+\cdots+k_s=n$，则可确定隶属度函数 $\mu_A(u)=\left(n-\sum_{p=1}^{j-1}k_p\right)/n$，其中 $u\in U_j(j=1, 2, \cdots, s)$ 且约定 $\sum_{p=1}^{0}k_p=0$。

Step4：设定 $\pi_A(u)\in[0, 1]$。

Step5：确定 $\delta_A(u)$，其计算公式为

$$\delta_A(u)=1-\pi_A(u) \tag{3.8}$$

Step6：确定 $\gamma_A(u)$，其计算公式为

$$\begin{aligned}\gamma_A(u)&=\delta_A(u)-\mu_A(u)=\delta_A(u)-\frac{n-\sum_{p=1}^{j-1}k_p}{n}\\&=\delta_A(u)+\frac{1}{n}\sum_{p=1}^{j-1}k_p-1\end{aligned} \tag{3.9}$$

显然，该算法的时间复杂度为 $O(n^2)$。

借鉴三分法的IFS非隶属度函数确定算法的证明思路，可证该算法的理论正确性，此处不再赘述。因而，优先关系定序法的IFS非隶属度函数确定方法是否具有正确性与规范性，亦即证明它所确定的 $A\in \mathrm{IFS}(u)$ 是否为正规直觉模糊集。

定理3.4 算法3.2得到的 $A\in\mathrm{IFS}(U)$ 是正规的。

证明：(1) 根据算法3.2的 **Step4**，可知直觉指数设定为 $\pi_A(u)\in[0, 1]$，故有 $0\leqslant\pi_A(u)\leqslant1$。由公式(3.8)易得 $0\leqslant\delta_A(u)\leqslant1$。

(2) 根据算法3.2的 **Step3**，利用集值统计迭代法的思想确定 $\mu_A(u_1)$，$\mu_A(u_2)$，$\mu_A(u_3)$……，故有 $0\leqslant\mu_A(u_1)\leqslant1$，$0\leqslant\mu_A(u_2)\leqslant1$，$0\leqslant\mu_A(u_3)\leqslant1$……，所以可得 $0\leqslant\mu_A(u)\leqslant1$。由

于已证 $0\leqslant\delta_A(u)\leqslant1$ 且 $0\leqslant\mu_A(u)\leqslant1$，根据公式(3.9)易得 $0\leqslant\gamma_A(u)\leqslant1$。

(3) 根据算法 3.2 的 **Step6**，有

$$\gamma_A(u)=c-\mu_A(u)$$

从而

$$\mu_A(u)+\gamma_A(u)=\mu_A(u)+[c-\mu_A(u)]=c$$

即

$$\mu_A(u)+\gamma_A(u)=c$$

需要说明的是此处 $\delta_A(u)=c$，故得

$$\mu_A(u)+\gamma_A(u)=\delta_A(u)$$

(4) 由于

$$\mu_A(u)+\gamma_A(u)=\delta_A(u)\ (\text{已证})$$

且

$$0\leqslant\delta_A(u)\leqslant1\ (\text{已证})$$

故

$$0\leqslant\mu_A(u)+\gamma_A(u)\leqslant1$$

(5) 由于

$$\delta_A(u)=1-\pi_A(u)$$

且

$$\mu_A(u)+\gamma_A(u)=\delta_A(u)\ (\text{已证})$$

可得

$$1-\pi_A(u)=\mu_A(u)+\gamma_A(u)$$

故

$$\mu_A(u)+\gamma_A(u)+\pi_A(u)=1$$

【证毕】

因此，直觉模糊集 A 是论域 U 上的一个正规直觉模糊集。由以上证明可知，基于优先关系定序法的 IFS 非隶属度函数确定方法可以有效确定一个直觉模糊集的非隶属度函数，且所确定的直觉模糊集是正规的，亦即该算法是正确可行的，从而在理论上解决了算法的正确性问题。

我们在进行两两比较时，都有一个约定：$\mu_{A_i}(u, p_j)=1$ 或 $\mu_{A_i}(u, p_j)=0$，$\mu_{A_s}(u)+\mu_{A_k}(u)=1(0\leqslant S<K\leqslant1)$。而本方法在两两比较时，采用了加细的形式，即在确定 $\gamma_{A_s}(u)$和$\gamma_{A_k}(u)$时，允许在[0, 1]取值，而且不采用全面的两两比较，只作出与 A_r 的各个比较级模糊值。

因而，该算法是针对具有优先关系特性的 IFS 非隶属度函数的确定问题，适用于确定某一类系统中一系列并行因素集的非隶属度函数，且各因素集两两均具可比性，如某项工程的评价指标，某目标飞行物的各项属性参数等，均可很方便地采用该方法。

3.3.2　实例分析

三个空中不明飞行物进入我方某导弹阵地武器平台的作用范围，武器平台通过传感器发现了目标，并立即启动目标识别系统。该系统依次使用的传感器有敌我识别传感器(IFF)、中重频雷达(Radar)、电子支援传感器(ESM)。这三种传感器所能给出的信息是不同的。

系统使用敌我识别传感器(IFF)判断目标是否为我机，规则如下：

A 当身份识别为我方目标时，目标优先级最低。

B 当身份识别为敌方目标时，当前属性不确定性越高则目标优先级越高，否则越低。

C 0 表示优先级最低，1 表示优先级最高。

中重频雷达(Radar)可分析测定目标的雷达反射面积。ESM 能分析辐射源特性，根据下级各单传感器提供的属性参数及其优先级结果进行特征属性融合，进行数据库查找，给出某一目标类型。各识别系统按照传感器进程在各自识别框架内单独识别目标，提交识别报告到下一级识别框架中。最终将各识别结果进行多传感器数据融合，确定目标各项属性的非隶属度，从而对目标类型进行分析确定。

敌我识别传感器识别(IFF)系统首先锁定 u_1、u_2、u_3 三个目标，利用优先关系定序法 IFS 非隶属函数算法确定目标敌我优先级。

我们把 u_1、u_2、u_3 这三个目标的身份识别特性用 $U=\{u_1, u_2, u_3\}$ 上的直觉模糊集 $A\in \mathrm{IFS}(U)$ 来表示，具体过程如下：

Step1：IFF 系统提供 u_1、u_2、u_3 敌我优先关系矩阵为

$$\boldsymbol{c}=\begin{bmatrix}0 & 0.9 & 0.2\\ 0.1 & 0 & 0.7\\ 0.8 & 0.3 & 0\end{bmatrix}$$

Step2：确定 u_1、u_2、u_3 三个目标的优劣次序。

从小到大依次取定阈值 λ 为 0.9、0.8、0.7、0.3，得截矩阵为

$$\boldsymbol{c}_{0.9}=\begin{bmatrix}0 & 1 & 0\\ 0 & 0 & 0\\ 0 & 0 & 0\end{bmatrix},\ \boldsymbol{c}_{0.8}=\begin{bmatrix}0 & 1 & 0\\ 0 & 0 & 0\\ 0 & 0 & 0\end{bmatrix},\ \boldsymbol{c}_{0.7}=\begin{bmatrix}0 & 1 & 0\\ 0 & 0 & 1\\ 1 & 0 & 0\end{bmatrix},\ \boldsymbol{c}_{0.3}=\begin{bmatrix}0 & 1 & 0\\ 0 & 0 & 1\\ 1 & 1 & 0\end{bmatrix}$$

当 λ 值降至 0.3 时，在 $\boldsymbol{c}_{0.3}$ 中首次出现这种现象：第三行除对角线外，其余元素均为 1，这意味着 u_3 对其他元素的优越成分一致地超过了 0.3，因此把 u_3 算作是第一批优越对象。

除去 u_3 后，又得优先关系矩阵为

$$\boldsymbol{c}^{(1)}=\begin{bmatrix}0 & 0.9\\ 0.1 & 0\end{bmatrix}$$

注：$\boldsymbol{c}_{0.9}^{(1)}=\begin{bmatrix}0 & 1\\ 1 & 0\end{bmatrix}$。

它的第一行元素除对角线元素以外为 1，故取 u_1 为第二批优越对象。

最后的结论是：u_3 优于 u_1，u_1 优于 u_2。

Step3：利用集值统计迭代法的思想确定隶属度函数如下

$$\mu_A(u_3)=\frac{3}{3}=1,\quad \mu_A(u_1)=\frac{2}{3}=0.67,\quad \mu_A(u_2)=\frac{1}{3}=0.33$$

Step4：根据该目标识别系统提供的相关参数，设定 $\pi_A(u)=a=0.1$；

Step5：利用公式(3.8)$\delta_A(u)=1-\pi_A(u)=1-a$，得出 $\boldsymbol{c}=1-a=0.9$；

Step6：利用公式(3.9)确定 $\gamma_A(u)$。由于目标 u_3 对于我方的隶属度为 1，说明它的优先级最低，故有

$\gamma_A(u_3)=0$

$\gamma_A(u_1)=\boldsymbol{c}-\mu_A(u_1)=0.9-0.67=0.23$

$\gamma_A(u_2)=\boldsymbol{c}-\mu_A(u_2)=0.9-0.33=0.57$

根据以上 IFF 系统的身份识别规则，分析 u_1、u_2、u_3 的敌我优先级：

(1) 根据规则 A 和 C 可知，u_3 对于我方目标飞行物的非隶属度为 0，说明 u_3 是我方目标飞行物，优先级最低。

(2) 根据规则 B 可知，u_2 对于我方目标飞行物的非隶属度比 u_1 大，即 u_2 比 u_1 身份识别属性的不确定性大，所以 u_2 的优先级要高于 u_1。

(3) IFF 系统的敌我识别优先级为 u_2、u_1、u_3。

该系统提交敌我优先级报告到下一级识别框架。

由此可见，该算法用于求解目标识别问题时，可以有效确定 IFS 的非隶属度函数，进而方便直接地确定其优先级。

3.4 基于对比平均法的 IFS 非隶属度函数确定方法

本节针对元素依属性具有先后顺序特性的 IFS 非隶属度函数的确定问题，将 IFS 理论应用到解决对比平均因素集的不确定性问题中，提出一种基于对比平均法的 IFS 非隶属度函数确定方法，给出了相应的非隶属度函数确定算法，并从理论和实践两方面验证了算法的正确性和有效性。

3.4.1 对比平均法非隶属度函数的确定方法

对比平均法基于二元对比排序的思想，先用二元对比法主观确定每一个元素的顺序关系，然后取平均值作为隶属度。借鉴这一思想，可以构造出一种算法，用来确定 IFS 的非隶属度函数。我们把这 n 个对象 $u_1, u_2, \cdots, u_n$ 的特性用 $U=\{u_1, u_2, \cdots, u_n\}$上的直觉模糊集 $A\in \mathrm{IFS}(U)$来表示，且包括隶属度函数 $\mu_A(u)$、非隶属度函数 $\gamma_A(u)$、直觉指数 $\pi_A(u)$和非犹豫度指数 $\delta_A(u)$。下面给出该算法的具体描述。

算法 3.3 对比平均法的 IFS 非隶属度函数确定算法

输入： n 个对象 $u_1, u_2, \cdots, u_n$

输出： 对象 $u_i\in U$ 的非隶属度函数 $\gamma_A(u_i)$, $i=1, 2, \cdots, n$

Step1：确定二元函数 $g(u, v)$。在笛卡尔乘积集 $U\times U$ 上定义一个二元函数 $g: U\times U\to[0, 1]$为

$$g(u, v)\triangleq f_v(u),\ g(v, u)\triangleq f_u(v) \tag{3.10}$$

或

$$g(u, v)\triangleq c_{uv} \tag{3.11}$$

Step2：确定 $\mu_A(u)$。在 U 中假设有某种测度 $\sigma(u)$，则可定义

$$\mu_A(u)=\mu_A(u\mid U)\triangleq\int_U g(u, v)\mathrm{d}\sigma(v)=\frac{1}{\sum\sigma(v)}\sum_v\sigma(v)g(u, v) \tag{3.12}$$

Step3：设定 $\pi_A(u_i)\in[0, 1](i=1, 2, 3, \cdots)$；

Step4：确定 $\delta_A(u_i)(i=1, 2, 3, \cdots)$，其计算公式为

$$\delta_A(u_i)=1-\pi_A(u_i)\ (i=1, 2, 3, \cdots) \tag{3.13}$$

Step5：确定 $\gamma_A(u_i)(i=1, 2, 3, \cdots)$，其计算公式为

$$\begin{aligned}\gamma_A(u)&=\delta_A(u)-\mu_A(u)=\delta_A(u)-\frac{1}{\sum\sigma(v)}\sum_v\sigma(v)g(u, v)\\&=\frac{1}{\sum\sigma(v)}\left[\delta_A(u)\sum\sigma(v)-\sum_v\sigma(v)g(u, v)\right]\end{aligned} \tag{3.14}$$

要从理论上证明算法 3.3 的正确性，只需证明基于对比平均法的 IFS 非隶属度函数确定算法所得到的直觉模糊集 A 是正规直觉模糊集即可。

定理 3.5 算法 3.3 得到的 $A\in \mathrm{IFS}(U)$是正规的。

证明 （1）根据算法 3.3 的 **Step3**，可知直觉指数设定为 $\pi_A(u_i)\in[0, 1](i=1, 2, 3, \cdots)$，即 $0\leqslant\pi_A(u)\leqslant1$，又由公式(2.26)易得 $0\leqslant\delta_A(u)\leqslant1$。

（2）根据公式(3.13)易得 $0\leqslant\mu_A(u)\leqslant1$；又由于 $0\leqslant\delta_A(u)\leqslant1$ 已证，根据公式(3.13)易得 $0\leqslant\gamma_A(u)\leqslant1$。

（3）根据算法 3.3 的 **Step5**，有

$$\mu_A(u)+\gamma_A(u)=\mu_A(u)+[\delta_A(u)-\mu_A(u)]=\delta_A(u)$$

即得

$$\mu_A(u)+\gamma_A(u)=\delta_A(u)$$

（4）由

$$\mu_A(u)+\gamma_A(u)=\delta_A(u)\ (\text{已证})$$

且

$$0\leqslant\delta_A(u)\leqslant1\ (\text{已证})$$

可知

$$0\leqslant\mu_A(u)+\gamma_A(u)\leqslant1$$

（5）由

$$\delta_A(u)=1-\pi_A(u)$$

且

$$\mu_A(u)+\gamma_A(u)=\delta_A(u)\ (\text{已证})$$

可知

$$1-\pi_A(u)=\mu_A(u)+\gamma_A(u)$$

即

$$\mu_A(u)+\gamma_A(u)+\pi_A(u)=1$$

【证毕】

因此，直觉模糊集 A 是论域 U 上的一个正规直觉模糊集。由以上证明可知，算法 3.3 可以有效确定一个直觉模糊集的非隶属度函数，且所确定的直觉模糊集是正规的，亦即该算法是正确的，从而在理论上解决了算法的正确性问题。

3.4.2 实例分析

三个空中不明飞行物进入我方某导弹阵地武器平台的作用范围。系统使用的传感器分别为敌我识别传感器(IFF)、中重频雷达(Radar)、电子支援传感器(ESM)。中重频雷达可给出目标的雷达反射面积，该属性主要用于判断机型是否为防空作战中威胁最大的固定翼飞机(主要包括战斗机和歼轰机)。

u_1、u_2、u_3 三个飞行目标已被中重频雷达传感器识别系统锁定，利用算法 3.3 确定目标有关特性的非隶属度函数。

我们把 u_1、u_2、u_3 这三个目标的雷达反射面积特性用 $U=\{u_1, u_2, u_3\}$上的直觉模糊集 $A\in \mathrm{IFS}(U)$来表示。

Step1：按公式(3.9)定义 $g(u, v)$，设二元函数 $g(u, v)$如表 3.1 所示。

表 3.1　雷达反射面积的二元函数 $g(u, v)$

u \ v	u_1	u_2	u_3
u_1	1	0.8	0.9
u_2	0.7	1	0.8
u_3	0.5	0.4	1

表 3.1 中的数据均由该系统中重频雷达传感器提供。

Step2：在该识别系统中，对照物机型(反舰导弹)是非平权的。因此在 U 中设置非平权测度为 $\sigma(u_1)=\frac{1}{10}$，$\sigma(u_2)=\frac{8}{10}$，$\sigma(u_3)=\frac{1}{10}$，则可由公式(3.11)及表 3.1 中的数据得到

$$\mu_A(u_1)=\mu_A(u_1|U)=\frac{1}{10}[g(u_1, u_1)+8g(u_1, u_2)+g(u_1, u_3)]=0.83$$

$$\mu_A(u_2)=\mu_A(u_2|U)=\frac{1}{10}[g(u_2, u_1)+8g(u_2, u_2)+g(u_2, u_3)]=0.95$$

$$\mu_A(u_3)=\mu_A(u_3|U)=\frac{1}{10}[g(u_3, u_1)+8g(u_3, u_2)+g(u_3, u_3)]=0.47$$

Step3：该系统设定 $\pi_A(u_1)=\pi_A(u_2)=\pi_A(u_3)=0.02$。

Step4：利用公式(3.12)，易得 $\delta_A(u_1)=\delta_A(u_2)=\delta_A(u_3)=0.98$。

Step5：利用公式(3.13)确定 $\gamma_A(u_i)(i=1, 2, 3)$，则有

$$\gamma_A(u_1)=\delta_A(u_1)-\mu_A(u_1)=0.15$$
$$\gamma_A(u_2)=\delta_A(u_2)-\mu_A(u_2)=0.03$$
$$\gamma_A(u_3)=\delta_A(u_3)-\mu_A(u_3)=0.51$$

根据算法 3.3，该给定论域 U 上的直觉模糊集 A 可表示为

$$A=\{\langle u_i, \mu_A(u_i), \gamma_A(u_i)\rangle | u_i\in U, i=1, 2, 3\}$$

或

$$A=\sum_{i=1}^{3}\frac{\langle \mu_A(u_i), \gamma_A(u_i)\rangle}{u_i}\quad (u_i\in U)$$

其中

$$\mu_A(u_i)=\begin{cases}0.83 & i=1\\0.95 & i=2\\0.47 & i=3\end{cases},\quad \gamma_A(u_i)=\begin{cases}0.15 & i=1\\0.03 & i=2\\0.51 & i=3\end{cases}$$

$$\pi_A(u_i)=0.02\ (i=1,2,3),\ \delta_A(u_i)=0.98\ (i=1,2,3)$$

故

$$A=\frac{\langle\mu_A(u_1),\gamma_A(u_1)\rangle}{u_1}+\frac{\langle\mu_A(u_2),\gamma_A(u_2)\rangle}{u_2}+\frac{\langle\mu_A(u_3),\gamma_A(u_3)\rangle}{u_3}$$

$$=\frac{\langle 0.83,0.15\rangle}{u_1}+\frac{\langle 0.95,0.03\rangle}{u_2}+\frac{\langle 0.47,0.51\rangle}{u_3}$$

显然，$A\in \mathrm{IFS}(U)$满足正规直觉模糊集的五个约束条件，因此直觉模糊集 A 是论域 U 上的一个正规直觉模糊集。

由此可见，该算法用于求解目标识别问题时，可以成功确定 IFS 的非隶属度函数，从而有效解决了直觉模糊集理论应用中的这一瓶颈问题，为进行后续信息融合处理提供了方便。

3.5 基于绝对比较法的 IFS 非隶属度函数确定方法

借鉴三分法非隶属度函数确定方法的思路，利用 IFS 的非隶属度函数描述模糊概念，将 IFS 理论应用到解决元素依属性具有优先特性的一类 IFS 非隶属度函数确定方法的问题中，使得非隶属度函数的确定方法又得到进一步扩展。鉴于此，本节提出一种基于绝对比较法的 IFS 非隶属度函数确定方法。

3.5.1 绝对比较法非隶属度函数的确定方法

绝对比较法也是基于二元对比排序的思想，先确定某一元素明显优先属于 $A\in \mathrm{IFS}(U)$，再给出与 A 的各个比较级模糊值作为参照的标准模糊值。借鉴这一思想，可以构造出一种算法，用来确定 IFS 的非隶属度函数。我们把这 n 个对象(u_1, u_2, …, u_n)的特性用 $U=\{u_1, u_2, \cdots u_n\}$上的直觉模糊集 $A\in \mathrm{IFS}(U)$来表示，且包括隶属度函数 $\mu_A(u)$、非隶属度函数 $\gamma_A(u)$、直觉指数 $\pi_A(u)$和非犹豫度指数 $\delta_A(u)$。下面给出该算法的具体描述。

算法 3.4　绝对比较法的 IFS 非隶属度函数确定算法

输入：k 个对象 u_1, u_2, …, u_k

输出：对象 $u_i\in U$ 的非隶属度函数 $\gamma_A(u_i)(i=1, 2, \cdots, k)$

Step1：假定 $U=\{u_1, u_2, \cdots, u_k\}$为有限论域，$A\in \mathrm{IFS}(U)$是待确定的直觉模糊集。确定 $r\in\{1, 2, \cdots, k\}$，使得 $\mu_A(u_r)=\max\{\mu_A(u_1), \cdots, \mu_A(u_k)\}$，即 u_r 优先属于 A。

Step2：计算因素集中各因素的两两比较值 $f_{u_r}(u_i, p_j)(i=1, 2, \cdots, k, j=1, 2, \cdots, n)$。

Step3：综合 n 个结果：$a_i=\dfrac{1}{n}\sum_{j=1}^{n} f_{u_r}(u_i, p_j)(i=1, \cdots, k, j=1, 2, \cdots, n)$。

Step4：计算隶属度函数 $\mu_A(u_i)(i=1, \cdots, k)$，其计算公式为

$$\mu_A(u_i) = \frac{a_i}{\sum_{i=1}^{k} a_i}, \quad i = 1, \cdots, k \tag{3.15}$$

Step5：设定 $\pi_A(u_i) \in [0, 1] (i=1, 2, 3, \cdots)$。

Step6：确定 $\delta_A(u_i)$，其计算公式为

$$\delta_A(u_i) = 1 - \pi_A(u_i), \ i = 1, 2, 3\cdots \tag{3.16}$$

Step7：确定 $\gamma_A(u_i) (i=1, \cdots, k)$，其计算公式为

$$\gamma_A(u_i) = \delta_A(u_i) - \mu_A(u_i) = \delta_A(u_i) - \frac{a_i}{\sum_{i=1}^{k} a_i}, \ i = 1, \cdots, k \tag{3.17}$$

注：可以验证 $\mu_A(u_i)$满足归一化条件

$$\sum_{i=1}^{m} \mu_{A_i}(u) = \sum_{i=1}^{m} \left(\frac{a_i}{\sum_{i=1}^{m} a_i} \right) = \frac{1}{\sum_{i=1}^{m} a_i} \sum_{i=1}^{m} a_i = 1$$

由此，可得到 IFS 非隶属度函数 $\gamma_A(u_i)$，算法结束。

要从理论上证明算法 3.4 的正确性，只需证明基于绝对比较法的 IFS 非隶属度函数确定算法所得到的直觉模糊集 A 是正规直觉模糊集即可。

定理 3.6　算法 3.4 得到的 $A \in \mathrm{IFS}(U)$是正规的。

证明　(1) 根据算法 3.4 的 **Step5**，可知直觉指数设定为 $\pi_A(u_i) \in [0, 1] (i=1, 2, 3 \cdots)$，即 $0 \leqslant \pi_A(u) \leqslant 1$；又由公式(3.15)易得 $0 \leqslant \delta_A(u) \leqslant 1$。

(2) 根据公式(3.14)可得 $0 \leqslant \mu_A(u_i) \leqslant 1$，又已知 $0 \leqslant \delta_A(u) \leqslant 1$(已证)，根据公式(3.16)易得 $0 \leqslant \gamma_A(u) \leqslant 1$。

(3) 根据算法 3.4 的 **Step7**，有 $\mu_A(u) + \gamma_A(u) = \mu_A(u) + [\delta_A(u) - \mu_A(u)] = \delta_A(u)$，即得 $\mu_A(u) + \gamma_A(u) = \delta_A(u)$。

(4) 由

$$\mu_A(u) + \gamma_A(u) = \delta_A(u) \ (\text{已证})$$

且

$$0 \leqslant \delta_A(u) \leqslant 1 \ (\text{已证})$$

可得

$$0 \leqslant \mu_A(u) + \gamma_A(u) \leqslant 1$$

(5) 由

$$\delta_A(u) = 1 - \pi_A(u)$$

且

$$\mu_A(u) + \gamma_A(u) = \delta_A(u) (\text{已证})$$

可得

$$1 - \pi_A(u) = \mu_A(u) + \gamma_A(u)$$

即

$$\mu_A(u) + \gamma_A(u) + \pi_A(u) = 1$$

【证毕】

因此，直觉模糊集 A 是论域 U 上的一个正规直觉模糊集。由以上证明可知，算法 3.4 可以有效确定一个直觉模糊集的非隶属度函数，且所确定的直觉模糊集是正规的，亦即该算法是正确的，从而在理论上解决了算法的正确性问题。

3.5.2 实例分析

某个空中不明飞行物 X 进入我方某导弹阵地武器平台的作用范围，武器平台启动目标识别系统。该系统使用的传感器分别有敌我识别传感器(IFF)、中重频雷达(Radar)、电子支援传感器(ESM)。ESM 可分析辐射源特性，根据下级各单传感器提供的属性参数及其优先级结果进行特征属性融合，进行数据库查找，给出某一类目标类型。

目标 X 被 ESM 识别系统锁定，利用算法 3.4 进一步确定 X 的其他各项属性指标的非隶属度函数。

我们把目标 X 的各项属性指标集(因素集)用 $U=\{u_1, u_2, u_3, u_4\}$ 上的直觉模糊集 $A\in \mathrm{IFS}(U)$ 来表示。其中，u_1 表示速度，u_2 表示方位，u_3 表示航迹，u_4 表示融合信息源。以上各属性指标的测度由 ESM 识别系统下的各单传感器协同完成。在关联的模糊评判系统中，10 个模糊信息评判项 $P=\{p_1, p_2, \cdots, p_{10}\}$ 自动启动。

Step1：共同初步评判 u_4 为影响目标识别的主要属性指标，记为 $f_A(u_4)$，并给 u_4 打上 10 分。

Step2：计算因素集中各因素的两两比较值 $f_{u_r}(u_i, p_j)(i=1, 2, 3, 4, j=1, 2, \cdots, 10)$。结果如下：

$$f_{u_4}(u_1, p_1)=4,\ f_{u_4}(u_2, p_1)=9,\ f_{u_4}(u_3, p_1)=6$$
$$f_{u_4}(u_1, p_2)=4,\ f_{u_4}(u_2, p_2)=8,\ f_{u_4}(u_3, p_2)=7$$
$$f_{u_4}(u_1, p_3)=4,\ f_{u_4}(u_2, p_3)=8,\ f_{u_4}(u_3, p_3)=7$$
$$f_{u_4}(u_1, p_4)=5,\ f_{u_4}(u_2, p_4)=8,\ f_{u_4}(u_3, p_4)=5$$
$$f_{u_4}(u_1, p_5)=5,\ f_{u_4}(u_2, p_5)=8,\ f_{u_4}(u_3, p_5)=5$$
$$f_{u_4}(u_1, p_6)=4,\ f_{u_4}(u_2, p_6)=8,\ f_{u_4}(u_3, p_6)=5$$
$$f_{u_4}(u_1, p_7)=5,\ f_{u_4}(u_2, p_7)=9,\ f_{u_4}(u_3, p_7)=5$$
$$f_{u_4}(u_1, p_8)=4,\ f_{u_4}(u_2, p_8)=9,\ f_{u_4}(u_3, p_8)=5$$
$$f_{u_4}(u_1, p_9)=4,\ f_{u_4}(u_2, p_9)=9,\ f_{u_4}(u_3, p_9)=6$$
$$f_{u_4}(u_1, p_{10})=4,\ f_{u_4}(u_2, p_{10})=9,\ f_{u_4}(u_3, p_{10})=6$$

Step3：综合 10 个模糊信息评判项(计算平均数)，可得

$$a_1=\frac{1}{10}\sum_{j=1}^{10} f_{u_4}(u_1, p_j)=4.3$$

$$a_2=\frac{1}{10}\sum_{j=1}^{10} f_{u_4}(u_2, p_j)=8.5$$

$$a_3=\frac{1}{10}\sum_{j=1}^{10} f_{u_4}(u_3, p_j)=5.7$$

此外，显然有

$$a_4=f_A(u_4)=\frac{1}{10}\sum_{j=1}^{10} f_{u_4}(u_4, p_j)=\frac{1}{10}\sum_{j=1}^{10}10=\frac{100}{10}=10$$

Step4：计算隶属度函数 $\mu_A(u_i)(i=1, 2, 3, 4)$，归一化后可得

$$\mu_A(u_1)=\frac{a_1}{\sum_{i=1}^{10} a_i}=\frac{4.3}{4.3+8.5+5.7+10}=0.15$$

$$\mu_A(u_2)=\frac{8.5}{28.5}=0.30$$

$$\mu_A(u_3)=\frac{5.7}{28.5}=0.20$$

$$\mu_A(u_4)=\frac{10}{28.5}=0.35$$

Step5：该系统设定 $\pi_A(u_1)=\pi_A(u_2)=\pi_A(u_3)=\pi_A(u_4)=0.1$。

Step6：利用公式(3.15)易得 $\delta_A(u_1)=\delta_A(u_2)=\delta_A(u_3)=\delta_A(u_4)=0.9$。

Step7：利用公式(3.16)确定 $\gamma_A(u_i)(i=1, 2, 3, 4)$，故有

$$\begin{cases}\gamma_A(u_1)=0.75\\ \gamma_A(u_2)=0.6\\ \gamma_A(u_3)=0.7\\ \gamma_A(u_4)=0.55\end{cases}$$

根据算法 3.4，该给定论域 U 上的直觉模糊集 A 可表示为

$$A=\{\langle u_i, \mu_A(u_i), \gamma_A(u_i)\rangle \mid u_i\in U, i=1, 2, 3, 4\}$$

或

$$A=\sum_{i=1}^{4}\frac{\langle \mu_A(u_i), \gamma_A(u_i)\rangle}{u_i}, \quad u_i\in U$$

其中

$$\mu_A(u_i)=\begin{cases}0.15 & i=1\\ 0.30 & i=2\\ 0.20 & i=3\\ 0.35 & i=4\end{cases}, \quad \gamma_A(u_i)=\begin{cases}0.75 & i=1\\ 0.06 & i=2\\ 0.07 & i=3\\ 0.55 & i=4\end{cases}$$

$$\pi_A(u_i)=0.1\ (i=1, 2, 3, 4), \quad \delta_A(u_i)=0.9\ (i=1, 2, 3, 4)$$

故

$$\begin{aligned}A&=\frac{\langle \mu_A(u_1), \gamma_A(u_1)\rangle}{u_1}+\frac{\langle \mu_A(u_2), \gamma_A(u_2)\rangle}{u_2}+\frac{\langle \mu_A(u_3), \gamma_A(u_3)\rangle}{u_3}+\frac{\langle \mu_A(u_4), \gamma_A(u_4)\rangle}{u_4}\\ &=\frac{\langle 0.15, 0.75\rangle}{u_1}+\frac{\langle 0.30, 0.06\rangle}{u_2}+\frac{\langle 0.20, 0.07\rangle}{u_3}+\frac{\langle 0.35, 0.55\rangle}{u_4}\end{aligned}$$

显然，$A\in \mathrm{IFS}(U)$满足正规直觉模糊集的五个约束条件，因此直觉模糊集 A 是论域 U 上的一个正规直觉模糊集。

本章小结

本章对 IFS 非隶属度函数的确定方法问题进行了分析研究，提出了 IFS 非隶属度函数

的规范性确定方法及一系列扩展化的IFS非隶属度函数的确定算法。首先，提出了IFS非隶属度函数规范化的确定方法与统一计算公式，定义了非犹豫度指数，并给出了其性质；其次，基于IFS非隶属度函数的规范化确定方法，给出了一系列扩展化IFS非隶属度函数的确定算法：基于三分法的IFS非隶属度函数确定算法、基于优先关系定序法的IFS非隶属度函数确定算法、基于对比平均法的IFS非隶属度函数确定算法以及基于绝对比较法的IFS非隶属度函数确定算法，分别从理论上对以上算法的正确性进行了证明，并通过实例进行了验证。

研究表明，以上方法不仅有效解决了直觉模糊集理论应用中的这一瓶颈问题，为进行后续信息融合处理提供了方便。而且在应用于目标识别问题时，可以成功确定IFS的非隶属度函数，且更为有效，具有较好的普适性，便于推广应用。

参考文献

[1] 雷英杰，王宝树，路艳丽. 基于直觉模糊逻辑的近似推理方法[J]. 控制与决策，2006，21(3)：305-310.

[2] Vlachos I K, Sergiadis G D. Intuitionistic fuzzy information - Applications to pattern recognition [J]. Pattern Recognition Letters, 2007, 28(2): 197-206.

[3] 雷英杰，王宝树，王毅. 基于直觉模糊推理的威胁评估方法[J]. 电子与信息学报，2007，29(9)：2077-2081.

[4] 汪培庄. 模糊集合论及其应用[M]. 上海：上海科学技术出版社，1986.

第 4 章　核匹配追踪

本章对核匹配追踪理论基础知识进行介绍，具体内容包括核方法理论、基本匹配追踪算法、平方间隔损失函数及其拓展知识、核匹配追踪基本思想及算法。

4.1　核方法理论

设数据集 $\boldsymbol{X}=\{\boldsymbol{x}_1, \boldsymbol{x}_2, \cdots, \boldsymbol{x}_n\}\subset\mathbf{R}^S$，定义一个从 $\mathbf{R}^S$ 到特征空间 $\mathbf{H}^q$ 的映射为

$$\boldsymbol{\Phi}: \boldsymbol{x}_i \in \mathbf{R}^s \mapsto \boldsymbol{\Phi}(\boldsymbol{x}_i) \in \mathbf{H}^q \tag{4.1}$$

式(4.1)中，s 和 q 分别为样本空间(或输入空间)和特征空间的维数；$\mathbf{R}^S$ 为有限维空间；$\mathbf{H}^q$ 可能对应无穷维特征空间。

通过合适的映射 $\boldsymbol{\Phi}$ 可以将样本空间的数据集 $\boldsymbol{X}$ 投影到特征空间 $\mathbf{H}^q$ 中，使在样本空间的非线性问题转换为特征空间中的线性问题[1]，该过程如图 4.1 所示。

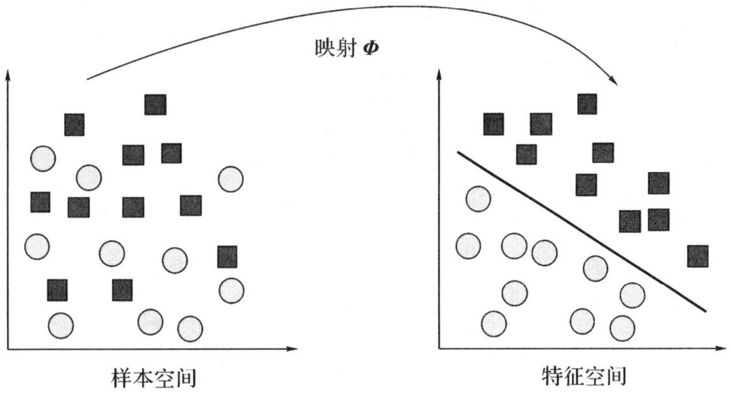

图 4.1　样本空间到特征空间的映射

而在实际应用中，若算法只用到了特征空间内的内积运算 $\langle\boldsymbol{\Phi}(\boldsymbol{x}_i), \boldsymbol{\Phi}(\boldsymbol{x}_j)\rangle$，则可以用核函数来计算内积作为隐式映射输出。因此，把跳过计算映射 $\boldsymbol{\Phi}$ 这一步骤，直接计算特征空间内积的函数称为核函数。

定义 4.1(核函数[2])　核函数 K 对于任意 $\boldsymbol{x}_i, \boldsymbol{x}_j\in\boldsymbol{X}$，均满足

$$\boldsymbol{K}(\boldsymbol{x}_i, \boldsymbol{x}_j) = \langle\boldsymbol{\Phi}(\boldsymbol{x}_i), \boldsymbol{\Phi}(\boldsymbol{x}_j)\rangle \tag{4.2}$$

定义 4.2(Gram 矩阵[2])　对于给定的核函数 K 和数据集 $\boldsymbol{X}=\{\boldsymbol{x}_1, \boldsymbol{x}_2, \cdots, \boldsymbol{x}_n\}\subset\mathbf{R}^S$，把引入元素为

$$\boldsymbol{K}_{ij} = K(\boldsymbol{x}_i, \boldsymbol{x}_j), (i, j = 1, 2, \cdots, n) \tag{4.3}$$

的 $n\times n$ 矩阵称为核函数 K 关于数据集 $\boldsymbol{X}$ 的 Gram 矩阵(或核矩阵)。

定义 4.3(核函数的等价定义[2])　假设 $\boldsymbol{X}$ 为一个非空集合，若定义在 $\boldsymbol{X}\times\boldsymbol{X}$ 上的函数 K 对任意自然数 n 及所有 $\boldsymbol{x}_1, \boldsymbol{x}_2, \cdots, \boldsymbol{x}_n\in\boldsymbol{X}$ 都能产生一个正定 Gram 矩阵，则称 K 为核

函数。

定义 4.3 也是判断核函数 K 的一个充分必要条件。聚类算法中，通过核函数可以隐式地计算样本映射到特征空间 $\mathbf{H}^q$ 的内积，而内积诱导的范数则可做为映射后样本间的距离度量。若令从样本空间到特征空间的映射为 $\boldsymbol{\Phi}$，$\boldsymbol{\Phi}$ 对应的核函数为 K，则高维特征空间内两点间的距离可定义为

$$\begin{aligned} D(\boldsymbol{\Phi}(\boldsymbol{x}_i), \boldsymbol{\Phi}(\boldsymbol{x}_j)) &= \|\boldsymbol{\Phi}(\boldsymbol{x}_i) - \boldsymbol{\Phi}(\boldsymbol{x}_j)\|^2 \\ &= \langle \boldsymbol{\Phi}(\boldsymbol{x}_i), \boldsymbol{\Phi}(\boldsymbol{x}_i)\rangle - 2\langle \boldsymbol{\Phi}(\boldsymbol{x}_i)\boldsymbol{\Phi}(\boldsymbol{x}_j)\rangle + \langle \boldsymbol{\Phi}(\boldsymbol{x}_j), \boldsymbol{\Phi}(\boldsymbol{x}_j)\rangle \\ &= K(\boldsymbol{x}_i, \boldsymbol{x}_j) - 2K(\boldsymbol{x}_i, \boldsymbol{x}_j) + K(\boldsymbol{x}_j + \boldsymbol{x}_j) \end{aligned} \tag{4.4}$$

4.2 基本匹配追踪算法

若给定 l 个观测样本$\{\boldsymbol{x}_1, \boldsymbol{x}_2, \cdots, \boldsymbol{x}_l\}$与相应的观测值(类别标签)$\{\boldsymbol{y}_1, \boldsymbol{y}_2, \cdots, \boldsymbol{y}_l\}$，则匹配追踪(Basic Matching Pursuit，BMP)的基本思想是：在一个高度冗余的函数字典库 $\boldsymbol{D}$ 中，将观测样本$\{\boldsymbol{x}_1, \boldsymbol{x}_2, \cdots \boldsymbol{x}_l\}$分解为一组基函数的线性组合来逼近观测值(类别标签)$\{\boldsymbol{y}_1, \boldsymbol{y}_2, \cdots, \boldsymbol{y}_l\}$。

假设基函数字典库 $\boldsymbol{D}$ 中包含 M 个基函数

$$\boldsymbol{D} = \{\boldsymbol{g}_i\},\ i = 1, 2, \cdots, M \tag{4.5}$$

对观测值$\{\boldsymbol{y}_1, \boldsymbol{y}_2, \cdots, \boldsymbol{y}_l\}$逼近的一组基函数的线性组合为

$$f_N = \sum_{i=1}^{N} \alpha_i \boldsymbol{g}_i(\boldsymbol{x}) \tag{4.6}$$

同时，定义损失函数为

$$\|\boldsymbol{r}_N\|^2 = \|\boldsymbol{y} - f_N\| \tag{4.7}$$

其中，$\boldsymbol{r}_N$ 称为残差；f_N 是对观测值 $\boldsymbol{y}=\{\boldsymbol{y}_1, \boldsymbol{y}_2, \cdots, \boldsymbol{y}_l\}$的逼近。

每一次的迭代，匹配追踪算法均会从基函数字典库 $\boldsymbol{D}$ 中找到一个基函数 $\boldsymbol{g}_{N+1}$ 及其相应的系数 α_{N+1}，使得当 $f_{N+1}=f_N+\alpha_{N+1}\cdot\boldsymbol{g}_{N+1}$ 时，当前损失函数$\|\boldsymbol{r}_{N+1}\|^2$ 最小，即

$$(\alpha_{N+1}, \boldsymbol{g}_{N+1}) = \underset{\alpha\in R,\ \boldsymbol{g}\in \boldsymbol{D}}{\arg\min}\|\boldsymbol{r}_{N+1}\|^2 = \underset{\alpha\in R,\ \boldsymbol{g}\in \boldsymbol{D}}{\arg\min}\|\boldsymbol{r}_n - \alpha\cdot\boldsymbol{g}\|^2 \tag{4.8}$$

搜索相应的 $\alpha\in\mathbf{R}$，$\boldsymbol{g}\in D$ 使重构误差最小，令$(\partial\|\boldsymbol{r}_N\|^2)/\partial\alpha=0$，可求得

$$\boldsymbol{g}_{N+1} = \underset{\boldsymbol{g}\in D}{\arg\max}\left|\left(\frac{\langle \boldsymbol{r}_N, \boldsymbol{g}\rangle}{\|\boldsymbol{g}\|}\right)\right| \tag{4.9}$$

对应地

$$\alpha_{N+1} = \frac{\langle \boldsymbol{r}_N, \boldsymbol{g}_{N+1}\rangle}{\|\boldsymbol{g}_{N+1}\|^2} \tag{4.10}$$

然而，在第 $N+1$ 迭代，算法获得基函数 $\boldsymbol{g}_{N+1}$ 及其相应的系数 α_{N+1}后，观测估计值 f_N 对观测值的拟合不一定最优。因此，可以采取后拟合方法对 f_N 进行修正，使其进一步拟合观测值，即重新调整系数 $\alpha_1, \cdots, \alpha_i$，使得当前的残差能量最小

$$\alpha_i, \cdots \alpha_i = \underset{\alpha_k\in \boldsymbol{R}(i=1,\cdots,i)}{\arg\min}\|f_i - \boldsymbol{y}\|^2 = \underset{\alpha_k\in \boldsymbol{R}(i=1,\cdots,i)}{\arg\min}\left\|\sum_{k=1}^{i}\alpha_k\boldsymbol{g}_k - y\right\|^2 \tag{4.11}$$

式(4.11)中的后拟合方法是一个非常耗时的优化过程。因此，通常是迭代 fit$N$ 次后进行一次后拟合运算。

4.3　平方间隔损失函数及其拓展

BMP 算法所采用的损失函数是一种能量损失函数，可通过梯度下降法将匹配追踪的损失函数进行拓展，使学习机能够对任意给定的损失函数进行学习。

假设损失函数 $L(\boldsymbol{y}_i, f_n(\boldsymbol{x}_i))$，当观测值为 $\boldsymbol{y}_i$ 时，计算预测值 $f_n(\boldsymbol{x}_i)$ 的残差 R_n 定义为[3]

$$R_n = \left(-\frac{\partial L(\boldsymbol{y}_1, f_n(\boldsymbol{x}_1))}{\partial f_n(\boldsymbol{x}_1)}, \cdots, -\frac{\partial L(\boldsymbol{y}_l, f_n(\boldsymbol{x}_l))}{\partial f_n(\boldsymbol{x}_l)}\right) \tag{4.12}$$

那么，由匹配追踪算法可知，在每一次迭代中所要寻求的最优基函数为

$$g_{i+1} = \arg\max_{g\in D}\left|\frac{\langle g_{i+1}, R_i\rangle}{\| g_{i+1} \|}\right| \tag{4.13}$$

对应此最优基函数的系数 α_{i+1} 为

$$\alpha_{i+1} = \arg\min_{\alpha\in R}\sum_{k=1}^{l} L[\boldsymbol{y}_k, f_i(\boldsymbol{x}_k) + \alpha g_{i+1}(\boldsymbol{x}_k)] \tag{4.14}$$

此时，后拟合即是进行如下的优化过程

$$\alpha_{1,\cdots,i+1}^{(i+1)} = \arg\min_{(\alpha_{1,\cdots,i+1})\in R^{i+1}}\sum_{k=1}^{l} L\left[\boldsymbol{y}_k, \sum_{m=1}^{i+1}\alpha_m g_m(\boldsymbol{x}_k)\right] \tag{4.15}$$

通常神经网络中所采用的损失函数均可应用于核匹配追踪学习机，如平方损失函数 $L[\boldsymbol{y}, f(\boldsymbol{x})]=[f(\boldsymbol{x})-\boldsymbol{y}]^2$ 或修正双曲正切损失函数 $L[\boldsymbol{y}, f(\boldsymbol{x})]=[\tan hf(\boldsymbol{x})-0.65\boldsymbol{y}]^2$。由于在分类问题中，观测值 $y\in\{-1, +1\}$，故而将核匹配追踪方法应用于分类领域中可以采用间隔损失函数。假定分类器输出为 $f(\boldsymbol{x})$，则平方间隔损失函数、修正双曲正切间隔损失函数分别为 $[f(\boldsymbol{x})-\boldsymbol{y})^2=(1-m)]^2$、$[\tan hf(\boldsymbol{x})-0.65\boldsymbol{y}]^2=[0.65-\tan h(m)]^2$（其中 $m=yf(\boldsymbol{x})$），称为分类间隔。

最终，由核匹配追踪学习机训练所得到的应用于模式识别的判决超平面为

$$f_N(\boldsymbol{x}) = \mathrm{sgn}\left(\sum_{i=1}^{N}\alpha_i g_i(\boldsymbol{x})\right) = \mathrm{sgn}\left(\sum_{i=\{sp\}}\alpha_i K(\boldsymbol{x}, \boldsymbol{x}_i)\right) \tag{4.16}$$

其中 $\{sp\}$ 表示由直觉模糊核匹配追踪算法得到的支撑模式。

4.4　核匹配追踪算法

核匹配追踪的基本思想是：把输入的样本投影到高维 Hilbert 空间，采用样本间的核函数值代替特征空间内的内积运算，并生成相应的基函数字典库，而后采用贪婪策略在字典库搜索一组基函数的线性组合来逼近目标函数，所得基函数的线性组合即为我们所需的决策函数。

给定核函数 $K: \mathbf{R}^d\times\mathbf{R}^d\to\mathbf{R}$，利用训练样本 $\{\boldsymbol{x}_1, \boldsymbol{x}_2, \cdots, \boldsymbol{x}_l\}$ 处的核函数值生成基函数字典库 $\boldsymbol{D}=\{\boldsymbol{g}_i=K(\cdot, \boldsymbol{x}_i)\mid i=1, 2, \cdots, l\}$，则利用核匹配追踪学习机训练所得的决策函数为

$$f_N = \sum_{i=1}^{N}\alpha_i\boldsymbol{g}_i(\boldsymbol{x}) \tag{4.17}$$

其中，$\{\boldsymbol{g}_1, \boldsymbol{g}_2, \cdots, \boldsymbol{g}_l\}$为高维 Hilbert 空间的一组基函数，$\{\alpha_1, \alpha_2, \cdots, \alpha_l\}$为对应基函数的相关系数。

在支持向量机的应用中，其核函数必须要满足 Mercer 条件；而核匹配追踪方法则不需要满足 Mercer 条件，并且可以同时使用多个核函数。但是考虑到计算简单的需要，核匹配追踪中的核函数通常选择为 Mercer 正定核。

本章小结

本章针对与本书研究内容相关的核匹配追踪理论基础知识进行了详细介绍，具体内容有：首先介绍了核方法理论，具体包括核函数、核函数等价、Gram 矩阵的定义；其次系统地给出了基本匹配追踪算法，具体包括基函数、损失函数及其后拟合方法；之后给出了平方间隔损失函数及其拓展的相关知识，包括平方间隔损失函数、修正双曲正切间隔损失函数以及判决超平面函数；最后详细介绍了核匹配追踪算法，包括其基本思想及学习机训练的决策函数。这些基础知识为本书后续的研究提供了充分的理论基础与支撑。

参考文献

[1] 刘勇，江沙里，廖士中. 基于近似高斯核显式描述的大规模 SVM 求解[J]. 计算机研究与发展，2013，51(10)：2171-2177.

[2] 曲福恒，崔广才，李岩芳. 模糊聚类算法及应用[M]. 北京：国防工业出版社，2011.

[3] Zhang X, Zhang X, Yuen S Y, et al. An improved artificial bee colony algorithm for optimal design of electromagnetic devices[J]. IEEE Transactions on Magnetics, 2013, 49(8): 4811-4816.

第 5 章　弹道中段目标特性研究及建模

本章对弹道中段目标识别及其特性、建模等相关知识进行了介绍和探讨，内容包括弹道中段目标识别三个阶段的知识；弹道中段目标的弹道特性；弹道中段目标的自旋及进动特性；弹道中段目标的雷达回波特性。

5.1　弹道中段目标识别

国外导弹防御技术的快速发展及其有效部署使我国战略导弹的核威慑能力、常规导弹的作战效能日益受到严重的挑战。目前就美国的导弹防御系统而言，它已经发展成为一个包括助推段防御、中段防御和再入段防御在内的一体化弹道导弹防御体系，其中中段防御是研究和试验的重点，近年来也取得了很大进展。

弹道导弹防御系统是指反洲际弹道导弹与反战术弹道导弹。洲际弹道导弹(Intercontinental Ballistic Missile，ICBM)与战术弹道导弹(Tactical Ballistic Missile，TBM)这两种导弹的基本飞行过程与模型体系相类似。根据弹道导弹从发射到命中目标运动过程的受力情况，通常将其划分为三段进行研究，即助推段(Boost Phase)、中段(Middle Phase)和再入段(Reentry Phase)，其飞行过程如图 5.1 所示。

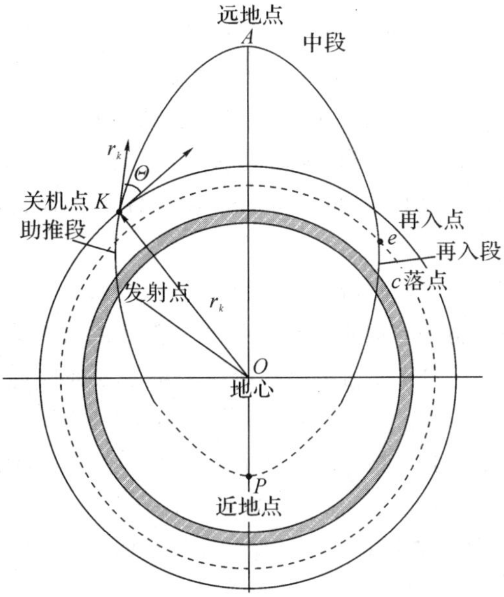

图 5.1　弹道导弹飞行过程

1. 助推段

助推段又称为主动段(固体洲际导弹飞行时间在 80 s～200 s，液体洲际导弹飞行时间在 4 min～5 min)，分为垂直段和转弯段，是指从导弹离开发射架到最后一级火箭助推器熄火并与有效载荷分离之间的过程。助推段的导弹由火箭助推器提供动力，此时战术弹道导弹有两个明显特征，一是红外特征，二是雷达电磁特征。

助推段的识别任务是从飞机、卫星等空中、空间目标识别出弹道导弹，并迅速实现正确预警。弹道导弹在大气层外飞行时，主要针对弹道导弹与卫星的识别进行区分。虽然这两者的飞行轨迹均是椭圆形，但由于弹道导弹的最终目的地是地面，因此其最小矢径(椭圆近地点与地心的距离称为最小矢径)一定小于地球半径，而卫星的最小矢径一定大于地球半径。所以，可通过雷达、预警卫星等跟踪目标定轨后估计其最小矢径，从而进行快速有效的识别。此外，通过求解弹道导弹与飞机目标之间的运动特性，如速度、高度、纵向加速度、雷达反射截面积、弹道倾角等差异也可对目标进行有效识别。

2. 中段

中段也称为自由飞行段，是弹道飞行中最长的一段，约占整个射程的 80%～90%，飞行时间一般为 20 min 或更长。弹道中段的目标数量较之助推段会大大增加，且目标种类繁多凌乱，其中常见的有子弹头、诱饵、母舱及导弹遗留的火箭助推器的残骸等，它们往往会构成一个巨大的目标群，且由于大气阻力的忽略不计，目标群中的目标均以同样方式沿着弹道附近飞行。目前在弹道导弹中段，雷达识别是主要途径，而根据所提取的特征，识别方法大致分为以下四种：

(1) 基于信号特征的识别方法：通过对信号特征的提取、处理以估计相关目标的特征信息，例如通过回波信号的幅度、极化频率特征、相位及其变化来估计目标的飞行姿态、材料特征、结构特征等。

(2) 基于诱饵释放的识别方法：诱饵释放过程是导弹飞行过程中的重要事件，该过程的动量守恒特性能够使目标的质量特性与运动特性联系起来。参考诱饵释放前后的目标轨迹，可得到各目标的相对运动特性，进而获得各目标的相对质量，实现真假目标的区分。

(3) 基于姿态特性的识别方法：在弹头及诱饵释放过程中，为了提高命中精度，母舱一般会使弹头及诱饵以一定的角速度自旋实现弹头空间定向，弹头在大气层外空间将保持着稳定的进动状态直到再入大气前。因此利用目标 RCS 序列估计目标进动参数也是识别弹头目标的有效途径。

(4) 基于结构特性的成像识别方法：用高分辨雷达获取目标图像，进而确定目标的材料、尺寸、形状。针对导弹防御背景下的目标特性，雷达成像主要包括一维距离像和距离-多普勒逆合成孔径成像(ISAR)，可利用目标成像来获取目标的形状结构信息。

在雷达目标识别技术中，基于高分辨距离像(HRRP)的特征识别是一种基本的非参数化方法[1-3]，对距离像特性识别的物理依据为目标一维距离像，即雷达立体视角内目标体上强散射点回波在雷达视线方向上的投影。一维距离像在某种程度上可反映目标的精细几何结构，为目标识别提供了更多的信息，且更容易获取。显然，该方法属于基于结构特性的目标识别方法。

3. 再入段

再入段也称为末段，飞行时间往往不到 1 min，它是指弹头重新进入浓密的大气层后到命中目标的一段弹道。导弹弹头重返大气层后，其所受阻力再见增大，导致其运动速度先增大后减小。弹头温度也因大气层摩擦迅速升高并呈现火球状，导致红外特征极为明显。因此，再入段导弹防御系统目标识别最核心有效的思路是在较高的高度上快速高精度估计出再入目标的质阻比。

再入目标质阻比的估计方法主要有两个[4, 5]：一是建立线性卡尔曼滤波器。首先实时估计出再入目标的位置、速度和加速度，再根据再入运动方程计算质阻比。但是由于该方法往往采用常加速模型近似再入运动模型进行实时估计，精度及可靠性较差。二是首先将再入运动方程中的质阻比作为状态向量的一个元素，再利用非线性滤波方法实时估计其质阻比。该方法的求解过程与再入运动方程紧密结合，估计精度及可靠性比前一种方法更高。

5.2　弹道中段目标的弹道特性

获取可利用的弹道中段目标特性是弹道中段目标识别技术研究的基础。目前，雷达可测的弹道中段目标特性主要分为运动特性和目标回波信号特性。弹道中段目标的运动特性主要包括飞行速度、空间位置、姿态变化的特征。目标的回波特性主要反映在其雷达回波信号的处理结果上，主要包括目标的 RCS 的大小及起伏特性、RCS 时间序列的周期及统计特征、目标的多普勒频率变化特征、目标的 HRRP 像、二维 ISAR 像、宽窄带极化特征等。综合起来，反导雷达系统可获取的七种特征参量如表 5.1 所示。

表 5.1　雷达可获得的七种特征参量

测量数据类型	特 征 参 量	处 理 方 式
目标空间位置信息	轨道、角加速度、质阻比	实时处理
窄带回波信号	时间-多普勒曲线	实时处理
RCS 时间序列	目标自旋频率、RCS 统计特征	准实时或事后处理
窄带宽带回波	目标的微动特性	准实时或事后处理
HRRP	目标长度、HRRP 统计特征等	实时处理
二维 ISAR 像	目标二维散射中心分布、类型和强度等	实时处理
极化测量数据	目标极化特征、目标极化不变量	实时处理

但由于数据的高度机密性，目前尚无法获得弹道中段目标的雷达实测数据。考虑本书后期实验验证过程中对弹道中段目标特征的需求，本节拟对弹道中段目标特性进行研究并建模。

为了简化对弹道的研究，对弹道目标中段飞行过程做如下基本假设[6]：

(1) 不考虑其几何特性的影响，将弹道目标抽象为一个质点。

(2) 不考虑空气阻力的影响，假设弹道目标是在真空中运动。

(3) 不考虑地球外其他星体对弹道目标的影响，假设目标仅受地球引力作用。

(4) 不考虑地球公转及自转的影响，假设地球为一个质量分布均匀的圆球体。

基于上述 4 条假设，我们可以认为弹道中段目标的飞行轨道位于自身速度向量和地球引力向量所决定的弹道平面上。研究平面内的弹道运动规律，采用极坐标系建模较为便捷。令地心 O_e为极坐标原点，C 为初始极轴，f 为目标与极轴间的夹角，则地心极坐标系下的弹道如图 5.2 所示。

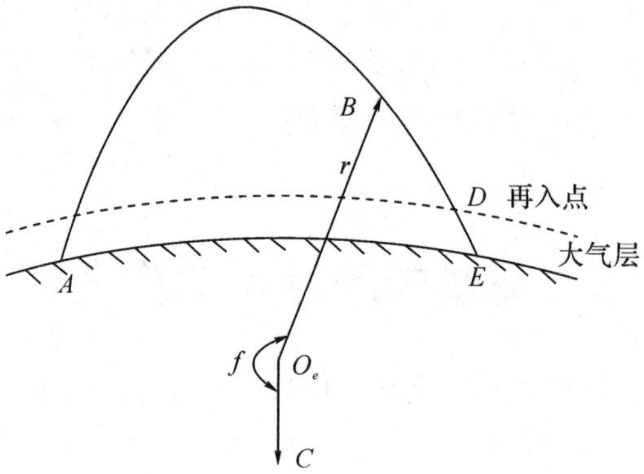

图 5.2　地心极坐标系下的弹道

由弹道学的相关知识可知，地心极坐标系下的椭圆弹道运动方程可以表示为

$$R = \frac{P}{1 + e\cos f} \tag{5.1}$$

$$P = \frac{R_k V_k^2 \cos^2\theta_k}{\mu / R_k} \tag{5.2}$$

$$e = \sqrt{1 + v_k(v_k - 2)\cos^2\theta_k} \tag{5.3}$$

其中，R 为弹道目标距地心的距离；P 为椭圆轨道的半通径(即过焦点垂直于长轴的直线与椭圆相交所得线段长度的一半)；e 为偏心率(椭圆轨道两焦点之间的距离与长轴之比)；V_k为关机点 k 处的关机速度；R_k为关机点 k 处的地心距离；$\boldsymbol{\theta}_k$为关机点 k 处的弹道倾角；$v_k = V_k^2/(\mu/R_k)$为能量参数，它反映了弹道目标在关机点 k 处动能的两倍与位能的比值；$\mu = 3.986\times10^5\ \mathrm{km^3/s^2}$，为开普勒常数。

为了将轨道方程 r 转换化时间 t 的函数，我们再将方程以直角坐标 x、y 表示，可得

$$\frac{x^2}{a^2} + \frac{y^2}{b^2} = 1 \tag{5.4}$$

其中，a 和 b 分别为椭圆轨道的长半轴和短半轴。

由于地心 O_e为椭圆轨道的一个焦点，根据平面几何知识有

$$a = \frac{P}{1 - e^2} = \frac{\mu R_k}{2\mu - R_k V_k^2}$$

$$b = a\sqrt{1 - e^2} = \sqrt{\frac{v_k}{2 - v_k}} R_k \cos\theta_k \tag{5.5}$$

由此可见，基于本书假设条件下的椭圆弹道完全由关机点参数确定。对式(5.5)进行微分，不难得到弹道目标的径向速度 V_r和周向速度 V_f

$$V_r = \bar{r} = \sqrt{\frac{\mu}{P}} e\sin f$$

$$V_f = r\dot{f} = \sqrt{\frac{\mu}{P}}(1 + e\cos f) \tag{5.6}$$

以椭圆轨道的中心为圆心 O，长半轴为半径做辅助圆，如图 5.3 所示。

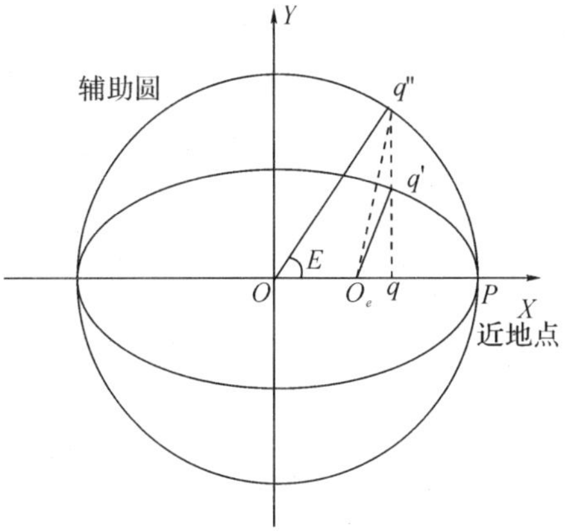

图 5.3　辅助圆示意图

图 5.3 中，弹道目标在椭圆弹道上的位置为 q'，则其在辅助圆上的对应位置为 q''。E 为偏近地角，根据平面几何知识，易得偏近地角 E 与 f 之间的关系为

$$\sin f = \frac{\sqrt{1 - e^2}\sin E}{1 - e\cos E}$$

$$\cos f = \frac{\cos E - e}{1 - e\cos E} \tag{5.7}$$

则有

$$V_r = \sqrt{\frac{\mu}{a}}\frac{e\sin E}{1 - e\cos E} \tag{5.8}$$

$$V_f = \sqrt{\frac{\mu}{a}}\frac{\sqrt{1 - e^2}}{1 - e\cos E} \tag{5.9}$$

由上可求得弹道目标的总速度 V 和弹道倾角 $\boldsymbol{\theta}$ 为

$$V = \sqrt{V_r^2 + V_f^2} = \sqrt{\frac{\mu}{a}}\frac{\sqrt{1 - e^2\cos^2 E}}{1 - e\cos E} \tag{5.10}$$

$$\theta = \arctan\left(\frac{V_r}{V_f}\right) = \arctan\left(\frac{e\sin E}{\sqrt{1 - e^2}}\right) \tag{5.11}$$

至此，我们便得到了弹道目标任一点的运动参数与偏近点角 E 的关系。

根据天体力学中开普勒第三定律可知，弹道目标在椭圆弹道和辅助圆轨道上的运动周期相同。令飞过近地点的时刻为初始时刻 t_p，则有

$$M = \omega(t - t_p) = E - e\sin E \tag{5.12}$$

式中，M 为平近点角；$\omega = 2\pi/T = \sqrt{\mu/a^3}$，$\omega$ 为目标在椭圆弹道的平均角速度。

由式(5.12)可知，偏近地角 E 为时间 t 的函数，所以得到任意时刻的 E 值，就能得到弹道目标任意时刻的运动参数 V_r、V_f、V 和 $\boldsymbol{\theta}$。

设弹道目标的关机点速度为 5.2 km/s，关机点地心距离为 6471 km(即目标距地面 100 km)，弹道倾角为 36.5°，关机点时刻为 0 s，则解算出的运动参数如图 5.4 所示。

从图 5.4 中可以看出，基于假设条件，弹道目标在中段飞行时，其参数随时间变化趋势较为平缓。整个飞行过程中目标的径向速度一直在减小，而其周向速度则是一个先减小后增大的过程，且在到达弹道最高点达到最小。目标总速度的变化趋势则与其周向速度基本一致，这是因为在达到弹道最高点之前，一直是目标动能转化为重力势能，之后则是重力势能转化为目标动能。

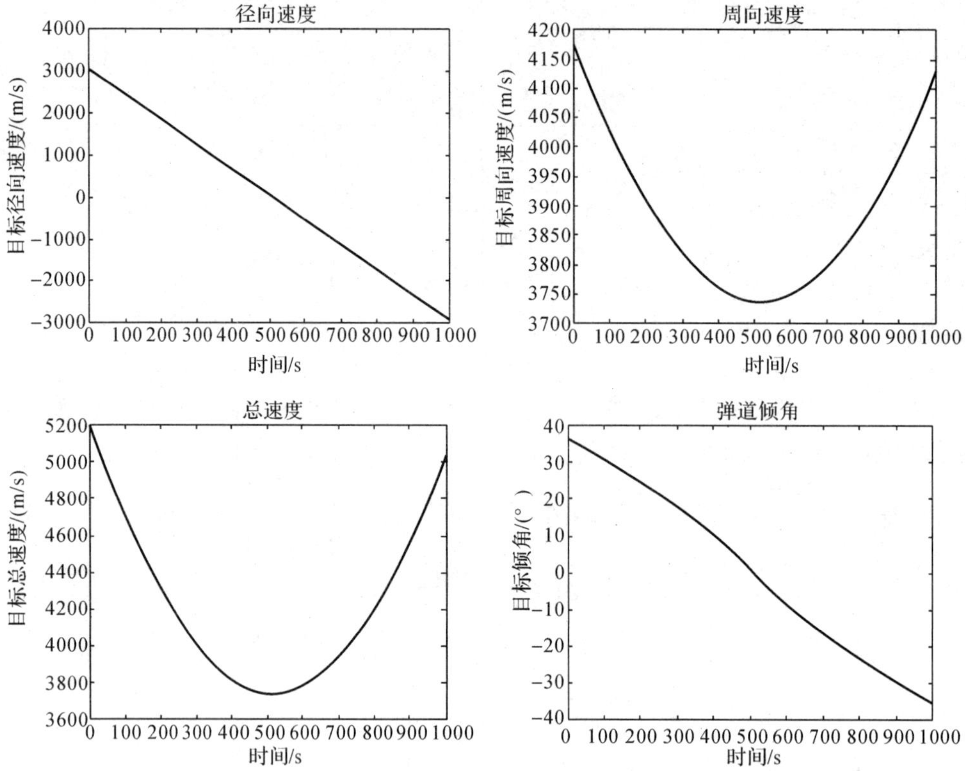

图 5.4　弹道目标中段运动参数

根据关机点处倾角 θ 的不同，我们可将弹道分为高弹道($\theta_k=57.2°$)、最小能量弹道($\theta_k=36.5°$)和低弹道($\theta_k=18.2°$)三类。若上述参数不变，则不同类型的弹道如图 5.5 所示。

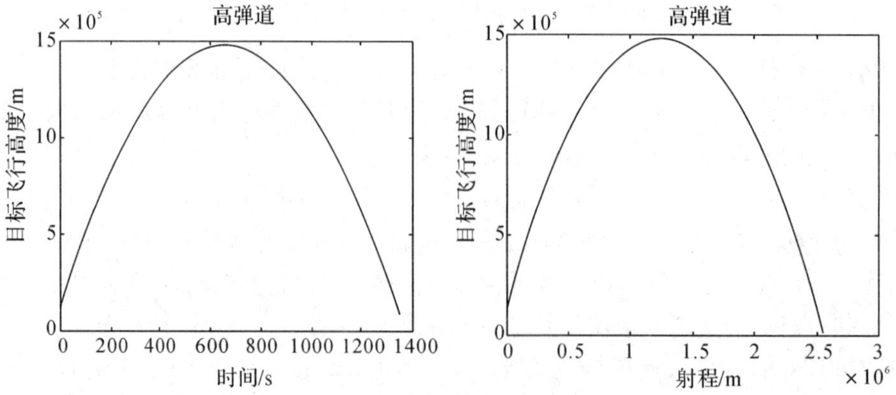

(a) 高弹道

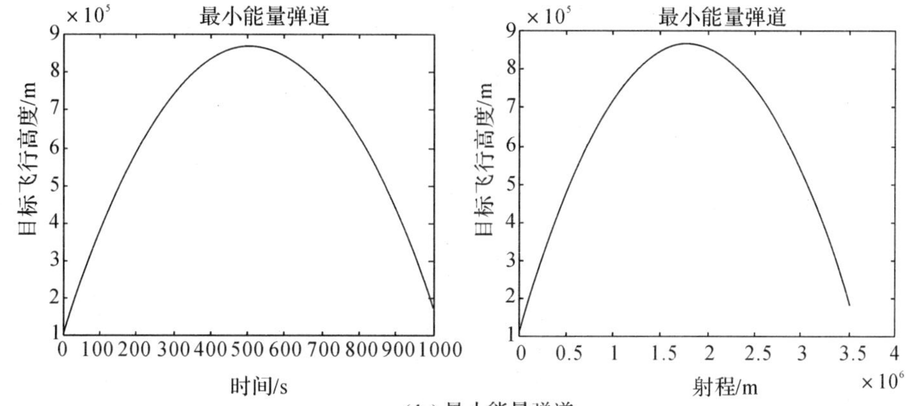

(b) 最小能量弹道

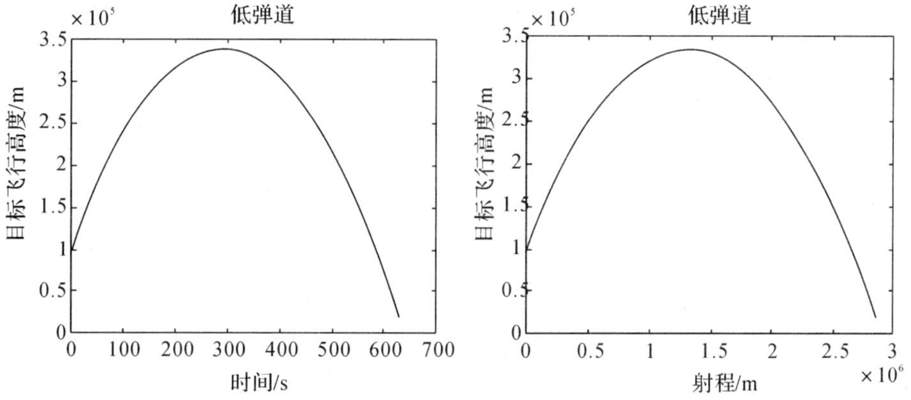

(c) 低弹道

图 5.5　三种不同类型弹道

由图 5.5 可知，相同关机点条件下，弹道目标倾角 θ 的不同对其飞行时间及射程均有较大影响。低弹道虽然射程短、高度低，但有效减少了防御系统的探测和识别时间；最小能量弹道在推力相同条件下具有最远的射程；高弹道载入阶段速度更快，增大了拦截难度。因此在应用过程中，通常根据实际需求设置弹道目标倾角。

5.3　弹道中段目标的自旋及进动特性

弹头再入过程中，大气阻力的影响会使弹头指向发生变化，致使攻击失效。因此，在弹道导弹飞行过程中，必须要对其进行姿态控制，而自旋稳定是空间飞行目标最常用的姿态稳定方式。但单纯的自旋仅是一种理想状态，实际中，由于在释放过程中受到横向冲量矩的影响，使得弹头产生了绕进动轴的锥旋，即进动(也被称为章动)。弹道目标在中段的主要运动形式为自旋和进动，而没有姿态控制装置的诱饵目标则会产生自由的翻滚运动。

如图 5.6 所示，根据经典刚体力学知识，陀螺体在空间运动时，自旋轴 z、瞬时角速度 $\boldsymbol{\omega}$ 和角动量 $\boldsymbol{H}$ 位于同一平面内。此时，陀螺体同时进行两种运动，一是本体进动(自旋)，即陀螺体绕自旋轴 z 运动；另一种则是空间进动，即陀螺体绕角动量 $\boldsymbol{H}$ 做圆锥运动。

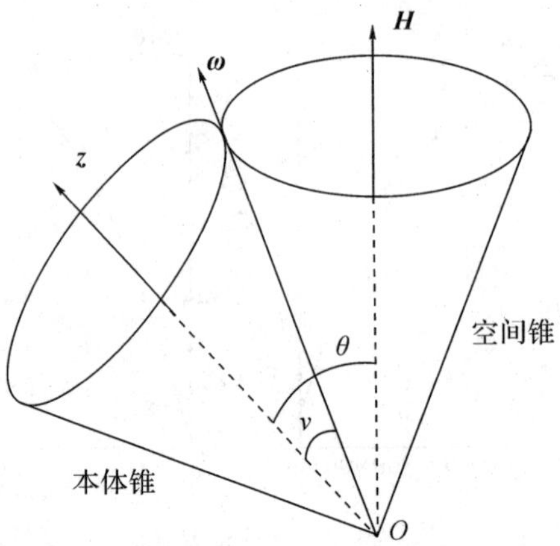

图 5.6　陀螺体空间运动示意图

其中，自旋轴 z 与角动量 $\boldsymbol{H}$ 间的夹角定义为进动角 θ，则有

$$\theta = \arccos\left(\frac{\boldsymbol{I}_z\omega_z}{\boldsymbol{H}}\right) \tag{5.13}$$

式中，$\boldsymbol{I}_z$ 为陀螺体绕自旋轴 z 的惯量矩；ω_z 为陀螺体瞬时角速度 $\boldsymbol{\omega}$ 在自旋轴 z 方向上的分量。

由此可知，轴对称陀螺体的进动角为一常数。通常情况下，可默认弹道目标为轴对称刚体，因此其在飞行中段的运动规律应与轴对称陀螺体相同。对于地基识别雷达而言，雷达视线与目标对称轴线之间的夹角也会随着目标的进动呈现出周期性的变化规律。雷达视线与弹道目标间的角度关系如图 5.7 所示。

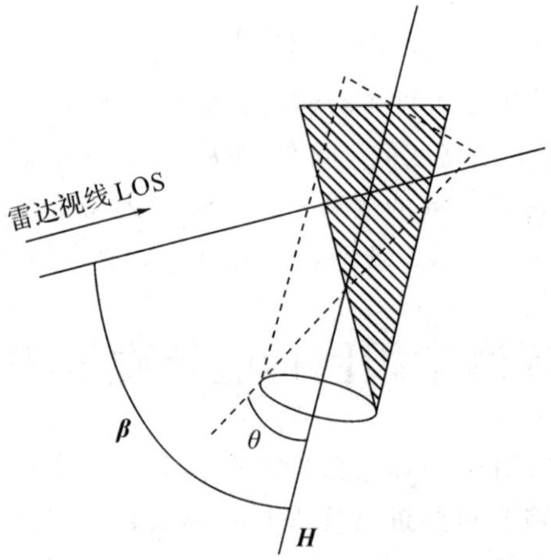

图 5.7　进动引起的雷达-目标姿态角变化示意图

图 5.7 中，β 为雷达视线与弹道目标角动量 $\boldsymbol{H}$ 之间的夹角。设 $t=0$ 时刻雷达视线、弹道目标对称轴线与角动量 $\boldsymbol{H}$ 共面，则根据图 5.7 中的几何关系，容易得到 t 时刻雷达视线与弹道目标对称轴线之间的夹角即姿态角 φ 为

$$\varphi = \arccos(\sin\theta\sin\beta\cos\omega t + \cos\theta\cos\beta) \tag{5.14}$$

式中，ω 为弹道目标的进动角速度。

设置弹道导弹发射点为－10.2°N、－10.4°E，落点为－48.4°N、－10.4°E，关机点速度为 5 km/s，高度为 100 km，弹道倾角为 36.5°；雷达部署在 36.5°N、－11°E，高度为 0 km处(考虑到政治上敏感性的因素，发射点及落点都设置在海上，不影响仿真效果)，其飞行过程如图 5.8 所示。

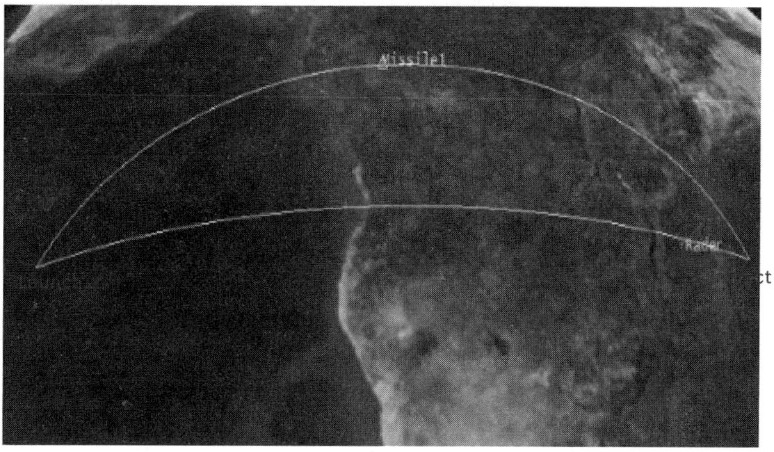

图 5.8　弹道目标飞行示意图

令 $\theta=4°$，进动周期为 2 s，则雷达-目标姿态角 φ 的变化规律如图 5.9 所示。

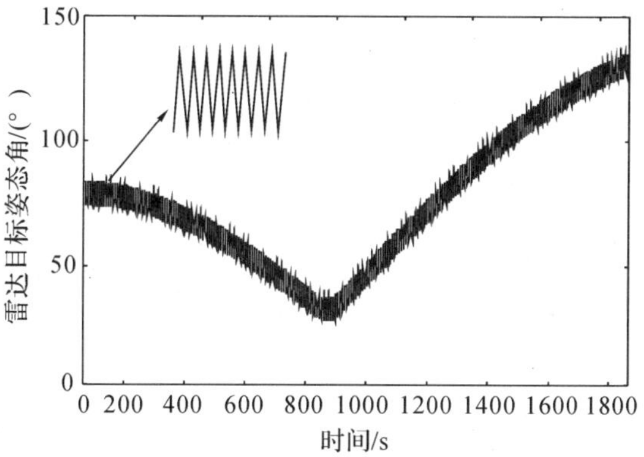

图 5.9　雷达-目标姿态角随时间的变化规律

从图 5.9 中可以看出雷达-目标姿态角 φ 的总体变化是由目标质心平动引起的慢变化及其进动引发的快变化组成的。当雷达固定时，弹头质心的平动只能使 β 角缓慢变化，因此短时间内可认为雷达-目标姿态角 φ 仅满足余弦变化规律，且变化周期即为弹道目标的进动周期。

5.4　弹道中段目标的雷达回波特性

由于弹道目标的军事敏感性，研究者暂无法获得实测的弹道中段动态回波数据。目前，获取弹道目标的静态回波数据主要有以下三种方法：

一是实际测量，即在雷达工作条件下对回波数据进行全尺寸测量；

二是暗室测量，即对照实际目标制作缩比模型，在微波暗室内对模型进行缩比测量；

三是理论仿真，即对实际目标进行几何建模，然后根据电磁散射理论计算目标的近似回波数据[7]。

这三种方法各有优缺点，实际测量数据应该最接近真实值，但这样需耗费大量的人力物力财力，无法大量使用；暗室测量则要求电尺寸比例与实际测量情况保持一致，限制了其对电大目标的应用；采用理论仿真方法则显得即经济又有效，早期的理论仿真方法由于计算能力的限制，对复杂目标的几何建模往往过于简单，导致误差较大。但目前可以使用CAD(Computer Aided Design)对弹道目标进行精确建模，并且有专门的电磁仿真软件来计算模型的静态回波数据。

FEKO(Feld berechnung bei Körpern mit beliebiger Oberfläche)是德国ANSYS公司研发的一款以距量法 (Method of Moments，MoM)为基础的三维全波电磁仿真软件，它同时集成了多层快速多极子法(Multilevel Fast Multipole Method，MLFAM)、物理光学法(Physical Optics，PO)等多种算法，具备良好的建模和计算性能[8]。利用FEKO进行电磁仿真一般包括以下步骤：

(1) 目标建模：基于FEKO建模或是读取已有CAD模型；

(2) 参数设定：包括雷达工作频率、入射角度等；

(3) 网格剖分：一般剖分单元取入射波长的1/6左右；

(4) 算法选择：一般选择PO法或是MLFMA法；

(5) 计算输出：设置数据生成格式及远场计算模式，计算并输出结果。

本书先对飞行中段可能出现的目标进行几何建模，具体模型如图5.10所示。

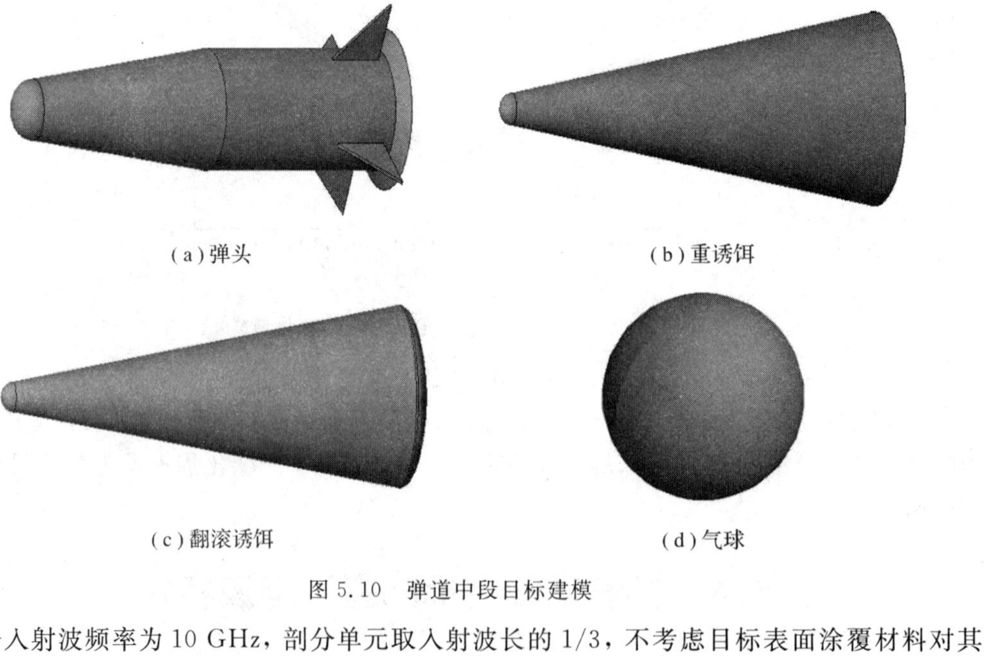

(a)弹头 (b)重诱饵

(c)翻滚诱饵 (d)气球

图5.10 弹道中段目标建模

令入射波频率为10 GHz，剖分单元取入射波长的1/3，不考虑目标表面涂覆材料对其电磁散射特性的影响，采用PO法测得目标在方位角为0°～360°范围内的RCS值如图5.11所示。

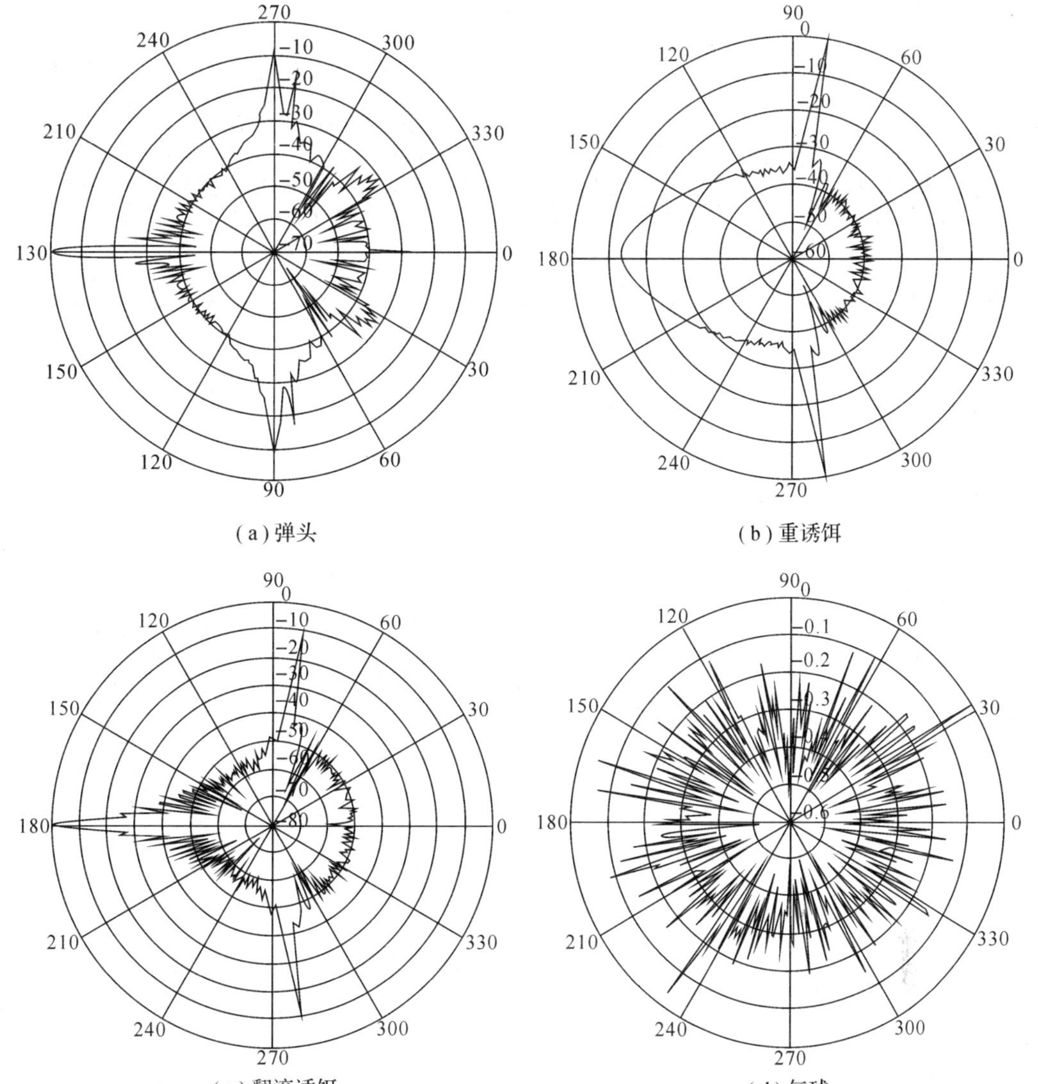

(a) 弹头　(b) 重诱饵　(c) 翻滚诱饵　(d) 气球

图 5.11　目标 0°～360°范围内的 RCS 值

以上只是获得了目标的静态回波数据，我们还需根据雷达-目标姿态角随时间的变化关系，采用插值法获得目标的动态 RCS 数据。令雷达视线与目标角动量 $\boldsymbol{H}$ 之间的夹角 $\beta=30°$，弹头进动角为 4°，进动周期为 4 s，重诱饵进动角为 8°，进动周期为2 s，翻滚诱饵的翻滚周期为 3 s，采样频率为 10 Hz，则 0～30 s 内的目标动态 RCS 曲线如图 5.12 所示。

采用频率步进的方式计算目标在多个频点的回波数据，并对其进行逆傅立叶变换，可获取目标的 HRRP 数据。设 t 时刻的一组回波序列为 $X_t(n)(n=1, 2, \cdots, N)$，其中 N 为步进频率的频点数目，则目标在 t 时刻的 HRRP 数据为

$$\begin{aligned} x(t) &= \mathrm{IFFT}([X_t(1), X_t(2), \cdots, X_t(N)]) \\ &= [x_t(1), x_t(2), \cdots, x_t(N)] \end{aligned} \tag{5.15}$$

式中，$x_t(n)$ 为对应距离单元的值。

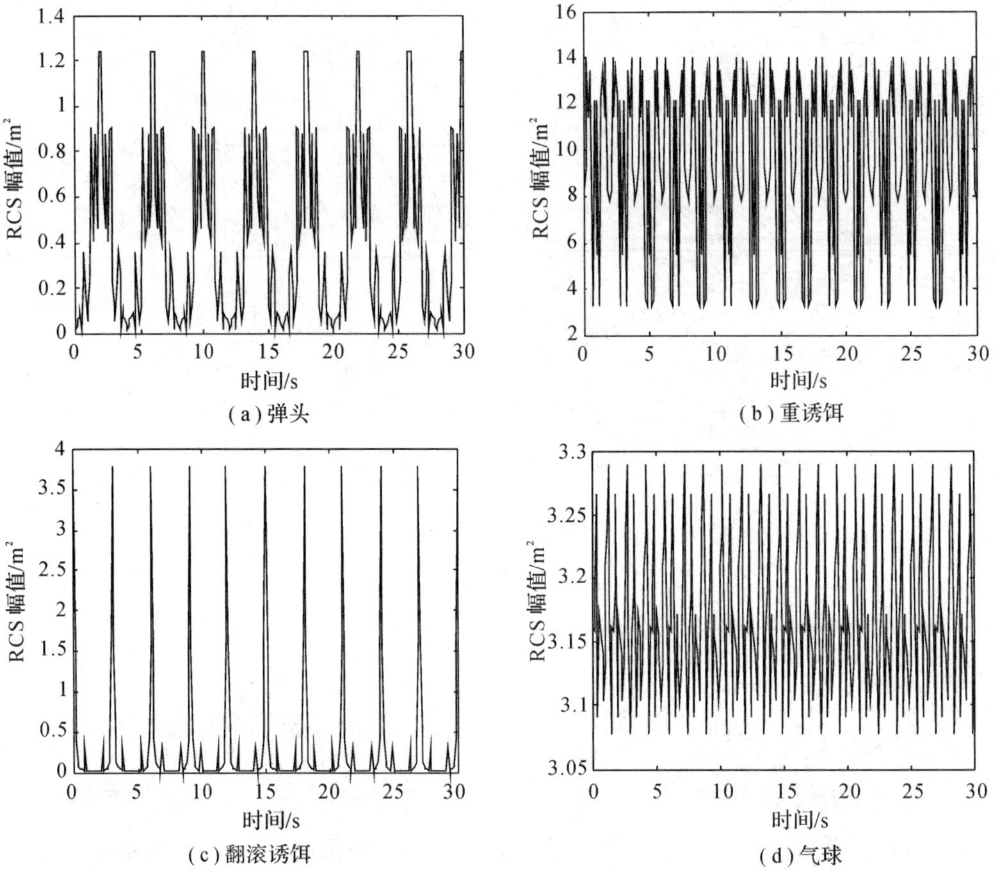

(a) 弹头　(b) 重诱饵　(c) 翻滚诱饵　(d) 气球

图 5.12　弹道中段目标的动态 RCS 曲线

需要说明的是，式(5.15)得到的是复距离像，识别中通常采取模后的实数距离像 $x(t)=[|x_t(1)|, x_t(2), \cdots, |x_t(N)|]$。令频段为 8.75～12.75 GHz，共 128 个频点。图 5.13 即为仿真所得四种目标在方位角为 0°～180°范围内的 HRRP 数据。

从图 5.13 可以看出，弹头、重诱饵及翻滚诱饵的 HRRP 总体较为接近，这是因为这三者具有相似的几何形状。此外，这三种目标在 90°和 180°左右的 HRRP 最大，这也与实际情况相符。而气球则由于具有独特的完全对称结构，因此其 HRRP 基本不随角度发生改变。

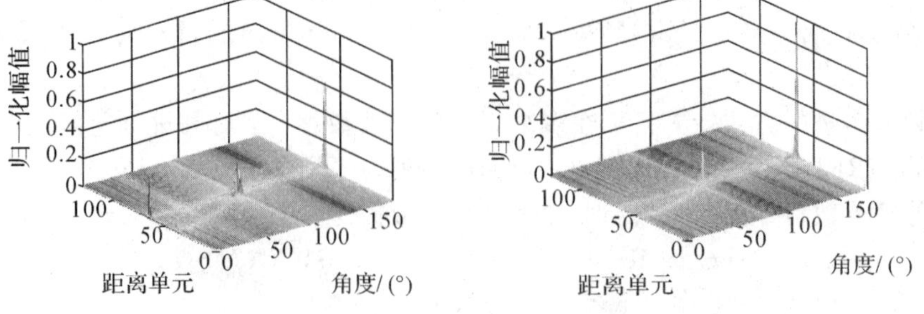

(a) 弹头　(b) 重诱饵

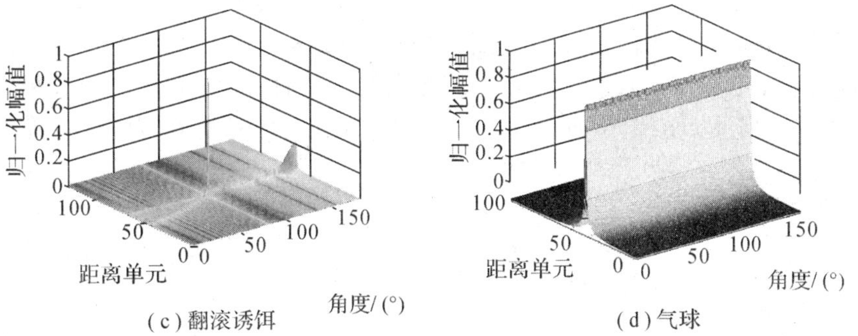

(c) 翻滚诱饵　　(d) 气球

图 5.13　四种目标在 0°～180°范围内的 HRRP 数据

图 5.14 分别给出弹头目标在不同姿态下的 HRRP 以及同一姿态下不同目标的 HRRP 对比。可以看出，同一目标在姿态角相差较大时，对应的目标 HRRP 之间的相似度很低，这说明弹道中段目标的 HRRP 具有姿态敏感性。

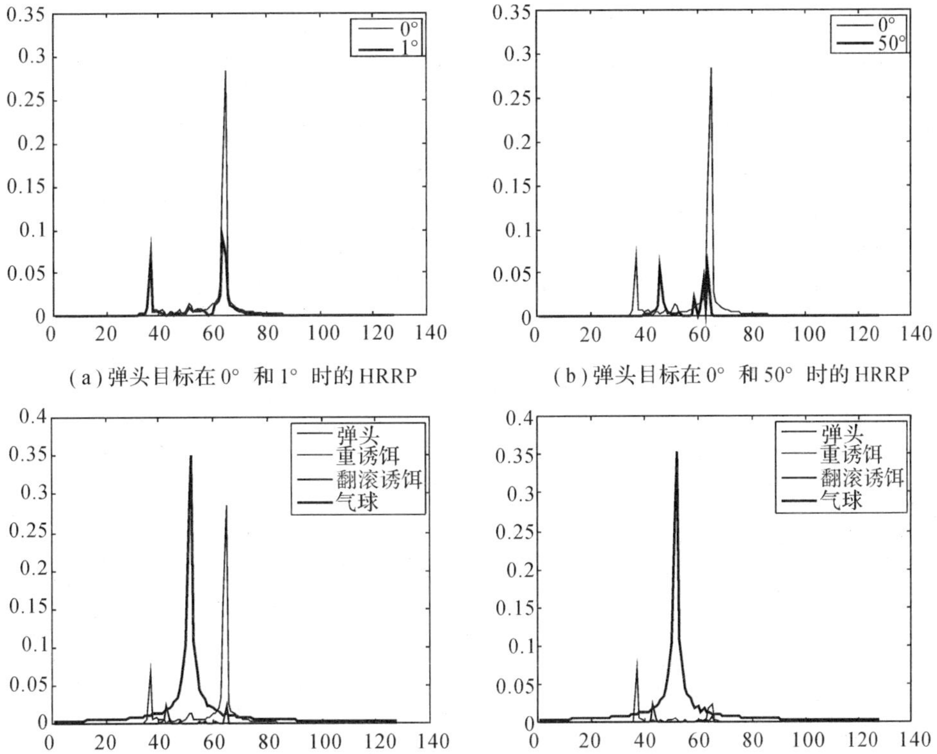

(a) 弹头目标在 0° 和 1° 时的 HRRP　　(b) 弹头目标在 0° 和 50° 时的 HRRP

(c) 四类目标在 0° 时的 HRRP　　(d) 四类目标在 50° 时的 HRRP

图 5.14　同一目标不同姿态以及同一姿态不同目标 HRRP 的对比

本章小结

本章对弹道中段目标识别及其特性、建模等相关知识进行了研究。首先，介绍了弹道中段目标识别三个阶段的相关知识。其次，研究了弹道中段目标特性，主要包括弹道特性、进动特性及雷达回波特性。其中对弹道中段目标的弹道特性进行了研究，并仿真给出了三种典型弹道的轨迹；对弹头的自旋及进动特性进行了分析，给出了雷达-目标姿态角随时间变化的规律；采用电磁仿真软件 FEKO 对弹道中段目标的雷达回波进行了建模仿真，获得了其动态 RCS 序列及 HRRP 数据。以上所给出的研究及仿真结果为后续的研究提供了充足的仿真数据来源。

参考文献

[1] Novak L M. Performance of 10-and 20-target MSE Classifiers[J]. IEEE Transactions on Aerospace & Electronic Systems, 2000, 36(4): 1279 - 1289.

[2] Steven P J. Automatic target recognition using sequences of high resolution radar profiles[J]. IEEE Transactions on Aerospace & Electronic Systems, 2000, 36(2): 364 - 380.

[3] Zheng B, Sun C Y, Xing M D. Time-frequency approaches to ISAR imaging of maneuvering targets and their limitations[J]. IEEE Transactions on Aerospace & Electronic Systems, 2000, 37(3): 1091 - 1099.

[4] Jesionowski R, Zarchan P. Comparison of filtering options for ballistic coefficient estimation [R]. ADA355740, 1998.

[5] Cardillo G P, Mrstik A V, Plambeck T. A track filter for reentry objects with uncertain drag[J]. IEEE Transactions on Aerospace and Electronic Systems, 1999, 35 (2): 394 - 408.

[6] 冯德军. 弹道中段目标雷达识别与评估研究[D]. 长沙：国防科技大学，2006.

[7] 帅玮祎，王晓丹，薛爱军. 基于 FEKO 软件的全极化一维距离像仿真[J]. 弹箭与制导学报，2014，34(5)：173 - 175.

[8] 赵振冲，王晓丹，毕凯，等. 基于一维距离像的弹道中段目标特征提取[J]. 计算机科学，2015，42(1)：257 - 260.

第 2 部分

直觉模糊理论
及目标识别应用

第 6 章　基于直觉模糊推理的目标识别方法

本章针对空天目标识别进行直觉模糊推理及其自适应直觉模糊推理方法的研究。首先，建立直觉模糊推理系统(Intuitionistic Fuzzy Inference System，IFIS)模型，从而提出一种直觉模糊推理的目标识别方法，并通过仿真实例验证该方法的有效性。为解决 IFIS 模型易于产生“组合爆炸”的问题，又提出一种基于自适应直觉模糊推理(Adaptive Neuro - Intuitionistic Fuzzy Inference System，ANIFIS)的空天目标识别方法。该方法建立了“高木-关野(Takagi - Sugeno，T - S)”型的 ANIFIS 目标识别模型，仿真实例表明该方法有效解决了“组合爆炸”问题，且比 IFIS 方法具有一定的优越性。

6.1 引　言

在现代信息化战争中，特别对空天战场而言，战争具有突发性、快速性、大纵深、全方位、持续时间短的特点。战场瞬息万变，要求地面指挥员在短时间内人为作出准确的指挥决策是一件非常复杂的工作，故快速、准确及可靠地识别战场目标显得十分重要。而战场情况的复杂性为快速有效地目标识别带来很大困难，各种电磁干扰、假目标的诱骗以及不同恶劣天气的影响，都引起目标特征信息的不完整、不确定及模糊性，因而所形成的实际数据结构往往是畸形的、病态的。若仅以较理想的情况考虑属性特征及其信息融合，将直接影响识别系统的可靠性。因此，对于处理该情况下大量不确定信息这一问题，多种基于不确定理论的信息融合方法成为解决此类问题较为自然成熟的思路。

近年来，基于各种不确定性理论的目标识别方法琳琅满目，枚不胜数。文献[1]研究了基于 Dempster - Shafer(D - S)证据理论在目标识别中的应用，由 D - S 方法得到基本可信度分配后决策结果却没有可行的统一方法，必须根据具体问题进行具体分析。特别是存在高冲突证据时，往往会得到与常理相悖的结果。尽管修正方法[2, 3]很多，有些也得到了较为满意的识别效果，但这些方法大多严重缺乏实际应用背景及证据集特点，因此完全无法保证识别结果的可靠性。文献[4]研究了基于离散动态贝叶斯网络推理的目标识别方法，其中贝叶斯网络节点与结构均通过专家知识确定，需要相应的先验概率，但先验概率通常难以给定，所以构建的网络常与实际数据有较大偏差。文献[5]研究了基于熵权的模糊多传感器目标识别方法，虽较其他方法该算法简单，且可操作性强，但 ZFS 在不确定性信息的描述、推理结果可信性等方面存在局限性。鉴于此，本章提出了一种基于直觉模糊推理的目标识别方法。理论分析与实践表明，IFS 在一定程度上克服了 ZFS 处理信息的不准确性与局限性，弥补了贝叶斯网络过分依赖先验知识的不足，进而通过直觉模糊推理建立了基于规则的统一合成算法，具有一定的客观性与普适性。

而进一步发展中，基于不确定性理论、各类算法的神经网络融合系统的研究蓬勃发展。它既不需要研究对象的大量背景知识，也不需要精确的数学模型，而是根据对象的输入输出数据寻找规律解决复杂的、不确定性问题。文献[6][7]研究了基于神经网络的目标识别方法，但当目标数据的信噪比变化时，无法适当地改变网络结构往往导致识别结果不理想。文献[8]研究了证据理论与神经网络相结合的目标识别方法，虽可信度均得到了较大的提高，但其模型结构隐含层的单元个数难以确定，仿真计算中重复性工作量大，且建立的动态网络结构尚未解决。文献[9]研究了基于粗集-神经网络系统在信息融合目标识别中的应用，该系统在一定程度上简化了网络结构，缩短了训练时间，提高了识别效率，但在决策表简化时往往丢失一些有用信息，导致信息表属性约简的计算量过大。文献[10]研究了基于模糊神经网络的目标识别方法，其中 ZFS 在不确定性信息的描述、推理结果可信性等方面仍然存在局限性。

此外，文献[11]采用遗传算法来获取网络权值的初值，然后对神经网络进行训练来得到权值的全局最优解，克服了神经网络权值在训练过程中容易陷入局部极值点的问题，但遗传算法的早熟问题以及寻求最优解时收敛速度较慢等缺陷，在一定程度上影响了识别的效率。文献[12]引入粒子群算法优化神经网络的学习训练过程，从而有效克服了传统 BP 神经网络收敛速度慢、易陷入局部最小值的两大缺陷，提高了目标识别率。但粒子群算法的重要参数选取过于经验化和主观性，且种族多样性丧失过快往往导致算法早熟收敛，这些缺陷对整体识别性能均有较大的影响。

在本章先提出的直觉模糊推理目标识别方法中，输入状态属性越多，直觉模糊子集划分越细，规则亦越全面。但这使组合的规则数成指数增长，导致系统的计算量猛增，从而产生“组合爆炸”问题。而基于自适应神经网络—直觉模糊推理系统的自学习自组织功能，不但可以克服以上静态网络结构、计算量庞大、丢失信息及处理信息受限等问题，而且可有效解决“组合爆炸”问题。

鉴于此，本章将直觉模糊推理逻辑与人工神经网络相结合，建立自适应神经网络—直觉模糊推理系统，并应用于目标类型识别。理论分析与实践表明，该方法是一种有效的目标识别方法，具有一定的实用价值。

6.2 空天目标识别问题描述

在防空作战过程中，空天目标类型识别是防空作战指挥快速、正确决策的关键环节之一。目标识别正确与否直接影响到防空火力的部署、分配及有效打击。

目标识别主要根据各种传感器获得的目标特征信息进行融合推理，以获得对目标属性的准确描述。目标识别的核心问题之一是研究如何提取目标的特征量，并利用特征量来区分不同的目标。在对目标进行识别时，由于单个传感器的探测特点所提取的特征往往无法获得对目标的完全描述，而综合利用多个传感器所提取的多个互补的特征向量，可获得对目标较为完整的描述，从而有利于提高目标识别的正确概率，降低错误概率。目标识别有多种有效途径，比如目标特征识别、目标成像识别、无源探测识别、激光雷达识别、毫米波识别、多传感器数据融合识别等。

由于各类运动目标在每个特征值上的取值并不是一成不变的，而是具有很大程度的不确定性、模糊性和不稳定性，甚至特征值会有一定的重叠。所以，进行目标识别需要研究如下内容：

(1) 根据目标的测量数据，建立目标的结构描述模型；

(2) 建立推理规则库，通过各项规则建立起目标特征与目标类别之间的对应关系；

(3) 建立推理输出模型，通过推理合成算法及解模糊算法实现运行输出过程。

基于直觉模糊理论，空天目标识别的使命是消除信息的不确定性并最终获得目标的类属解，通过每一批目标的属性特征值与推理合成算法最终确定其目标类型，并给出各种目标类型的隶属度、非隶属度及可信度。

空中目标类型多种多样，目前我们最为关注的目标类型有两种，一种是典型目标，包括战术弹道导弹(Tactical Ballistic Missile，TBM)、空地导弹(Air to Ground Missile，AGM)、巡航导弹(Cruise Missile，CM)、隐身飞机(Stealth Aircraft，SA)、反辐射导弹(Anti - Radiation Missile，ARM)等。另一种是普通目标，包括战斗机(Fighter)、武装直升机(Gunship)、轰炸机(Bombing Plane)、侦察机(Scout)、干扰机(Jammer)、预警机(Early Warning Plane)及运输机(Aerotransport)等。典型目标具有新的特性，是现代防空作战关注的重点。因此本章重点研究TBM、AGM、CM、SA 四种典型目标类型。而普通目标(Common Target，CT)识别仅仅是目标不同，但应用方法、识别过程与之类似，此处不再赘述。

空中目标特征属性繁多，既有定量、定性描述，而且相互之间的关系也错综复杂。通常空间目标运动特征参数描述为发现距离(R)、方位角(β)、俯仰角(γ)、干扰能力(g)、空袭样式等。若要综合全面地考虑各个属性，即给出某个目标类型与各种属性的函数关系，复杂度很大。需要指出，理论上讲考虑的特征因素越多，所得到的结果越可信。而实践上考虑的特征过多，极易产生规则的“组合爆炸”，使处理过程过于复杂导致不易实现甚至不能实现识别过程，并且使主要特征的作用被掩盖。在实际空战过程中，根据雷达探测的目标特征信息和掌握的敌方其他目标信息进行判断，通常可以通过 5 个目标特征快速准确地得到典型目标类型，即雷达反射截面积(RCS)、巡航速度(V_H)、垂直速度(V_V)、飞行高度(H)、加速度(A)。

6.3　基于直觉模糊推理的典型目标识别方法

6.3.1　直觉模糊推理系统

直觉模糊推理系统是建立在直觉模糊集理论基础上的一种逻辑推理系统。最常见的模糊推理系统有三类，即纯模糊逻辑系统、高木-关野(Takagi - Sugeno)型模糊逻辑系统以及具有模糊产生器和模糊消除器的 Mamdani 型模糊逻辑系统。IFIS 的模型结构是在 Mamdani 型模糊逻辑系统基础上优化改进得到的，其内部结构如图 6.1 所示。

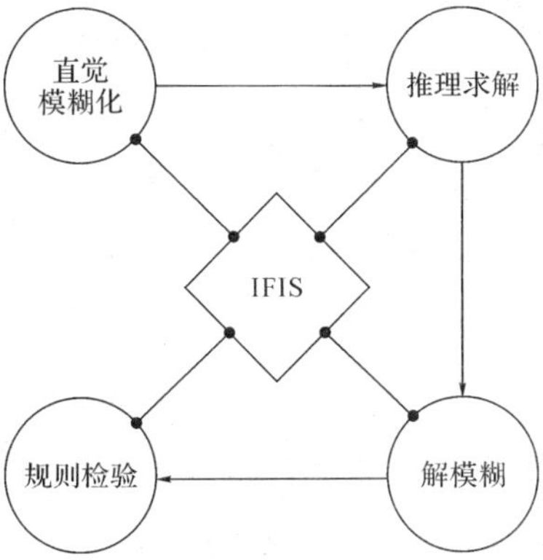

图 6.1　IFIS 模型结构图

图 6.1 中，IFIS 由四部分功能模块组成，根据系统的步骤顺序依次分别是直觉模糊化、推理求解、解模糊、规则检验。直觉模糊化是选取目标属性变量，建立输入/输出状态变量的隶属度函数与非隶属度函数，通过状态变量函数将目标属性的实际测量值转化为直觉模糊度量值。本章主要选取 5 个目标属性特征分别建立状态变量属性函数：雷达反射截面积(RCS)、巡航速度(V_H)、垂直速度(V_V)、飞行高度(H)、加速度(A)，如图 6.2 所示。

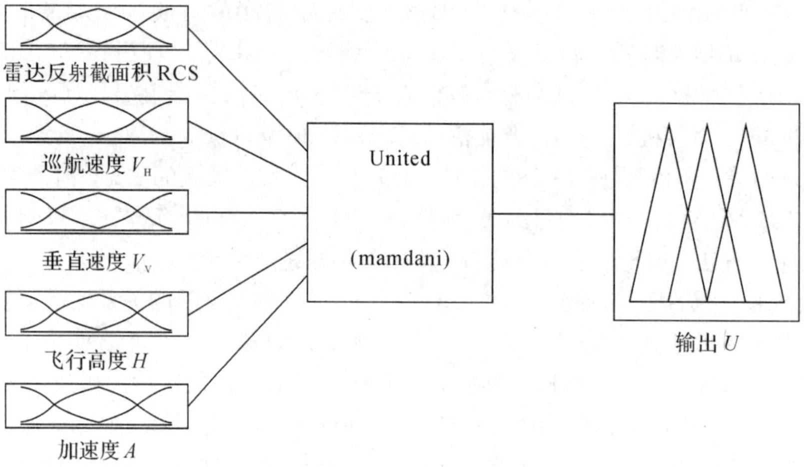

图 6.2 输入/输出状态变量属性函数图

推理求解过程是 IFIS 的核心部分，其功能旨在建立解释和利用直觉模糊推理机来解决具体问题。该系统中规则库是由具有如下形式的若干模糊“if-then”规则的总和组成，而推理规则可由专家知识或采用基于测量数据的学习算法两种途径获得。直觉模糊推理机主要包括将规则库中的“if-then”规则转换成某种映射，即将输入空间上的直觉模糊集合映射到输出空间的直觉模糊集合。在 IFIS 中，直觉模糊推理规则的建立过程如图 6.3 所示。

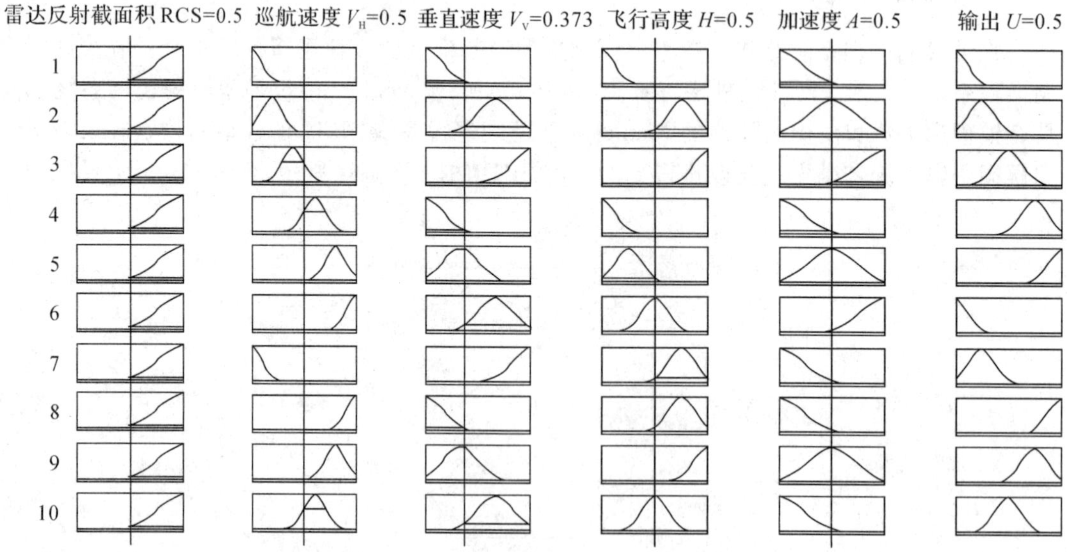

图 6.3 直觉模糊推理规则观测图

解模糊是将输出空间的一个直觉模糊集合映射为一个确定的点，以达到实际运用的目的，又称解模糊化、去模糊化、逆模糊化。直觉模糊集的解模糊算法通常有最大真值法、重心法、加权平均法[13]等。解模糊不同算法的输出函数如图 6.4 所示。

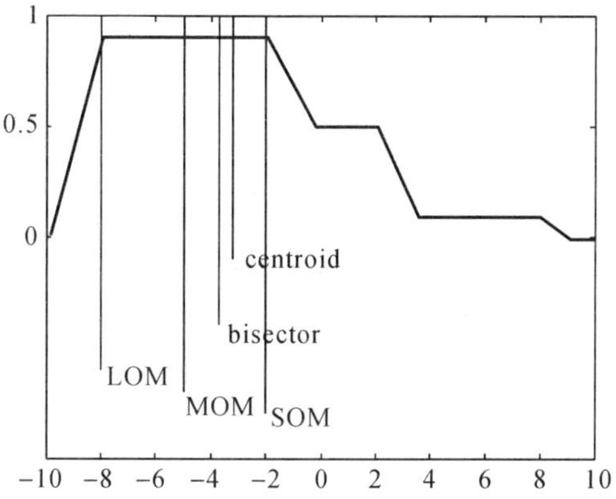

图 6.4　解模糊的输出函数图

规则检验是将目标识别系统的推理规则植入 IRIS 推理机，从而得到一组由关于 5 个状态变量属性函数中任意两个属性函数的三维空间映射曲面。而推理规则可通过推理系统输出的控制映射曲面是否平滑来验证其合理性。此处以图 6.5 为例说明。该图是关于 5 个状态变量属性函数中 V_H、RCS 两个属性函数的 $U-V_H-$RCS 三维空间映射曲面。显然，该曲面是平滑的，这不仅从宏观角度充分说明了逻辑规则库具有良好的相容性，还说明该映射曲面所对应的推理规则与其余规则亦具有良好的相容性。此外，曲面的平滑性还充分说明了逻辑规则库中所建的规则是不存在相互作用的，是可还原的、双向的、理想的。综上所述，图 6.5 所对应的推理规则是合理的。

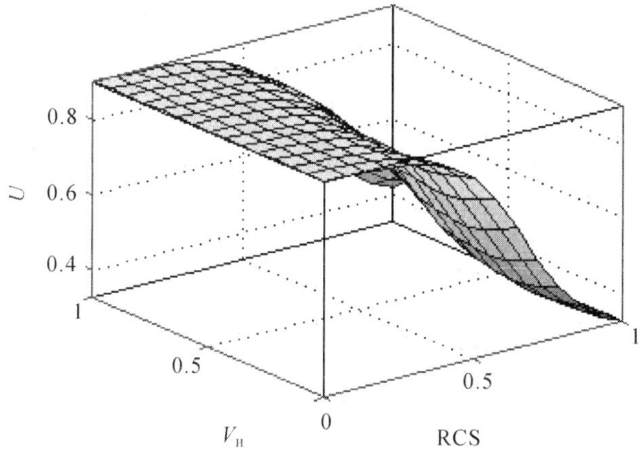

图 6.5　$U-V_H-$RCS 映射曲面

6.3.2　状态变量属性函数

根据空中典型目标的特征，设计系统状态变量为雷达反射截面积 s、巡航速度 v_H、垂直速度 v_V、飞行高度 h、加速度 a 的隶属度函数与非隶属度函数。为便于研究，本书中采用

Gaussian 型隶属度函数，即

$$\begin{cases}\mu_A(x)=\exp\left[-\dfrac{(x-c)^2}{2\sigma^2}\right]\\ \gamma_A(x)=\delta_A(x)-\exp\left[-\dfrac{(x-c)^2}{2\sigma^2}\right]\\ \delta_A(x)=1-\pi_A(x)\end{cases}\tag{6.1}$$

式中，σ 与 c 为函数的参数，分别表示宽度和中心；$\pi_A(x)$根据具体情况给出，这样得到的 $\mu_A(x)$与 $\gamma_A(x)$会更加合理确切，所得到结果的可信度将会更高、更有效。

由此，首先确定各个状态变量论域，划分对应于每个论域的直觉模糊子集，则易得参数 σ 与 c。其次，确定各个状态变量属性函数，即确定各个子集对应函数$(x-a)/b+c$ 的参数值 a、b、c。

算法 6.1 各子集函数的参数值 a、b、c 求解算法

Step1：根据各个属性特征确定 x 的变化范围。

Step2：确定各个子集对应的值域[A，B]。A 为上限，是间隔连续点；B 为下限，$B=\sigma+c$。

Step3：确定参数 a、b、c。设子集变化范围是 $C<x\leqslant D$，则有 $a=C+(D-C)/2$。将已确定的值域[A，B]与子集变化范围 $C<x\leqslant D$ 代入式$(x-a)/b+c$ 中可确定 b。c 为各区域的中心点。

Step4：在每个子集对应的变化范围内，以 a 为节点，选取不同的小区域，多次代值以验证 x 前后的值与相关正负，同时进行一定的数值调整，并查看其合理性，观察该范围中的每一个值是否均可取到。

根据算法 6.1 确定的各状态变量属性函数的参数值如表 6.1(a)、6.1(b)所示。

(1) 雷达反射截面积(RCS)论域 S：雷达反射截面积可按大、中、小划分为 3 个区域，对应的直觉模糊子集为 s_1、s_2、s_3。

(2) 巡航速度论域 V_H：假定来袭目标的巡航速度变化范围为[0，2200 m/s]，对状态变量定义超高速、高速、次高速、中速、低速、超低速 6 个函数，它们分别对应直觉模糊子集 V_{H1}、V_{H2}，V_{H3}、V_{H4}、V_{H5}、V_{H6}。

(3) 垂直速度论域 V_V：假定来袭目标速度的纵向变化范围为[0，2000 m/s]，也分为低速、中速、高速、超高速 4 个层次，对应的直觉模糊子集分别是 V_{V1}、V_{V2}、V_{V3}、V_{V4}。

(4) 飞行高度论域 H：假定来袭目标飞行高度的变化范围为[0，30000 m]，对状态变量飞行高度 h 可划分为超低空、低空、中空、高空、超高空 5 个区域，它们分别对应直觉模糊子集 H_1、H_2、H_3、H_4、H_5。

(5) 加速度论域 A：假定来袭目标加速度的变化范围为[0，300 m/s^2]，可按大、中、小划分为 3 个区域，对应的直觉模糊子集分别是 A_1、A_2、A_3。

输出论域 U 来袭目标的类型有 5 种，即战术弹道导弹(TBM)、空地导弹(AGM)、巡航导弹(CM)、隐身飞机(SA)及普通目标(CT)，分别对应 U_1[0.125，0]、U_2[0.125，0.25]、

U_3[0.125，0.5]、U_4[0.125，0.75]、U_5[0.125，1]5 个直觉模糊子集，其中 σ=0.125。

表 6.1(a)　状态变量属性函数的参数值

属性特征	输入变量	直觉模糊子集	σ	c	[A, B]
S/m^2	s	S_1　[0.225, 0]	0.225	0	[0, 0.225]
		S_2　[0.225, 0.5]		0.5	[0.5, 0.725]
		S_3　[0.225, 1]		1	[1, 1.225]
V_H/(m/s)	v_H	V_{H1}　[0.1, 0]	0.1	0	[0, 0.1]
		V_{H2}　[0.1, 0.2]		0.2	[0.2, 0.3]
		V_{H3}　[0.1, 0.4]		0.4	[0.4, 0.5]
		V_{H4}　[0.1, 0.6]		0.6	[0.6, 0.7]
		V_{H5}　[0.1, 0.8]		0.8	[0.8, 0.9]
		V_{H6}　[0.1, 1]		1	[1, 1.1]
V_V/(m/s)	v_V	V_{V1}　[0.1667, 0]	0.1667	0	[0, 0.1667]
		V_{V2}　[0.1667, 0.3333]		0.3333	[0.3333, 0.5]
		V_{V3}　[0.1667, 0.6667]		0.6667	[0.6667, 0.8334]
		V_{V4}　[0.1667, 1]		1	[1, 1.667]
H/m	h	H_1　[0.125, 0]	0.125	0	[0, 0.125]
		H_2　[0.125, 0.25]		0.25	[0.25, 0.375]
		H_3　[0.125, 0.5]		0.5	[0.5, 0.625]
		H_4　[0.125, 0.75]		0.75	[0.75, 0.875]
		H_5　[0.125, 1]		1	[1, 1.125]
$A/(m^2/s)$	a	A_1　[0.225, 0]	0.225	0	[0, 0.225]
		A_2　[0.225, 0.5]		0.5	[0.5, 0.725]
		A_3　[0.225, 1]		1	[1, 1.225]

表 6.1(b)　状态变量属性函数的参数值

属性特征	输入变量	直觉模糊子集	(C, D)	a	b	特殊子集函数
S/m^2	s	S_1	[15, +∞)	7.5	33.333	S_3: $-x/3.6363$
		S_2	(2, 15]	8.5	30.011	
		S_3	(0, 2]	0	3.6363	
$V_H/(m/s)$	v_H	V_{H1}	(1800, 2200]	0	2000	V_{H1}: $(1/2)x/2000$
		V_{H2}	(1200, 1800]	1500	3000	
		V_{H3}	(600, 1200]	900	3000	
		V_{H4}	(400, 600]	500	1000	V_{H6}: $-x/1000+1$
		V_{H5}	(200, 400]	300	1000	
		V_{H6}	(0, 200]	0	1000	
$V_V/(m/s)$	v_V	V_{V1}	(0, 120]	0	209.958	V_{V4}: $(-1/4)x/600.240+1$
		V_{V2}	(120, 400]	260	839.832	
		V_{V3}	(400, 1200]	800	2399.520	
		V_V	(1200, 2000]	0	600.24	
H/m	h	H_1	(0, 800]	0	2400	—
		H_2	(800, 7000]	3900	24 800	
		H_3	(7000, 15 000]	4700	82 400	
		H_4	(15 000, 27 000]	21 000	48 000	
		H_5	(27 000, 30 000]	30 000	12 000	
$A/(m^2/s)$	a	A_1	[300, +∞)	0	666.667	A_1: $(1/4)x/666.667$
		A_2	[150, 300)	225	333.333	
		A_3	[0, 150)	75	1	A_3: $(-1/4)x/75+1$

6.3.3 推理规则及合成算法

IFIS 系统的输入参数 s、v_H、v_v、h 及 a 等状态变量属性函数的个数分别为 $N_s=3$，$Nv_H=6$，$Nv_V=4$，$N_h=5$，$N_a=3$，目标识别输出量的属性函数个数为 $N_u=5$。

从理论上讲，IFIS 系统推理规则数量为 $N=N_s\times Nv_H\times Nv_V\times N_h\times N_a=1080$。从具体情况考虑，根据空中目标特性，当 S 取 s_1 或 s_2 时，目标类型均为普通目标。由此系统推理规则总数显著减少为 $N'=Nv_H\times Nv_v\times N_h\times N_a+2=362$。

推理规则是多重多维的，其形式为

$$\text{IF} \quad s \quad \text{is} \quad S_{i_s} \quad \text{AND} \quad v_H \quad \text{is} \quad V_{\text{H}_{i_{v_\text{H}}}} \quad \text{AND} \quad v_V \quad \text{is} \quad V_{\text{V}_{i_{v_\text{V}}}}$$

$$\text{AND} \quad h \quad \text{is} \quad H_{i_h} \quad \text{AND} \quad a \quad \text{is} \quad A_{ia},$$

$$\text{THEN} \quad z \quad \text{is} \quad C_j \quad (CF_i(C_j))$$

$$i_s = 1, 2, \cdots, N_s, \ i_{v_\text{H}} = 1, 2, \cdots, N_{v_\text{H}}, \ i_{v_\text{V}} = 1, 2, \cdots, N_{v_\text{V}},$$

$$i_h = 1, 2, \cdots, N_h, \ i_a = 1, 2, \cdots, N_a.$$

其中，$i=1, 2, \cdots, N'$；$j = 1, 2, \cdots, N_u$；s、v_H、v_V、h、a 是输入变量；z 是输出变量；S_{i_s}、$V_{\text{H}_{i_{v_\text{H}}}}$、$V_{\text{V}_{i_{v_\text{V}}}}$、$H_{i_h}$、$A_{i_a}$ 是前提部分语言项，分别为$\langle s, \mu_{\text{S}_i}, \gamma_{\text{S}_i}\rangle$，$s\in S$；$\langle v_\text{H}, \mu_{v_{H_i}}, \gamma_{v_{H_i}}\rangle$，$v_H \in V_H$；$\langle v_\text{V}, \mu_{v_{\text{V}_i}}, \gamma_{v_{\text{V}_i}}\rangle$，$v_\text{V}\in V_\text{V}$；$\langle h, \mu_{\text{H}_i}, \gamma_{\text{H}_i}\rangle$，$h\in H$；$\langle a, \mu_{\text{A}_i}, \gamma_{\text{A}_i}\rangle$，$a\in A$；$C_j$ 为输出论域中的一个模糊子集 $U_k(k = 1, 2, \cdots, N_u)$，即$\langle z, \mu_{U_k}, \gamma_{U_k}\rangle$，$z\in U$。

IFIS 系统的基本结构模型：输入特性映射为属性函数，输入属性函数映射为规则，规则映射为一组输出特性，输出特性映射为输出属性函数，输出属性函数映射为一个单值输出或与单值输出相关的决策。本章采用"∨—∧"合成运算，直觉模糊关系取

$$R(S_{i_s}, V_{\text{H}_{i_{v_\text{H}}}}, V_{\text{V}_{i_{v_\text{V}}}}, H_{i_h}, A_{i_a}, CF_i; C_j) = R_c(S_{i_s}, V_{\text{H}_{i_{v_\text{H}}}}, V_{\text{V}_{i_{v_\text{V}}}}, H_{i_h}, A_{i_a}, CF_i; C_j) \tag{6.2}$$

由直觉模糊逻辑推理法则可知，对于每一条规则可以得到一个输入输出关系 R_k 为

$$\begin{aligned} R_k &= R\left((S_{i_s}) \cap (V_{\text{H}_{i_{v_\text{H}}}}) \cap (V_{\text{V}_{i_{v_\text{V}}}}) \cap (H_{i_h}) \cap (A_{i_a}) \cap (CF_i) \rightarrow C_j\right) \\ &= R(S_{i_s}, V_{\text{H}_{i_{v_\text{H}}}}, V_{\text{V}_{i_{v_\text{V}}}}, H_{i_h}, A_{i_a}, CF_i; C_j) \end{aligned} \tag{6.3}$$

从而由直觉模糊规则的合成运算可得总的直觉模糊关系 R 为

$$\begin{aligned} R &= \bigcup_{i_s, i_{v_\text{H}}, i_{v_\text{V}}, i_h, i_a; j=1}^{N_s, N_{v_\text{H}}, N_{v_\text{V}}, N_h, N_a; N_v} \cdots \bigcup R(S_{i_s}, V_{\text{H}_{i_{v_\text{H}}}}, V_{\text{V}_{i_{v_\text{V}}}}, H_{i_h}, A_{i_a}; C_j)\,(CF_i, i = 1, 2, \cdots, N') \\ &= \bigcup_{i_s, i_{v_\text{H}}, i_{v_\text{V}}, i_h, i_a; j=1}^{N_s, N_{v_\text{H}}, N_{v_\text{V}}, N_h, N_a; N_u} \cdots \bigcup R(S_{i_s} \cap V_{\text{H}_{i_{v_\text{H}}}} \cap V_{\text{V}_{i_{v_\text{V}}}} \cap H_{i_h} \cap A_{i_a} \cap C_j) \\ &\qquad (CF_i, i = 1, 2, \cdots, N') \end{aligned}$$

即

$$\begin{aligned} \mu_R(s, v_\text{H}, v_\text{V}, h, a, z) = &\bigvee_{i_s, i_{v_\text{H}}, i_{v_\text{V}}, i_h, i_a, i=1; j=1}^{N_s, N_{v_\text{H}}, N_{v_\text{V}}, N_h, N_a, N'; N_u} \cdots \bigvee (\mu_{\text{S}_i}(s) \wedge \mu_{v_{\text{H}i_{v\text{H}}}} \\ &\wedge \mu_{v_{\text{V}i}}(v_\text{V}) \wedge \mu_{\text{H}_i}(h) \wedge \mu_{\text{A}_i}(a) \wedge \mu_{\text{U}_j}(z) \wedge CF_i) \\ \gamma_R(s, v_\text{H}, v_\text{V}, h, a, z) = &\bigwedge_{i_s, i_{v_\text{H}}, i_{v_\text{V}}, i_h, i_a, i=1; j=1}^{N_s, N_{v_\text{H}}, N_{v_\text{V}}, N_h, N_a, N'; N_u} \cdots \bigwedge (\gamma_{\text{S}_i}(s) \vee \gamma_{v_{\text{H}_i v\text{H}}} \\ &\vee \gamma_{v_{\text{V}i}}(v_\text{V}) \vee \gamma_{\text{H}_i}(h) \vee \gamma_{\text{A}_i}(a) \vee \gamma_{\text{U}_j}(z) \vee CF_i) \end{aligned}$$

$$\forall s\in S, \ \forall v_\text{H}\in V_\text{H}, \ \forall v_\text{V}\in V_\text{V}, \ \forall h\in H, \ \forall a\in A, \ \forall z\in U$$

式中 S_{is}、$V_{\text{H}_{i_{v_\text{H}}}}$、$V_{\text{V}_{i_{v_\text{V}}}}$，$H_{i_h}$、$A_{ia}$ 分别为定义在雷达反射截面积论域 S、巡航速度论域 V_H、垂直速度论域 V_V、飞行高度论域 H、加速度论域 A 上的直觉模糊子集；C_j 为定义在输出论域 U 上的直觉模糊子集 U_j；CF_i 为直觉模糊推理规则带有的可信度因子。

某一时刻的输入为 S'、V'_H、V'_V、H' 和 A'，由推理合成规则，得到输出 C' 为

$$C' = (S' \times V'_H \times V'_V \times H' \times A') \circ R \tag{6.4}$$

即

$$\mu_{C'}(z)=\bigvee_{\forall z\in U}(\mu_{S'}(s)\wedge\mu_{v_{H}'}(v_{H})\wedge\mu_{v_{V}'}(v_{V})\wedge\mu_{H'}(h)\wedge\mu_{A'}(a)\wedge\mu_{R}(s,v_{H},v_{V},h,a,z))$$

$$\gamma_{C'}(z)=\bigwedge_{\forall z\in U}(\gamma_{S'}(s)\vee\gamma_{v_{H}'}(v_{H})\vee\gamma_{v_{V}'}(v_{V})\vee\gamma_{H'}(h)\vee\gamma_{A'}(a)\vee\gamma_{R}(s,v_{H},v_{V},h,a,z))$$

$$\forall s\in S,\ \forall v_{H}\in V_{H},\ \forall v_{V}\in V_{V},\ \forall h\in H,\ \forall a\in A,\ \forall z\in U$$

注：以上算法使用的是 Mamdani 蕴涵算子 R_c。运用不同的算子，可得到不同的 μ_R 与 γ_R，所以计算结果的数值不唯一，而推理输出的结果基本是一致的。在 IFIS 中，R_c性能较好且便于计算[14]，因此选取 R_c进行推理计算。

6.3.4 解模糊算法

直觉模糊集的解模糊算法通常有最大真值法、重心法、加权平均法[13]等，本章采用重心法。直觉模糊重心法是取隶属度函数和非隶属度函数合成的真值函数曲线与横坐标围成面积的重心为直觉模糊推理的最终输出值，即

$$C_0=\frac{\int_U c\left[\mu_F(c)+\frac{1}{2}\pi_F(c)\right]\mathrm{d}c}{\int_U\left[\mu_F(c)+\frac{1}{2}\pi_F(c)\right]\mathrm{d}c}=\frac{\int_U c[1+\mu_F(c)+\gamma_F(c)]\mathrm{d}c}{\int_U[1+\mu_F(c)+\gamma_F(c)]\mathrm{d}c}\tag{6.5}$$

式中 U 为输出论域，F 为定义在输出论域 U 上的直觉模糊子集。

对于有 N_w个输出量化级数的离散论域，需将各级量化输出结果进行合成，即

$$w_0=\frac{\sum_{k=1}^{N_w}w\cdot\left[\mu_{W_k}(w)+\frac{1}{2}\pi_{W_k}(w)\right]}{\sum_{k=1}^{N_w}\left[\mu_{W_k}(w)+\frac{1}{2}\pi_{U_k}(w)\right]}=\frac{\sum_{k=1}^{N_w}w\cdot[1+\mu_{W_k}(w)+\gamma_{W_k}(w)]}{\sum_{k=1}^{N_w}[1+\mu_{W_k}(w)+\gamma_{U_k}(w)]}\tag{6.6}$$

重心法具有比较平滑的输出推理控制，即对应于输入信号的微小变化，其推理的最终输出一般也会发生一定的变化，且这种变化明显比较平滑。

6.3.5 仿真实例

如表 6.2 所示，选取 20 批典型目标的属性参数值对目标的识别过程主要有三步：

(1) 对目标属性测量值进行直觉模糊度量；

(2) 根据属性函数求取输入变量值；

(3) 提供输入向量，运用直觉模糊推理机进行求解。

表 6.2 目标属性测量值

目　标	S/m^2	V_H(m/s)	V_V(m/s)	H/m	$A(\mathrm{m/s}^2)$
x_1	0.48	1900	1800	28 000	420
x_2	0.72	1650	1250	12 000	300
x_3	0.31	360	0	60	0.3
x_4	0.53	410	20	11 000	0.6
x_5	0.45	440	9	21 000	0.1
x_6	0.28	310	14	17 000	0.5

续表

目 标	S/m^2	V_H(m/s)	V_V(m/s)	H/m	A(m/s^2)
x_7	0.37	510	18	14 500	0
x_8	0.51	470	12	10 000	0
x_9	0.70	460	8	17 500	0.2
x_{10}	0.77	2100	2000	30 000	470
x_{11}	0.73	1400	1550	8000	380
x_{12}	0.65	1500	1300	15 000	350
x_{13}	0.81	1450	1450	8500	320
x_{14}	0.60	300	0	95	0.1
x_{15}	0.63	350	0	110	0
x_{16}	0.35	340	0	75	0.2
x_{17}	0.69	320	4	13 000	0
x_{18}	0.59	530	6	14 000	0
x_{19}	0.50	430	10	22 000	0.4
x_{20}	0.49	410	9	19 000	0.3

例 6.1 以表 6.2 中的目标 x_1 为例，空中来袭目标反射截面积为“小”，反射截面积变量 $s=0.868$；巡航速度为 1900 m/s，为“超高速”，巡航速度变量 $v_H=0.475$；垂直速度为 1800 m/s，为“超高速”，垂直速度变量 $v_V=0.250$；飞行高度为 28 000 m，为“超高空”，飞行高度变量 $h=0.833$；加速度为 420 m/s^2，为“大”，加速度变量 $a=0.157$。故此，得到参数输入向量为

$$\boldsymbol{I}_1=[s \quad v_H \quad v_V \quad h \quad a]=[0.868 \quad 0.475 \quad 0.250 \quad 0.833 \quad 0.157]$$

将向量 $\boldsymbol{I}_1$ 作为 IFIS 推理机的输入，根据推理规则可知其为“战术弹道导弹 TBM”，由此求得隶属度 $u=0.504$。

例 6.2 以表 6.2 中的目标 x_6 为例，空中来袭目标反射截面积为“小”，反射截面积变量 $s=0.923$；巡航速度为 310 m/s，为“低速”，巡航速度变量 $v_H=0.810$；垂直速度为14 m/s，为“低速”，垂直速度变量 $v_V=0.067$；飞行高度为 17 000 m，为“高空”，飞行高度变量 $h=0.667$；加速度 0.5 m/s^2，为“小”，加速度变量 $a=0.998$。故此，得到参数输入向量为

$$\boldsymbol{I}_6=[s \quad v_H \quad v_V \quad h \quad a]=[0.923 \quad 0.810 \quad 0.067 \quad 0.667 \quad 0.998]$$

将向量 $\boldsymbol{I}_6$ 作为 IFIS 推理机的输入，根据推理规则可知其为“隐型飞机 SA”，由此求得隶属度 $u=0.620$。

例 6.3 以表 6.2 中的目标 x_{12} 为例，空中来袭目标反射截面积为“小”，反射截面积变量 $s=0.821$；巡航速度为 1500 m/s，为“高速”，巡航速度变量 $v_H=0.200$；垂直速度为 1300 m/s，为“超高速”，垂直速度变量 $v_V=0.459$；飞行高度为 15 000 m，为“中空”，飞行高度变量

h=0.625；加速度 350 m/s²，为“大”，加速度变量 a= 0.131。故此，得到参数输入向量为

$$I_{12}=[s \quad v_H \quad v_V \quad h \quad a]=[0.794 \quad 0.500 \quad 0.250 \quad 0.875 \quad 0.600]$$

将向量 $\boldsymbol{I}_{12}$ 作为 IFIS 推理机的输入，根据推理规则可知其为“空地导弹 AGM”，由此求得隶属度 u=0.578。

例 6.4 以表 6.2 中的目标 x_{15} 为例，空中来袭目标反射截面积为“小”，反射截面积变量 s=0.827；巡航速度为 350 m/s，为“低速”，巡航速度变量 v_H=0.850；垂直速度为0 m/s，为“低速”，垂直速度变量 v_V=0.000；飞行高度为 110 m，为“超低空”，飞行高度变量 h=0.046；加速度为 0 m/s²，为“小”，加速度变量 a=1.000。故此，得到参数输入向量为

$$\boldsymbol{I}_{15}=[s \quad v_H \quad v_V \quad h \quad a]=[0.827 \quad 0.850 \quad 0.000 \quad 0.046 \quad 1.000]$$

将向量 $\boldsymbol{I}_{15}$ 作为 IFIS 推理机的输入，根据推理规则可知其为“巡航导弹 CM”，由此求得隶属度 u=0.554。

依此方法步骤，可将表 6.2 中所列目标进行处理，目标类型识别处理结果如表 6.3 所示。

表 6.3 目标属性输入值与 TR 推理结果

x_i	s	v_H	v_V	h	a	u	U	CF
x_1	0.868	0.475	0.250	0.833	0.157	0.504	U_1(TBM)	1.0
x_2	0.802	0.250	0.479	0.589	0.112	0.556	U_2(AGM)	1.0
x_3	0.915	0.860	0.000	0.025	0.999	0.491	U_3(CM)	1.0
x_4	0.854	0.510	0.095	0.576	0.998	0.566	U_4(SA)	1.0
x_5	0.876	0.540	0.043	0.750	0.999	0.611	U_4(SA)	1.0
x_6	0.923	0.810	0.067	0.667	0.998	0.620	U_4(SA)	1.0
x_7	0.898	0.610	0.086	0.619	1.000	0.541	U_4(SA)	1.0
x_8	0.860	0.570	0.057	0.564	1.000	0.578	U_4(SA)	1.0
x_9	0.807	0.560	0.038	0.677	0.999	0.509	U_4(SA)	1.0
x_{10}	0.788	0.525	0.167	1.000	0.176	0.579	U_1(TBM)	0.9
x_{11}	0.799	0.167	0.354	0.540	0.142	0.615	U_2(AGM)	0.9
x_{12}	0.821	0.200	0.459	0.625	0.131	0.578	U_2(AGM)	0.9
x_{13}	0.777	0.183	0.396	0.546	0.120	0.474	U_2(AGM)	0.9
x_{14}	0.835	0.800	0.000	0.040	0.999	0.533	U_3(CM)	0.9
x_{15}	0.827	0.850	0.000	0.046	1.000	0.554	U_3(CM)	0.9
x_{16}	0.904	0.840	0.000	0.031	0.999	0.412	U_3(CM)	0.9
x_{17}	0.810	0.820	0.019	0.601	1.000	0.478	U_4(SA)	0.9
x_{18}	0.838	0.630	0.029	0.613	1.000	0.489	U_4(SA)	0.9
x_{19}	0.862	0.530	0.048	0.771	0.998	0.649	U_4(SA)	0.9
x_{20}	0.865	0.510	0.043	0.708	0.999	0.582	U_4(SA)	0.9

6.3.6 讨论

由仿真结果可知，目标 x_1 的 S 很小，V_H 为超高速，V_V 也为超高速，H 为超高空，A 较大，通过仿真得到 x_1 目标类型是 TBM，且可信度为 1；目标 x_6 的 S 很小，V_H 为低速，V_V 也为低速，H 为高空，A 很小，推理仿真 x_6 目标类型是 SA，且可信度为 1；目标 x_{12} 的 S 很小，V_H 为高速，V_V 为超高速，H 为中空，A 较大，通过仿真 x_{12} 目标类型是 AGM，且可信度为 0.9；目标 x_{15} 的 S 很小，V_H 为低速，V_V 几乎为 0，H 为超低空，A 也几乎为 0，通过仿真 x_{15} 目标类型是 CM，且可信度为 0.9。目标 x_1、x_6、x_{12}、x_{15} 仿真识别类型均与理论分析一致，规则符合度高达 100%，可信度也较高，表明直觉模糊推理具有较强的处理不确定性信息的能力。目标识别的直觉模糊推理方法能较好地识别以上四种典型目标类型，具有较强的适用性，且能给出有效的目标类型识别输出值，基本上能够为防空火力的部署、分配及有效打击提供快速、准确的决策基础信息，因而该方法可推广到其他普通目标类型的识别中。

6.4 基于自适应直觉模糊推理的目标识别方法

在 C^4ISR（指挥、控制、通信、计算机、情报、监视及侦察，Command，Control，Communication，Computer，Intelligence，Surveillance and Reconnaissance）系统中，由于目标的机动性和武器杀伤力的日益增强，防空方要求尽早地探测和识别目标，从而获得尽量长的预警时间。在现代防空作战中，作战双方往往均会采用多种电子对抗技术干扰对方传感器的正常工作，使得战场环境更加恶劣和复杂化。这种复杂化的具体表现为：所获得特征数据不完整、不精确、不可靠；特征数据及其结构迅速变化、数据量不断增加；无法定义“正常”状态下识别问题的求解条件；敌方的干扰、欺骗所造成的迷惑及破坏。此外，多种目标特征控制技术的进一步发展使得目标的可观测性越来越低，从而导致对目标识别系统的处理速度、预测能力及信息融合处理能力的要求越来越高。而数据融合技术具有自适应性和鲁棒性，不仅能适应环境的动态变化，而且可以减少不确定性因素所产生的不良影响，因而需要发展具有自学习、自适应性能的数据融合技术，并将其应用于空天目标识别系统。数据融合的最大优势是在功能上模拟了人脑综合处理问题的能力，而人脑是最强大的融合系统，它能够将各种途径所获得的信息有效快速地进行融合处理，具有很强的自学习和自适应能力。

人工神经网络（Artificial Neural Network，ANN）是在对人脑组织结构和运行机制的认识理解基础之上模拟其结构和智能行为的一种工程系统，它在信息处理和智能科学中有极其重要的地位，而在信息处理中最典型、最有前景的研究方向亦是目标识别。因为神经网络具有大规模并行、分布式存储和处理、自组织、自适应和自学习的能力，特别适用于处理需要同时考虑许多因素和条件的、不精确和模糊的信息处理问题。因此，汲取神经网络的理论优势，将直觉模糊推理系统进行优化改进是势在必行的。

6.4.1 自适应神经网络——直觉模糊推理系统

自适应直觉模糊推理系统（ANIFIS）将带有模糊性的有关专业人员或专家经验、知识组成的模型作为规则引入到系统，将控制理论与人工智能技术有机结合，运用直觉模糊集理论来描述过程变量和控制作用的模糊概念及其关系，又根据这种直觉模糊关系运用直觉模糊逻辑进行推理决策。可见，ANIFIS是以人的经验作为知识模型，以直觉模糊集合、直觉模糊语言变量及直觉模糊逻辑作为控制算法的数学工具，用计算机来实现的一种智能推理方法。

直觉模糊逻辑和神经网络均具有各自的优缺点。神经网络的优势表现为两点：一是具有自学习、自适应能力；二是具有并行处理及较强的容错处理能力。但神经网络在对知识的表达描述和对规则的解释合成方面存在着明显的不足。直觉模糊逻辑最突出的两个优点为：一是知识表达能力极强，能够有效客观地处理不确定性信息，且极易利用专家经验；二是可容易实现知识的模糊推理。但直觉模糊逻辑的学习能力很差，在知识获取方面的能力也很弱。因而将神经网络的自学习、自适应性能与直觉模糊逻辑的不确定推理能力有机融合起来，构成一个具有人类感知功能的自适应系统。

因此，神经网络通过向直觉模糊逻辑训练、学习特征数据，精确修正、高度概括出输入输出推理规则，可避免规则的数量随输入状态增多呈快速增长的组合爆炸问题，为推理规则的自动获取和调节提供了有效途径。利用神经网络的自学习、自适应能力来调整和优化直觉模糊逻辑的隶属函数和非隶属函数，利用直觉模糊逻辑进行不确定性信息的知识表示和推理，进而建立一个基于ANIFIS的"高木-关野(Takagi－Sugeno)"型目标识别推理机控制模型。

需要指出的是，ANIFIS可表示为一个模糊多层前馈网络系统[15]。它不但在输入/输出端口与具体系统等效，而且网络内部与系统的直觉模糊化、直觉模糊推理、解模糊相对应，直觉模糊系统的模糊规则及隶属度函数与非隶属度函数参数的修改，在直觉模糊多层前馈网络中转变为局部节点或权值的确定和调整，且学习速度较快。由于直觉模糊系统能够逼近任意集合上的连续函数，且逼近精度随论域上直觉模糊子集细化程度的提高而改进，因而可通过对应直觉模糊多层前馈网络中实现隶属度函数与非隶属度函数模拟功能的节点个数来实现所需的逼近精度。

6.4.2 模型结构

针对空天目标识别，通过互补性有机结合神经网络与直觉模糊逻辑的各自优势，建立一个基于ANIFIS的"高木-关野(Takagi－Sugeno)"型目标识别推理机控制模型[16]，网络结构如图6.6所示。

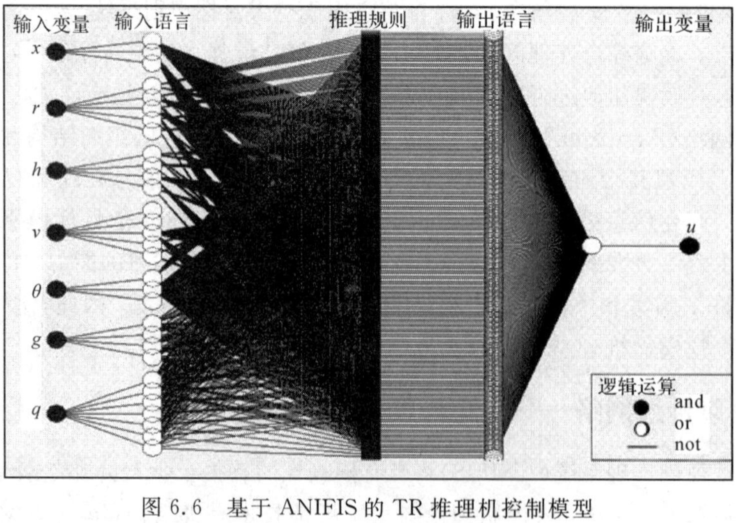

图6.6 基于ANIFIS的TR推理机控制模型

在基于 ANIFIS 的目标识别控制模型中，空中目标特征仍描述为雷达反射截面积(S)、巡航速度(V)、垂直速度(Q)、飞行高度(H)、加速度(A)。

该模型是一个改进的前馈直觉模糊—神经网络，共有 5 层，分别为输入变量层、输入语言层、推理规则层、输出语言层、输出变量层，且每层均具有明确的物理意义。它是一个多输入、单输出系统，有 5 个输入变量，一个输出变量，其规则形式为

$$L^l\text{: IF}\quad s\ \text{is}\ S_{is}\ \text{and}\ v\ \text{is}\ V_{iv}\ \text{and}\ q\ \text{is}\ Q_{iq}$$
$$\text{and}\ h\ \text{is}\ H_{ih}\ \text{and}\ a\ \text{is}\ A_{ia}$$
$$\text{THEN}\quad z^l = c_0{}^l + c_1{}^l s + c_2{}^l v + c_3{}^l q + c_4{}^l h + c_5{}^l a$$
$$i_s = 1,2,\cdots,N_s,\ i_v = 1,2,\cdots,N_v,\ i_q = 1,2,\cdots,N_q,\ i_h = 1,2,\cdots,N_h,$$
$$i_a = 1,2,\cdots,N_a,\ j = 1,2,\cdots,N_u,\ i = 1,2,\cdots,N'$$

其中 s、v、q、h、a 是基于直觉模糊测度的输入语言变量，表述空中目标的属性特征，分别在雷达反射截面积、巡航速度、垂直速度、飞行高度及加速度等论域取值；S_{is}、V_{iv}、Q_{iq}、H_{ih}、A_{ia} 是前提部分语言项，分别为$\langle s, \mu_{Si}, \gamma_{Si}\rangle$，$s\in S$；$\langle v, \mu_{Vi}, \gamma_{Vi}\rangle$，$v\in V$；$\langle q, \mu_{Qi}, \gamma_{Qi}\rangle$，$q\in Q$；$\langle h, \mu_{Hi}, \gamma_{Hi}\rangle$，$h\in H$；$\langle a, \mu_{Ai}, \gamma_{Ai}\rangle$，$a\in A$；$c_k^l$为真值参数；$z^l$为系统根据规则 L^l所得到的输出；$l=1, 2, \cdots, M$，M 为规则条数。

也就是说，在 T-S 规则中，其前件部分(IF)是模糊的，而后件部分(THEN)是确定的，即输出为各输入变量的线性组合。

目标特征属性函数，即隶属度函数和非隶属度函数通常为高斯型函数或三角型函数，本章选择高斯型函数，则各层处理过程如下：

第一层：输入层。其中每一个神经元表示一个变量，分别记为 x_1，x_2，…，x_n。该神经元将输入变量直接传递给第二层网络。

第二层：直觉模糊化层。其中每个节点表示一个语言变量值，对每一个输入变量进行直觉模糊化处理，而每个神经元的输出是相应的隶属度函数与非隶属度函数的合成真值。设 n 为输入节点的总数，且每个输入变量 x_i 有 m 个隶属度函数与非隶属度函数，那么

$$\mu_{ij} = \exp\left(-\frac{(x_i - c_{ij})^2}{2\sigma_{ij}^2}\right),\quad i=1,2,\cdots,n,\ j=1,2,\cdots,m \tag{6.7}$$

为简单起见，令 $\pi_A(x)=0$，则

$$\gamma_{ij} = 1-\exp\left(-\frac{(x_i - c_{ij})^2}{2\sigma_{ij}^2}\right),\quad i=1,2,\cdots,n,\ j=1,2,\cdots,m \tag{6.8}$$

第三层：推理规则层。其中每个节点分别表示一个直觉模糊推理规则的 IF-部分。因此，该层节点数直接反映了直觉模糊推理过程中的规则数。若用于计算每个规则的 T-范数算子为乘法，那么第 j 个规则的输出为

$$\phi_j(x_1, x_2, \cdots, x_n) = \exp\left[-\sum_{i=1}^{n}\frac{(x_i - c_{ij})^2}{2\sigma_{ij}^2}\right],\quad j=1,2,\cdots,m \tag{6.9}$$

第四层：标准化层。它本质上是归一化计算，将上述输出按式(6.10)进行标准化计算

$$\varphi_j = \frac{\phi_j}{\sum_{i=1}^{m}\phi_i},\quad j=1,2,\cdots,m \tag{6.10}$$

第五层：输出层，表示目标识别系统的输出变量 z。本层采用偏移矩阵 $\boldsymbol{B}=$

$[1, x_1, x_2, \cdots, x_n]^{\mathrm{T}}$ 和矩阵 $\mathbf{A}=[a_{j0}, a_{j1}, a_{j2}, \cdots, a_{jn}]$作为权系数向量 $\boldsymbol{W}=w_j$ 来对标准化层的相应的输出进行调节，即

$$w_j = A_j \times B = a_{j0} + a_{j1}x_1 + \cdots + a_{jn}x_n, \quad j = 1, 2, \cdots, m \tag{6.11}$$

因而本层每个神经元的输出为

$$y(X) = \sum_{j=1}^{m} w_j \cdot \varphi_j \tag{6.12}$$

6.4.3 网络学习算法

定义 6.1(系统误差标准[17]) 设第 n 个输入/输出向量对是(X_n, t_n)，其中 X_n是输入向量，t_n是对应的期望输出向量。当前网络结构的输出是 y_n，定义系统误差为

$$\|e_n\| = \|t_n - y_n\| \tag{6.13}$$

如果$\|e_n\|>\delta$(其中 δ 为预先定义的一个阈值)，则应该考虑增加一条新的模糊规则。

定义 6.2(直觉模糊推理规则的 ε-完备性[17]) 对某个变化范围内的输入，如果至少存在一条直觉模糊推理规则，且使其匹配度的值不小于 ε，我们称这样的直觉模糊系统具备 ε-完备性。

定义 6.3(马氏距离[17]) 设 $\boldsymbol{X}=(x_1, x_2, \cdots, x_n)^{\mathrm{T}}$，$\boldsymbol{C}_j=(c_{1j}, c_{2j}, \cdots, c_{nj})^{\mathrm{T}}$，同时 Σ_j^{-1} 是

$$\Sigma_j^{-1} = \begin{pmatrix} \dfrac{1}{\sigma_{1j}^2} & 0 & \cdots & 0 \\ 0 & \dfrac{1}{\sigma_{2j}^2} & 0 & 0 \\ 0 & 0 & \ddots & 0 \\ 0 & \cdots & 0 & \dfrac{1}{\sigma_{nj}^2} \end{pmatrix}, \quad j = 1, 2, \cdots, m$$

则马氏距离为

$$\mathrm{md}(j) = \sqrt{(X - C_j)^{T}\Sigma_j^{-1}(X - C_j)} \tag{6.14}$$

根据 ε-完备性，当一个观测数据(X_n, t_n)进入系统，根据定义 6.3 可以计算马氏距离 $\mathrm{md}_n(j)$，从而得到 $J=\arg\min\limits_{1\leqslant j\leqslant m}[\mathrm{md}_n(j)]$。若 $\mathrm{md}_n(J)>\gamma$(其中 γ 是一个预先设定且与 ε 相关联的阈值)，则表明现有系统不满足 ε-完备性，应考虑产生一条新规则。

当输入第一个训练输入向量对(X_1, t_1)到网络时，则第一个神经元的定义为 $C_1=X_1$，$\sigma_1=\sigma_0$，其中 σ_0 为预先设定的一个参数。设$[a, b]$为输入 x 的论域，k_d 为一个预先定义的常数，若$|c_1-a|\geqslant k_d$，取 $\sigma_0=|c_1-a|/0.8$；若$|c_1-a|<k_d$，取 $\sigma_0=|a-b|/0.8$。

上述的调节过程总结如下：

(1) 当 $\|e_n\|\leqslant\delta$，$\mathrm{md}_n(J)\leqslant\gamma$ 时，可完全容纳训练数据(X_n, t_n)，只需更新结果参数。

(2) 当 $\|e_n\|\leqslant\delta$，$\mathrm{md}_n(J)>\gamma$ 时，表示此时网络具有较好的泛化能力，只需调整结果参数。

(3) 当 $\|e_n\|>\delta$，$\mathrm{md}_n(J)\leqslant\gamma$ 时，表明此时网络泛化能力并不好，性能也较差。在这种情况下，需扩大隶属函数的宽度以便能对当前的输入向量进行分类。比如对于样本 $\boldsymbol{X}_n$，先找到离该样本马氏距离最近的第 j 个规则，再把向量 $\boldsymbol{X}_n$分解为一维输入向量，则离输入变

量 $x_i(i=1, 2, \cdots, n)$的马氏距离最近的隶属度函数的宽度 $\sigma_{ij}(j=1, 2, \cdots, m)$可修正为 $\sigma_{ij}^{new}=\zeta\times\sigma_{ij}^{old}$。为了使相应的宽度缓慢增长以满足对输入向量达到分类的要求，其中 ζ 为预先设定的一个大于 1 的常数。

(4) $\|e_n\|>\delta$，$\mathrm{md}_n(J)>\gamma$ 时，则产生一条崭新的规则。新规则的初始参数按如下方式设定：假如此时网络加入的为第 k 个神经单元，计算除了新加入的神经元之外的所有神经元的最小距离向量：$d_k=\min(|X_i-C_j|)$。设 k_d 是一个常数，若 $d_k\leqslant k_d$，则不用产生新的隶属度函数；若 $d_k>k_d$，则 $c_k=x_k$，$\sigma_k=\max\{|c_k-c_{k-1}|, |c_k-c_{k+1}|\}/\sqrt{\ln(1/\varepsilon)}$，其中 c_{k-1}和 c_{k+1}是第 k 个隶属函数最为邻近的两个隶属度函数的中心。

总之，一个直觉模糊推理规则建立后，虽然起初是活跃的，但如若逐渐对系统没有贡献了就应将其剔除。本章采用误差下降法作为调整方法，文献[17]已对其进行详细叙述，这里不再赘述。

EKF(拓展型卡尔曼滤波)是一种基于梯度的在线学习算法，它可用来调节网络的所有参数，其本质是一种非线性的更新算法。因此用卡尔曼滤波(KF)方法调整结果参数，用 EKF 方法更新预设参数的中心、宽度。

1) 结果参数确定

设 n 个样本通过多次训练产生 m 个直觉模糊推理规则，按式(6.13)计算可得到随机输入 x_j、系统输出 y_j，则 ANIFIS 的表达式为$\boldsymbol{Y}=\boldsymbol{W}\times\boldsymbol{\Gamma}$，其中，$\boldsymbol{W}$ 是权系数向量，$\boldsymbol{\Gamma}$ 是直觉模糊化层的输出向量，$\boldsymbol{Y}$ 是 ANIFIS 的输出。假定输出的期望 $T=(t_1, t_2, \cdots, t_n)$，而结果参数 $\boldsymbol{W}$ 为线性参数，用 KF 方法可进行调节，结果如下

$$\begin{cases}\boldsymbol{W}(i)=\boldsymbol{W}(i+1)+\boldsymbol{S}(i)\boldsymbol{\Gamma}(i)^{\mathrm{T}}[t(i)-\boldsymbol{y}(i)]\\ \boldsymbol{S}(i)=\boldsymbol{S}(i-1)-[\boldsymbol{S}(i-1)\boldsymbol{\Gamma}(i)^{\mathrm{T}}\boldsymbol{\Gamma}(i)\boldsymbol{S}(i-1)]\\ \qquad\times[\boldsymbol{I}+\boldsymbol{\Gamma}(i)\boldsymbol{S}(i-1)\boldsymbol{\Gamma}(i)^{\mathrm{T}}]-1,\quad i=1, 2, \cdots, n\end{cases}\tag{6.15}$$

其中初始条件为 $\boldsymbol{W}_0=0$，$\boldsymbol{S}_0=v_I$；$\boldsymbol{S}(i)$为第 i 个训练数据的误差协方差矩阵；$\boldsymbol{\Gamma}(i)$为 $\boldsymbol{\Gamma}$ 的第 i 列；$\boldsymbol{W}(i)$为经过第 i 次迭代后的系数矩阵；v 为一个足够大的正数；$\boldsymbol{I}$ 为单位矩阵。

2) 高斯宽度确定

高斯宽度的更新是一种非线性的计算，可用 EKF 做如下优化

$$\begin{cases}\boldsymbol{K}_\sigma(i)=[\boldsymbol{S}_\sigma(i-1)\boldsymbol{H}_\sigma(i)]\times[\boldsymbol{I}+\boldsymbol{H}_\sigma^{\mathrm{T}}(i)\boldsymbol{S}_\sigma(i-1)\boldsymbol{H}_\sigma(i)]^{-1}\\ \boldsymbol{S}_\sigma(i)=\boldsymbol{S}_\sigma(i-1)-\boldsymbol{K}_\sigma(i)\boldsymbol{H}_\sigma^{\mathrm{T}}(i)\boldsymbol{S}_\sigma(i-1)\\ \boldsymbol{\sigma}(i)=\boldsymbol{\sigma}(i-1)+\boldsymbol{K}_\sigma(i)[t(i)-\boldsymbol{y}(i)]\end{cases},i=1, 2, \cdots, n\tag{6.16}$$

其中初始条件为 $\boldsymbol{\sigma}_0>0$，$\boldsymbol{S}_0=\rho_I$；$\boldsymbol{K}_\sigma(i)$为第 i 次训练的增益矩阵；$\boldsymbol{S}_\sigma(i)$为第 i 个训练数据的误差协方差矩阵；$\boldsymbol{\sigma}(i)$表示经过第 i 次迭代后的高斯宽度向量；$\boldsymbol{H}_\sigma(i)$为第 i 次训练的宽度梯度向量，可表示为

$$\boldsymbol{H}_\sigma(i)=\left.\frac{\partial\boldsymbol{y}^{\mathrm{T}}}{\partial\boldsymbol{\sigma}_{ij}}\right|_{\sigma=\sigma(i-1)}=\boldsymbol{\sigma}_{ij}^{-3}(x_i-c_{ij})^2\varphi_j\sum\nolimits_k(w_j-w_k)\varphi_k\tag{6.17}$$

3) 中心参数确定

中心参数确定也是一种非线性计算，也可用 EKF 进行优化更新，但直接使用 EKF 方法可能会使更新后的中心参数在[0, 1]范围之外。针对这个缺陷，引入函数 $c_{ij}=$

$(1+\mathrm{th}(\alpha_{ij}))/2$[18]，其中 α_{ij} 取任何实数，c_{ij} 的值均能在[0，1]范围内。因此可把优化中心参数 c_{ij} 问题转化为优化参数 α_{ij} 问题。参数 α_{ij} 可由式(6.18)、(6.19)确定。

$$\begin{cases}\boldsymbol{K}_\sigma(i)=[\boldsymbol{S}_\sigma(i-1)\boldsymbol{H}_\sigma(i)]\times(\boldsymbol{I}+\boldsymbol{H}_\sigma^{\mathrm{T}}(i)\boldsymbol{S}_\sigma[(i-1)\boldsymbol{H}_\sigma(i)]^{-1}\\ \boldsymbol{S}_\sigma(i)=\boldsymbol{S}_\sigma(i-1)-\boldsymbol{K}_\sigma(i)\boldsymbol{H}_\sigma^{\mathrm{T}}(i)\boldsymbol{S}_\sigma(i-1)\\ \boldsymbol{\sigma}(i)=\boldsymbol{\sigma}(i-1)+\boldsymbol{K}_\sigma(i)[(t(i)-\boldsymbol{y}(i)]\end{cases}\quad i=1,2,\cdots,n \tag{6.18}$$

其中

$$\boldsymbol{H}_\alpha(i)=\left.\frac{\partial \boldsymbol{y}^{\mathrm{T}}}{\partial \alpha_{ij}}\right|_{\sigma=\sigma(i-1)}=\frac{2}{\sigma_{ij}^2}c_{ij}(1-c_{ij})(x_i-c_{ij})\varphi_j\sum\nolimits_k(w_j-w_k)\varphi_k \tag{6.19}$$

6.4.4 仿真实例

基于直觉模糊推理的目标识别方法是一种有效的方法，但规则数量会随输入状态变量的增多呈快速增长导致“组合爆炸”问题，而 ANIFIS 推理模型解决了此问题。以下通过仿真实例比较分析两种方法。

选取 20 批典型目标属性参数值如表 6.2 所示。对目标类型识别过程主要有 3 步：① 对目标属性参数值进行直觉模糊度量；② 根据属性函数求取输入变量值；③ 提供输入向量，运用 ANIFIS 进行求解。

例 6.5 以表 6.2 中的目标 x_{10} 为例，空中来袭目标反射截面积为“小”，反射截面积变量 $s=0.788$；巡航速度为 2100 m/s，为“超高速”，巡航速度变量 $v_{\mathrm{H}}=0.525$；垂直速度为 2000 m/s，为“超高速”，垂直速度变量 $v_{\mathrm{V}}=0.167$；飞行高度为 30 000 m，为“超高空”，飞行高度变量 $h=1.000$；加速度 470 m/s^2，为“大”，加速度变量 $a=0.176$。故此，得到参数输入向量为

$$\boldsymbol{I}_{10}=[s\quad v_{\mathrm{H}}\quad v_{\mathrm{V}}\quad h\quad a]=[0.788\quad 0.525\quad 0.167\quad 1.000\quad 0.176]$$

将向量 $\boldsymbol{I}_{10}$ 输入 ANIFIS 推理机，根据推理规则可知目标类型为“战术弹道导弹 TBM”，由此求得隶属度 $u=0.686$。

例 6.6 以表 6.2 中的目标 x_{11} 为例，空中来袭目标反射截面积为“小”，反射截面积变量 $s=0.799$；巡航速度为 1400 m/s，为“高速”，巡航速度变量 $v_{\mathrm{H}}=0.167$；垂直速度为 1550 m/s，为“超高速”，垂直速度变量 $v_{\mathrm{V}}=0.354$；飞行高度为 8000 m，为“中空”，飞行高度变量 $h=0.540$；加速度为 380 m/s^2，为“大”，加速度变量 $a=0.142$。故此，得到参数输入向量为

$$\boldsymbol{I}_{11}=[s\quad v_{\mathrm{H}}\quad v_{\mathrm{V}}\quad h\quad a]=[0.799\quad 0.167\quad 0.354\quad 0.540\quad 0.142]$$

将向量 $\boldsymbol{I}_{11}$ 输入 ANIFIS 推理机，根据推理规则可知其为“空地导弹 AGM”，由此求得隶属度 $u=0.708$。

例 6.7 以表 6.2 中的目标 x_{14} 为例，空中来袭目标反射截面积为“小”，反射截面积变量 $s=0.835$；巡航速度为 300 m/s，为“低速”，巡航速度变量 $v_{\mathrm{H}}=0.800$；垂直速度为 0，垂直速度变量 $v_{\mathrm{V}}=0.000$；飞行高度为 95 m，为“超低空”，飞行高度变量 $h=0.040$；加速度 0.1 m/s^2，为“小”，加速度变量 $a=0.999$。故此得到参数输入向量为

$$\boldsymbol{I}_{14}=[s\quad v_{\mathrm{H}}\quad v_{\mathrm{V}}\quad h\quad a]=[0.835\quad 0.800\quad 0.000\quad 0.040\quad 0.999]$$

将向量 $\boldsymbol{I}_{14}$ 输入 ANIFIS 推理机，根据推理规则可知目标类型为“巡航导弹 CM”，由此求得隶属度 $u=0.673$。

例 6.8　以表 6.2 中的目标 x_{19} 为例，空中来袭目标反射截面积为“小”，反射截面积变量 $s=0.862$；巡航速度为 430 m/s，为“中速”，巡航速度变量 $v_H=0.530$；垂直速度为 10 m/s，为“低速”，垂直速度变量 $v_V=0.048$；飞行高度为 22 000 m，为“超高空”，飞行高度变量 $h=0.771$；加速度为 0.4 m/s^2，为“小”，加速度变量 $a=0.998$。故此，得到参数输入向量为

$$\boldsymbol{I}_{19}=[s\quad v_H\quad v_V\quad h\quad a]=[0.862\quad 0.530\quad 0.048\quad 0.771\quad 0.998]$$

将向量 $\boldsymbol{I}_{19}$ 作为 ANIFIS 推理机的输入，根据推理规则可知目标类型为“隐型飞机 SA”，由此求得隶属度 $u=0.801$。

仿此方法步骤，可将表 6.2 中所列目标属性测量值进行处理，目标类型识别处理结果如表 6.4 所示。

表 6.4　IFIS 与 ANIFIS 的目标识别推理结果

x_i	s	v_H	v_V	h	a	u(IFR)	u(ANIFIS)	U	CF
x_1	0.868	0.475	0.250	0.833	0.157	0.504	0.520	U_1(TBM)	1.0
x_2	0.802	0.250	0.479	0.589	0.112	0.556	0.555	U_2(AGM)	1.0
x_3	0.915	0.860	0.000	0.025	0.999	0.491	0.660	U_3(CM)	1.0
x_4	0.854	0.510	0.095	0.576	0.998	0.566	0.590	U_4(SA)	1.0
x_5	0.876	0.540	0.043	0.750	0.999	0.611	0.641	U_4(SA)	1.0
x_6	0.923	0.810	0.067	0.667	0.998	0.620	0.745	U_4(SA)	1.0
x_7	0.898	0.610	0.086	0.619	1.000	0.541	0.621	U_4(SA)	1.0
x_8	0.860	0.570	0.057	0.564	1.000	0.578	0.560	U_4(SA)	1.0
x_9	0.807	0.560	0.038	0.677	0.999	0.509	0.586	U_4(SA)	1.0
x_{10}	0.788	0.525	0.167	1.000	0.176	0.579	0.686	U_1(TBM)	0.9
x_{11}	0.799	0.167	0.354	0.540	0.142	0.615	0.708	U_2(AGM)	0.9
x_{12}	0.821	0.200	0.459	0.625	0.131	0.578	0.671	U_2(AGM)	0.9
x_{13}	0.777	0.183	0.396	0.546	0.120	0.474	0.490	U_2(AGM)	0.9
x_{14}	0.835	0.800	0.000	0.040	0.999	0.533	0.673	U_3(CM)	0.9
x_{15}	0.827	0.850	0.000	0.046	1.000	0.554	0.703	U_3(CM)	0.9
x_{16}	0.904	0.840	0.000	0.031	0.999	0.412	0.612	U_3(CM)	0.9
x_{17}	0.810	0.820	0.019	0.601	1.000	0.478	0.481	U_4(SA)	0.9
x_{18}	0.838	0.630	0.029	0.613	1.000	0.489	0.622	U_4(SA)	0.9
x_{19}	0.862	0.530	0.048	0.771	0.998	0.649	0.801	U_4(SA)	0.9
x_{20}	0.865	0.510	0.043	0.708	0.999	0.582	0.600	U_4(SA)	0.9

6.4.5 结果对比分析

运用基于IFIS的目标识别方法和基于ANIFIS的目标识别方法分别对20批典型目标的类型识别输出结果的对比曲线如图6.7所示。

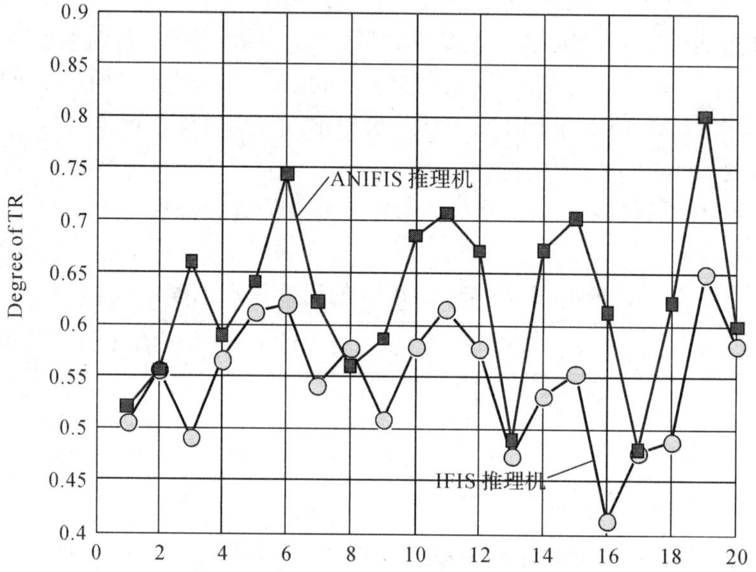

图6.7 IFIS与ANIFIS的目标识别结果对比曲线图

由仿真数据易得，两种方法皆是有效的，均能给出有效的目标类型识别输出值，基本上能够为防空火力的部署、分配及有效打击提供快速、准确的决策基础信息。前者逻辑清晰，计算量小，但进度较低；后者精度高，但计算量大。究其原因，直觉模糊推理采用“∨－∧”运算，属于主因素决定法，会忽略或丢失一些次要因素，从而影响了结果的精确程度。一般说来，考虑因素越多，直觉模糊子集划分越细，规则也就越全面，但这使组合的规则数成平方增长，导致系统的计算量猛增，从而产生“组合爆炸”问题，而ANIFIS模型则可以通过自适应学习加以解决。

从图6.7所示结果还可看出，由ANIFIS的目标识别方法所得到的输出结果更加合理、可信，精度更高。例如，对于上述目标x_1(0.520)，隶属于TBM的函数值为0.520，可信度为1；x_3(0.660)，隶属于CM的函数值为0.660，可信度为1；x_6(0.745)，隶属于SA的函数值为0.745，可信度为1；x_{10}(0.686)，隶属于TBM的函数值为0.686，可信度为0.9；x_{11}(0.708)，隶属于AGM的函数值为0.708，可信度为0.9；x_{12}(0.671)，隶属于AGM的函数值为0.671，可信度为0.9；x_{15}(0.703)，隶属于CM的函数值为0.703，可信度为0.9；x_{19}(0.801)，隶属于SA的函数值为0.801，可信度为0.9。上述目标仿真识别类型均与实际、理论分析一致，规则符合度高达100%，可信度也较高。

以上仿真结果表明，基于ANIFIS的目标识别方法在设计过程中无需根据系统变量的特性预先确定模型结构，可在模型结构确定之后通过学习训练调节网络参数，且计算简单，精度高，收敛速度快，具有良好的性能。

本章小结

本章对直觉模糊推理及其自适应的目标识别方法问题进行分析研究，分别提出了基于直觉模糊推理目标识别方法和基于自适应直觉模糊推理目标识别方法，具体内容有：

(1) 建立了 IFIS 模型，提出一种基于 IFIS 的目标识别方法。设计了输入状态变量属性函数、推理规则、推理算法及解模糊算法，通过典型目标仿真实例验证了该方法的有效性。此外，该方法推理规则明确，思路清晰，并具有较高的可信度。因此，该方法是一种有效的目标识别方法，有一定的应用价值和较强的适用性，为空天目标识别提供了一次有效的尝试。

(2) 为解决 IFIS 模型易于产生“组合爆炸”的问题，提出一种基于 T-S 型 ANIFIS 的目标识别方法。该方法设计了特征变量属性函数和系统推理规则，确定了各层之间的输入输出计算关系，设计了网络学习算法，修正了规则，可得到较平滑的输出映射曲面图。对典型目标的仿真实验结果表明，该方法识别精度高，训练速度快，既具有神经网络的学习能力、优化能力、连接结构等优点，又具有自适应、易于置入仿人规则和专家知识等优点，并解决了 IFIS 方法的“组合爆炸”问题，有较好的应用前景和较强的适用性。

本章所提出的两种目标识别方法均取得了比以往经典不确定性理论方法更好的识别效果，表明了这两种方法在信息融合领域有着潜在的应用前景。此外，汲取神经网络与直觉模糊逻辑推理各自的优点，两种技术手段的相互融合展现出了较强的生命力，不仅推广了直觉模糊逻辑推理，而且为模式识别领域提供了一种尝试性的研究方法和应用途径。

参考文献

[1] 于昕，韩崇昭，潘泉，等. 一种基于 D-S 推理的异源信息目标识别方法[J]. 系统工程与电子技术，2007，29(5)：788-790.

[2] 邓鹏华，比义明，刘卫东，等. 改进的证据理论在目标识别中的应用[J]. 系统工程与电子技术，2008，30(7)：1295-1297.

[3] 张盛刚，李巍华，丁康. 基于证据可信度的证据合成新方法[J]. 系统工程与电子技术，2009，26(7)：812-814.

[4] 陈海洋，高晓光，樊昊. 变结构 DDBNs 的推理算法与多目标识别[J]. 航空学报，2010，31(11)：2222-2227.

[5] 万树平. 基于熵权的多传感器目标识别方法[J]. 系统工程与电子技术，2009，31(3)：501-510.

[6] Yuan C，Niemann H. Neural networks for appearance-based 3-D object recognition[J]. Elsevier Neurocomputing，2003，51(3)：249-264.

[7] 吴川. 基于神经网络的目标识别及定位方法的研究[D]. 北京：中国科学院研究生院，2005.

[8] 刘准钆，程咏梅，潘泉，等. 证据冲突下自适应融合目标识别算法[J]. 航空学报，2010，31(7)：1426-1432.

[9] 曹治国，邹飞勇，吴一飞，等. Rough 集-神经网络系统在信息融合目标识别中的应用[J]. 华中科技大学学报：自然科学版，2004，32(10)：114-116.

[10] 姜斌，黎湘，王宏强，等. 模式分类方法研究[J]. 系统工程与电子技术，2007，29(1)：99-102.

[11] 马君国，肖怀铁，李保国，等. 基于局部围线积分双谱的空间目标识别算法[J]. 系统工程电子技

术，2005，27(8)：1490－1493.

[12] 朱炜，贾衡天，徐如玉，等. 水下目标的特征提取及识别[J]. 系统工程电子技术，2008，30(1)：171－175.

[13] 林剑，雷英杰. 基于直觉模糊ART的神经网络群事件检测方法[J]. 计算机应用，2009，29(1)：130－131.

[14] 王坚. 直觉模糊推理系统的设计与实现[D]. 西安：空军工程大学，2006.

[15] 李炯，雷虎民，冯刚. 基于神经网络—模糊推理的目标识别融合研究[J]. 空军工程大学学报：自然科学版，2006，07(6)：36－39.

[16] 雷英杰，路艳丽，李兆渊. 直觉模糊神经网络的全局逼近能力[J]. 控制与决策，2007，22(5)：597－600.

[17] 伍世虔，徐军. 动态模糊神经网络[M]. 北京：清华大学出版社. 2008.

[18] Chak C K，Feng G，Ma J. Adaptive fuzzy neural network for MIMO system model approximation in high-dimensional space[J]. IEEE Transactions on Systems，Man and Cybernetics，1998，28(3)：436－446.

第 7 章　基于直觉模糊聚类的目标识别方法

本章针对空天目标识别中类属型数据特征贡献隐含假意均匀性与聚类最优类别数选取方法两个问题进行分析研究，分别提出了一种基于特征加权的直觉模糊 c 均值聚类算法(Feature Weighted Intuitionistic Fuzzy c-means，FWIFCM)和直觉模糊 CLOPE(Clustering with sLOPE，CLOPE)的参数优选方法，并对两种方法均采用类属型真实数据集进行实验，验证其有效性。最后针对 20 批空天典型目标进行识别测试，分析附加权值对系统的分类作用，验证该算法的分类性能以及针对空天目标识别的适用性。实验结果说明两种方法均是有效的，且 FWIFCM 算法具有良好的分类性能。

7.1 引　　言

聚类分析是一种多元统计分析方法，也是统计模式识别中非监督分类的一个重要方向。聚类是根据“物以类聚”的自然法则对数据进行归类的一种多元统计分析方法，它按照数据对象各自的特性来进行合理的归类，要求同一类的数据有很大的相似性，而不同类间的数据有很大的差异性。聚类分析源于很多领域，如数学、计算机科学、统计学、生物学和经济学等等，也被应用于很多领域，比如语音识别[1]、图像分割[2]、数据压缩[3]。此外，聚类分析对其他学科，如生物学、考古学、地质学等研究均有重要作用[4][5]。

随着 Zadeh 模糊集理论的形成、发展和深化，Ruspini 率先提出了模糊划分这一概念[6]。以此为基点，模糊聚类的相关理论及方法迅速蓬勃发展起来。由于它具有良好的聚类性能与数据表达能力，已经成为近年来的研究热点。但在实际应用中，聚类分析算法常常要处理大量的高维数据集(具有几十或几百个特征的数千甚至几百万个特征数据)，其中许多数据是具有类属特征的数据，即以样本的各维特征为类别、符号或概念。传统的聚类算法往往是将类属值转化为数值再进行分析，而由于类属域是无序的，这些方法均不能奏效。而 CLOPE 算法是一种可对类属特征数据进行处理的聚类方法，且适用于大数据集。但聚类分析算法会遇到另一个问题，即必须在聚类分析之前给定合理的聚类类别数 c 及其相关的参数，而 c 的取值正确与否将直接影响到分类结果。鉴于此，本章研究了模糊 CLOPE 算法的 Profit 判决函数和修正划分模糊度[7]，并在此基础上将其拓展，将直觉模糊 CLOPE 算法的 Profit 判决函数和修正划分直觉模糊度相结合，提出了一种基于直觉模糊 CLOPE 的参数优选方法，实现了真正意义上的类属型数据无监督的聚类分析。

在空天目标识别中，通过对各种传感器获得的目标特征信息进行融合推理，获得对目标属性的准确描述。通常情况下，传统聚类算法往往假定待分析样本矢量的各维特征对分类的贡献是均匀的，但由于目标特征矢量的各维特征分别来自于不同的传感器，由此存在量纲差异或精度、可靠性的不同，从而导致各维特征对分类的作用大小不均。鉴于此，本章提出一种特征加权的直觉模糊 c 均值算法，采用特征选择技术——Relief 算法[8]对特征属性进行加权选择，给特征集中的每一个特征赋予不同的权重，使得样本属性值的结构与意义更加完善合理。

7.2 聚　类

7.2.1 聚类概念与聚类过程

1974 年，Everitt 针对聚类的定义[9]为：一个类簇内实体是相似的，不同类簇实体是不相似的；一个类簇是测试空间的中点会聚，同一类簇的任意两点间距离小于不同类簇的任意两点间距离；类簇可以描述为一个包含密度相对较高的点集在多维空间中的连通区域，它们借助包含密度相对较低的点集区域与其他区域相分离。

聚类是一种无监督分类，即它无任何先验知识可用。聚类的形式描述如下[10]：

令 $U=\{p_1, p_2, \cdots, p_n\}$，表示为一个模式的集合，$p_i$ 表示为第 i 个模式 $i=\{1, 2, \cdots, n\}$；$C_t \subseteq U(t=1, 2, \cdots, k)$，$C_t\{p_{t1}, p_{t2}, \cdots, p_{tw}\}$；proximity$(p_{ms}, p_{ir})$。其中第 1 个下标表示为一个模式所属的类，第 2 个下标表示为某类中某一模式，函数 proximity 用于刻画模式之间的相似距离。若诸类 C_t 为聚类的结果，则诸类 C_t 需要满足如下条件：

(1) $\bigcup_{t=1}^{k} C_t = U$。

(2) 对于 $\forall C_m$，$C_r \subseteq U$，$C_m \neq C_r$，有 $C_m \cap C_r = \phi$（仅限于刚性聚类）；

$$\min \forall p_{mu} \in C_m, \ \forall p_{rv} \in C_r, \ \forall C_m, C_r \subseteq U \& C_m \neq C_r [\text{proximity}(p_{mu}, p_{rv})]$$
$$> \max \forall \ p_{mx}, p_{my} \in C_m, \ \forall C_m \subseteq U [\text{proximity}(p_{mx}, p_{my})]。$$

聚类过程主要包括数据准备，即特征标准化和降维；特征选择是指从最初特征中选择最有效特征并将其存储于向量中；特征提取是指通过对所选择的特征进行转换形成新的突出特征；聚类(或接近度计算)是指通过选择合适于特征类型的某种距离函数(或构造新的距离函数)进行接近程度的度量，而后执行聚类或分组；聚类结果评估的内容主要有外部有效性评估、内部有效性评估和相关性测试评估 3 种。

7.2.2 聚类算法类别

根据聚类数据的积聚规则及应用方法，聚类算法大致分成层次化的聚类算法、划分式的聚类算法、基于密度和网格聚类算法这 3 个类别。

1. 层次化的聚类算法

层次化的聚类算法也称为树聚类算法，它通过使用数据联接规则，基于一种层次架构的方式反复将数据进行聚合或分裂，从而形成一个序列层次聚类问题的解。层次化聚类算法有层次聚合的聚类算法、传统聚合规则的聚类算法和新层次聚合的聚类算法三种。

层次化聚类算法的计算复杂度是 $O(n^2)$，它大多情况下适合于小型数据集的分类或聚类。传统聚合规则的聚类算法是根据不同聚合联接规则产生不同的聚类算法，联接规则主要包括沃德法、类内平均联接规则、类间平均联接规则、单联接规则和完全联接规则。新层次聚合的聚类算法主要有两种，第一种是正二进制(Binary-Positive，BP)新层次聚合算法[11]。该算法把待分类数据以正二进制形式存储于二维矩阵中，行表示记录，记录对应的取值为1或0，列表示其属性的可能取值。第二种是基于不可分辨的粗聚合的层次化聚类算法(Rough Clustering of Sequential Data，RCOSD)[12]。在该算法中，通过使用相似性中的上近似形成其初始类，而且使用约束相似性中的上近似形成其后续类，不可分辨关系被拓展成不严格传递的容差关系。

2. 划分式的聚类算法

划分式的聚类算法的一个首要特点是需预先设定聚类类别数或聚类中心，进而通过反复迭代逐步降低目标函数的误差值，当目标函数值收敛时得到聚类结果。

划分式的聚类算法主要有三种，分别是 K 均值聚类算法(K-means)、图论分裂聚类算法、模糊聚类算法。K-means 算法通常情况下适用于大型数据集的高效分类，但它仅仅适合于数值型数据聚类，即类簇的结构形式为凸形的一类数据集。此外，该算法的执行效率也比层次聚类算法要高，但缺陷是往往会在获得一个局部最优值时就终止。图论分裂聚类算法[13]是由 Jain 首次所提出的，其内在思想是首先构造一棵关于数据的最小生成树(Minimal Spanning Tree，MST)，再通过多次删除最小生成树的最长边来形成类族。

模糊聚类算法将在下一节中着重介绍，此处不再赘述。

3. 基于网格和密度聚类算法

随着对大规模数据集、可伸缩的聚类方法的迫切需求，基于网格和密度的聚类方法日益成为了一类重要的聚类方法，它们在以空间信息处理为主体的众多领域中有广泛应用。基于密度的聚类算法通过数据密度以发现具有任意形状的类簇；而基于网格的聚类算法通过使用网格结构模式化地组织值空间，再基于块的分布信息以实现模式化的聚类。以上两种聚类算法常常相结合，以达到更好的聚类效果。

7.3 模糊 c 均值聚类算法

随着 Zadeh 模糊集理论的形成、发展和深化，Ruspini 率先提出了模糊划分这一概念。自此针对不同的应用，学者们提出了多种模糊聚类的方法，大致可分为三类，分别是基于摄动的模糊聚类方法、基于模糊等价矩阵的动态聚类方法和基于目标函数的聚类方法，即模糊 c 均值聚类算法(Fuzzy c-means，FCM)。然而上述方法在实际应用中比较广泛的是基于目标函数的模糊聚类方法，因为该方法可适用于大数据量的情况，且具有较高的实时性。FCM 是将聚类问题有效归结于一个带约束性的非线性规则问题，除了通过优化来求解模糊划分和聚类，还可借助经典数学的非线性规则理论来求解。该方法可以针对不同的数据结构定义多种目标函数，并且采用交替迭代算法对目标函数进行优化，取得了较好的聚类效果。

7.3.1 数据集的 c 划分

给定数据集 $X=\{x_1, x_2, \cdots, x_n\}\subset R^s$，表示为在模式空间中 n 个模式的一组有限观测样本集，$\boldsymbol{x}_k=\{x_{k1}, x_{k2}, \cdots, x_{ks}\}\in R^s$ 为观测样本的特征矢量所对应的特征空间中的一点，其中 x_{kj} 为特征矢量 $\boldsymbol{x}_k$ 的第 j 维特征上的赋值。X 的 c 划分是对样本集 X 的聚类分析。若满足式(7.1)的条件，则称为 X 的硬 c 划分

$$\begin{cases} X_1 \cup X_2 \cup \cdots X_c = X \\ X_i \cap X_k = \phi, \ 1 \leqslant i \neq k \leqslant c \\ X_i \neq \phi, \ X_i \neq X, \ 1 \leqslant i \leqslant c \end{cases} \tag{7.1}$$

如果用隶属函数表示 X 的硬 c 划分，即用 c 个子集的特征值所构成的矩阵 $\boldsymbol{U}=[\mu_{ik}]_{c\times n}$ 来表示第 i 行第 i 个子集的特征函数，而矩阵 $\boldsymbol{U}$ 中第 k 列为样本 $\boldsymbol{x}_k$ 相对于 c 个子集的隶属函数，那么 X 的硬 c 划分空间可表示为

$$M_{hc} = \left\{ \boldsymbol{U} \in R^{c\times n} \,\middle|\, \mu_{ik} \in \{0, 1\}, \ \forall i, k; \ \sum_{i=1}^{c} \mu_{ik} = 1, \ \forall k; \ 0 < \sum_{k=1}^{n} \mu_{ik} < n, \ \forall i \right\} \tag{7.2}$$

Ruspini 利用 Zadeh 模糊理论把隶属函数 μ_{ik} 从 $\{0, 1\}$ 二值扩展到 $[0, 1]$ 区间，从而把硬 c 划分概念推广到模糊 c 划分，因此 X 的模糊 c 划分空间为

$$M_{fc} = \left\{ \boldsymbol{U} \in R^{c\times n} \,\middle|\, \mu_{ik} \in [0, 1], \ \forall i, k; \ \sum_{i=1}^{c} \mu_{ik} = 1, \ \forall k; \ 0 < \sum_{k=1}^{n} \mu_{ik} < n, \ \forall i \right\} \tag{7.3}$$

由于模糊划分可以求得给定样本属于各类别的不确定程度，从而实现对类别的不确定性描述，因此更能客观地反映现实世界。此外，在划分的结果中模糊划分还能指明划分的外围、不同划分块间衔接和离散的具体情况，因此还能挖掘出更多的细节信息。

7.3.2 模糊 c 均值聚类算法

为了优化聚类分析的目标函数，人们从硬 c 均值(Hard c - Means)聚类算法衍生出了模糊 c 均值(FCM)聚类算法。以下分别给出 HCM 和 FCM 的原理和算法步骤。

1. 硬 c 均值聚类算法

HCM 算法是一种基于目标函数的硬化分聚类方法，也是一个无监督聚类算法。该算法能够对呈超椭球状的数据进行分类，其思想是通过反复迭代使得目标函数值达到最小。该算法定义聚类分析的目标函数为

$$J(U, P) = \sum_{j=1}^{n} \sum_{i=1}^{c} \mu_{ij} d_{ij}^2 \tag{7.4}$$

满足

$$\sum_{i=1}^{c} u_{ik} = 1 \tag{7.5}$$

其中，样本集 $X=\{x_1, x_2, \cdots, x_n\}\subset R^s$；$n$ 是数据集中元素的个数；$c(1<c<n)$ 是聚类中心数；$P=\{p_1, p_2, \cdots, p_i\}$ $(i=1, 2, \cdots, c)$ $(2<c<n)$ 为聚类中心；$\mu_{ij}\in\{0, 1\}$ 为隶属度函数，表示第 j 个样本属于第 i 类的隶属度函数；$d_{ij}=\|x_j-p_i\|$ 表示第 j 个样本到第 i 个聚类中心的距离。

算法 7.1　HCM 算法

Step1：初始化。给定聚类类别数 $c(2<c<n$，n 为数据个数），预设迭代停止阈值 ε，初始化聚类原型模式 $\boldsymbol{P}(b)$，设置迭代计数器 $b=0$。

Step2：用式(7.6)计算或更新隶属度矩阵 $\boldsymbol{U}(b)$，可得

$$\mu_{ij}^{(b)}=\begin{cases}1 & d_{ij}^{(b)}=\min\limits_{1\leqslant r\leqslant c}\{d_{ir}^{(b)}\}\\ 0 & \text{其他}\end{cases} \tag{7.6}$$

Step3：用式(7.7)更新聚类原型模式矩阵 $\boldsymbol{P}(b+1)$，可得

$$p_i^{(b+1)}=\frac{\sum\limits_{j=1}^{n}\mu_{ij}^{b+1}x_j}{\sum\limits_{j=1}^{n}\mu_{ij}^{b+1}}\quad i=1,2,\cdots,c \tag{7.7}$$

Step4：如果 $\|\boldsymbol{P}(b)-\boldsymbol{P}(b+1)\|>\varepsilon$，则算法停止；否则令 $b=b+1$，转到 Step2。

HCM 算法思想简单，容易实现，收敛快，运行速度快，且内存消耗小，因而是目前最常用的聚类算法之一。但是该算法也有不少缺点，如每类由类中心代表、使用欧氏度量、没有考虑噪音数据的影响等。

2. 模糊 c 均值聚类算法

鉴于硬化分的各种缺点，Bezdek 为了提高其普适性，将模糊聚类的目标函数推广，并给出了目标函数模糊聚类的一般描述

$$\boldsymbol{J}_m(\boldsymbol{U},\boldsymbol{P})=\sum_{i=1}^{c}\sum_{j=1}^{n}\mu_{ij}^{m}d_{ij}^{2} \tag{7.8}$$

其中，$\mu_{ij}\in[0,1]$且满足 $\sum\limits_{j=1}^{n}\mu_{ij}=1$，式(7.8)中增加了模糊权重指数 m(按照经验值一般取 $m=2$)。

为了使目标函数值达到最小，通过构造拉格朗日函数求极值可得到

$$\mu_{ij}=\frac{1}{\sum\limits_{k=1}^{c}\left(\frac{d_{ij}}{d_{kj}}\right)^{\frac{2}{m-1}}},\quad 1\leqslant i\leqslant c,\ 1\leqslant j\leqslant c \tag{7.9}$$

$$p_i=\frac{\sum\limits_{j=1}^{n}(\mu_{ij})^m x_j}{\sum\limits_{j=1}^{n}(\mu_{ij})^m} \tag{7.10}$$

算法 7.2　FCM 算法

Step1：初始化。根据实际情况给定聚类类别数 $c(2<c<n$，n 为数据个数），预先设定迭代停止阈值 ε，初始化聚类原型模式 $\boldsymbol{P}(b)$，设置迭代计数器 $b=0$；

Step2：根据式(7.11)计算或更新划分矩阵 $\boldsymbol{U}(b)$，可得

$$\begin{cases} \mu_{ij}^{(b)} = \left\{ \sum_{k=1}^{c} \left(\dfrac{d_{ij}^{(b)}}{d_{kj}^{(b)}} \right)^{\frac{2}{m-1}} \right\}, & d_{kj}^{(b)} > 0 \\ \mu_{ij}^{(b)} = 1, & d_{kj}^{(b)} = 0 \end{cases} \tag{7.11}$$

Step3：根据式(7.12)更新聚类原型模式矩阵 $\boldsymbol{P}(b+1)$，可得

$$p_i^{(b+1)} = \frac{\sum_{j=1}^{n} (\mu_{ij}^{(b+1)})^m x_j}{\sum_{j=1}^{n} (\mu_{ij}^{(b+1)})^m}, \quad i = 1, 2, \cdots, c \tag{7.12}$$

Step4：如果 $\|\boldsymbol{P}(b) - \boldsymbol{P}(b+1)\| > \varepsilon$，则算法停止并输出划分矩阵 $\boldsymbol{U}$ 和聚类原型 $\boldsymbol{P}$，否则令 $b=b+1$，转向 Step2。

FCM 算法与 HCM 算法类似，采用迭代的爬山技术来求解最优解，其本质是局部搜索算法。该算法运算简单，计算小数据量数据运算速度快，具有比较直观的几何意义。但也存在一些缺陷，比如对初始化依赖严重、局限于球状类型的簇、对噪声数据敏感、对样本特征分类贡献平均化和容易陷入局部最优等缺点。

7.4 基于直觉模糊 CLOPE 的参数优选方法

在实际应用中，聚类分析算法常常要处理大量的高维数据集(具有几十或几百个特征的数千甚至几百万个特征数据)，其中许多数据是具有类属特征的数据，即样本的各维特征为类别、符号或概念。传统的聚类算法往往是将类属值转化为数值再进行分析，而由于类属域是无序的，这些方法均不能奏效。而 CLOPE 算法是一种可对类属特征数据进行处理的聚类方法，且适用于大数据集。但聚类分析算法会遇到另一个问题，即必须在聚类分析之前给定合理的聚类类别数 c 及其相关的参数，而 c 的取值正确与否将直接影响到分类结果。因此，本节研究了模糊 CLOPE 算法的 Profit 判决函数和修正划分模糊度，在此基础上将其拓展，将直觉模糊 CLOPE 算法的 Profit 判决函数和修正划分直觉模糊度相结合，提出了一种基于直觉模糊 CLOPE 的参数优选方法，实现了真正意义上的类属数据无监督的聚类分析。

7.4.1 修正划分的直觉模糊度

令 $X=\{x_1, x_2, \cdots, x_n\}$，表示一组具有 n 个样本的数据集，其中 $\boldsymbol{x}_j=[x_{j1}, x_{j2}, \cdots, x_{jp}]^{\mathrm{T}} \in R^p$ 表示第 j 个样本的 p 维特征矢量，c $(1< c < n)$是预先指定的聚类类别数，$c\times n$ 阶矩阵 $\boldsymbol{U}=[\mu_{ij}]$是数据集 X 的直觉模糊划分隶属矩阵，μ_{ij} 是第 j 个样本属于第 i 个聚类的隶属度，$c\times n$ 阶矩阵 $\boldsymbol{P}=[\gamma_{ij}]$是数据集 X 的直觉模糊划分非隶属矩阵，γ_{ij} 是第 j 个样本属于第 i 个聚类的非隶属度。

定义 7.1(直觉模糊划分熵)　对于给定的聚类数 c 和直觉模糊划分隶属矩阵 $\boldsymbol{U}$、直觉模糊划分非隶属矩阵 $\boldsymbol{P}$，数据集 X 的直觉模糊划分熵定义为

$$E(\boldsymbol{U};\ c) = -\frac{1}{n}\sum_{i=1}^{c}\sum_{j=1}^{n}\mu_{ij}\ \log_a \mu_{ij} \tag{7.13}$$

$$E(\boldsymbol{P};\ c) = -\frac{1}{n}\sum_{i=1}^{c}\sum_{j=1}^{n}\gamma_{ij}\ \log_a \gamma_{ij} \tag{7.14}$$

其中，$a \in (1, +\infty)$为对数的底数，约定当 $\mu_{ij} = 0$ 时，$\mu_{ij}\ \log_a \mu_{ij} = 0$。

记 Ω_c为所有最优划分矩阵的有限集，如果存在$(\boldsymbol{U}', \boldsymbol{P}', c')$满足

$$E(\boldsymbol{U}';\ \boldsymbol{P}';\ c') = \min_{c}\{\min_{\Omega_c} E(\boldsymbol{U};\ \boldsymbol{P};\ c)\} \tag{7.15}$$

则$(\boldsymbol{U}', \boldsymbol{P}', c')$所对应的为最有效的聚类结果，$c'$是最佳的分类数。

划分熵是一个衡量聚类结果模糊程度的标准。划分结果越分明，$E(\boldsymbol{U};\ c)$的值就越小；反之，划分结果越模糊。

定义 7.2(直觉模糊划分度)　对于给定的聚类数 c 和直觉模糊划分隶属矩阵，数据集 X 的划分直觉模糊度定义为

$$D(\boldsymbol{U};\ c) = \frac{1}{n}\sum_{i=1}^{c}\sum_{j=1}^{n}|\mu_{ij} - (\mu_{ij})_E| \tag{7.16}$$

其中

$$(\mu_{ij})_E = \begin{cases} 1 & \mu_{ij} = \max\limits_{1\leqslant k\leqslant c}\{\mu_{kj}\} \\ 0 & \text{其他} \end{cases} \tag{7.17}$$

式(7.17)为对应于数据集直觉模糊划分中最贴近硬划分的矩阵。

对于给定的聚类数 c 和直觉模糊划分非隶属矩阵 $\boldsymbol{P}$，数据集 X 的划分直觉模糊度定义为

$$D(\boldsymbol{P};\ c) = \frac{1}{n}\sum_{i=1}^{c}\sum_{j=1}^{n}|\gamma_{ij} - (\gamma_{ij})_E| \tag{7.18}$$

其中

$$(\gamma_{ij})_E = \begin{cases} 0 & \gamma_{ij} = \max\limits_{1\leqslant k\leqslant c}\{\gamma_{kj}\} \\ 1 & \text{其他} \end{cases} \tag{7.19}$$

式(7.19)为对应于数据集直觉模糊划分中最不贴近硬划分的矩阵。

直觉模糊划分度可作为模糊性分类的一种有效度量，数据集的分类结果越分明，$D(\boldsymbol{U};\ c)$的值就越小；分类越模糊，$D(\boldsymbol{U};\ c)$的值就越接近于 $2-2/c$。为了获得最优类别数 c，希望所得的划分度 $D(\boldsymbol{U};\ c)$是越小越好。然而，划分熵 $E(\boldsymbol{U};\ c)$以及划分度 $D(\boldsymbol{U};\ c)$都随着类别数 c 的增加而呈递增趋势。$E(\boldsymbol{U};\ c)$和 $D(\boldsymbol{U};\ c)$全局或局部极值点的检测往往被这种趋势有所限制及影响，而这些极值点恰恰对应于一些合理的聚类类别数。为此，本节以中国学者李洁等提出的修正划分模糊度 $D(\boldsymbol{U};\ c)$为基点，亦将 $E(\boldsymbol{U};\ c)$和 $D(\boldsymbol{U};\ c)$相结合，提出一种修正的直觉模糊划分度 $D'(\boldsymbol{U};\ c)$。

定义 7.3(修正直觉模糊划分度)　对于给定的类别数 c、直觉模糊划分隶属矩阵 $\boldsymbol{U}$、直觉模糊划分非隶属矩阵 $\boldsymbol{P}$，数据集 X 的修正直觉模糊划分度定义为

$$D'(\boldsymbol{U};\ c) = \frac{D(\boldsymbol{U};\ c)}{\tilde{E}(\boldsymbol{U};\ c)} \tag{7.20}$$

$$D'(\boldsymbol{P};\ c) = \frac{D(\boldsymbol{P};\ c)}{\tilde{E}(\boldsymbol{P};\ c)} \tag{7.21}$$

其中，$D(\boldsymbol{U};c)$和$D(\boldsymbol{P};c)$如式(7.16)和(7.18)所定义；$\widetilde{E}(\boldsymbol{U};c)=\text{Smooth}[E(\boldsymbol{U};c)]$；$\widetilde{E}(\boldsymbol{P};c)=\text{Smooth}[E(\boldsymbol{P};c)]$，它为平滑后的直觉模糊划分熵，可用3点线性平滑算子或非线性中值滤波来实现。

修正的直觉模糊划分度有效减缓了类别数c的增加引起划分直觉模糊度的递增趋势的问题，从而达到了简化最优类别数判定的良好目的。

7.4.2 直觉模糊CLOPE算法的Profit判决函数

本节在模糊CLOPE算法的基础上，研究直觉模糊CLOPE算法的判决函数Profit的确定方法。令$\boldsymbol{X}=\{x_1, x_2, \cdots, x_n\}$表示一组具有$n$个样本的数据集，$x_j=\{x_1^j, x_2^j, \cdots, x_{m_j}^j\}$表示第$j$个样本(当$k\neq l$时，$x_k^j\neq x_l^j$，$k, l=1, 2, \cdots, m_j$)，$\mu_{ij}$表示样本$x_j$属于第$i$个聚类划分的隶属度，$\boldsymbol{U}=[\mu_{ij}]$是一个$c\times n$阶的直觉模糊划分隶属矩阵，$\gamma_{ij}$表示样本$x_j$属于第$i$个聚类的直觉模糊划分非隶属度，$\boldsymbol{P}=[\gamma_{ij}]$是一个$c\times n$阶的直觉模糊划分非隶属矩阵。$\{\boldsymbol{X}_1, \boldsymbol{X}_2, \cdots, \boldsymbol{X}_c\}$表示数据集$X$的$c$个直觉模糊划分，划分熵$\boldsymbol{E}_i$是$\boldsymbol{X}_i$的不同类属特征的统计直方图，定义其高与宽的特征函数为

$$H_f(\boldsymbol{X}_i)=\sum_{x_j\in x_i}\mu_{ij}\,|x_j| \tag{7.22}$$

$$W_f(\boldsymbol{X}_i)=|\boldsymbol{E}_i| \tag{7.23}$$

由此判别函数可表示为

$$\max\{\text{Profit}_{\text{fr}}(\boldsymbol{X})\}=\frac{1}{n}\sum_{i=1}^{c}\frac{\boldsymbol{H}_f(\boldsymbol{X}_i)}{W_f(\boldsymbol{X}_i)^r}|\boldsymbol{X}_i| \tag{7.24}$$

7.4.3 基于直觉模糊CLOPE的参数优选方法

在式(7.24)中，Profit判决函数引入了一个排斥因子r以控制类内的相似度问题。因而，在聚类算法初始化时，一个亟待解决的首要问题是如何确定r的取值，且确保所得到的结果是合理的最优划分。解决类别数c的参数自动优选这一问题，才能实现真正意义上的类属数据无监督的聚类分析。

对于每个确定的r，均能找到一个直觉模糊划分隶属矩阵$\boldsymbol{U}^*$、直觉模糊划分非隶属矩阵$\boldsymbol{P}^*$和类别数c^*，使得$\text{Profit}_{\text{fr}}(X)$最大。显然，一个最优的$(\boldsymbol{U}', \boldsymbol{P}', c')$对应一个确定的$r$。因此，求解最佳类别数$c'$可转化为求解最优的$r'$，可采用如下准则来确定最优的$r'$：

$$D'(\boldsymbol{U}', \boldsymbol{P}', r')=\min_{r}\{\min_{\Omega_r}D(\boldsymbol{U}, \boldsymbol{P}, r)\} \tag{7.25}$$

算法7.3 直觉模糊CLOPE的参数优选算法(最优的r'的选取算法)

Step1：初始化。设定惩罚因子$\eta(\eta\in(1, 2))$、排斥因子r的初始值及r变化的步长Δr；

Step2：令$k=1$，随机产生数据样本集$\boldsymbol{X}$的一个初始划分$\boldsymbol{X}_k$；

Step3：读取一个样本x_j，将x_j分别放入已有划分$\boldsymbol{X}_i(i=1, 2, \cdots, k)$以及一个新的划分$\boldsymbol{X}_{k+1}$中，分别计算$\text{Profit}_{\text{fr}}(x)$。若$x_j$放入划分$\boldsymbol{X}_i$时，$\text{Profit}_{\text{fr}}(x)$最大，则将$x_j$分为第$i$类$(1\leqslant k+1\leqslant i)$；若$i=k+1$，则令$k=k+1$；

Step4：如果样本不断改变类别，则重复 Step3，直到所有的样本类别都不再变化，进行 Step4；

Step5：根据公式(7.13)、(7.14)计算 $E(\boldsymbol{U};c)$和 $E(\boldsymbol{P};c)$，并且按照公式(7.16)、(7.18)计算 $D(\boldsymbol{U};c)$和 $D(\boldsymbol{P};c)$，再根据公式(7.20)、(7.21)计算出 $D'(\boldsymbol{U};c)$和 $D'(\boldsymbol{P};c)$；

Step6：若 $r<r_{\max}$，则令 $r=r+\Delta r$，返回 Step1；否则，执行 Step6。

Step7：根据公式(7.25)求解最佳的 r'。

确定最优的 r'后，便可获得相应的最优类别数 c'及最优划分隶属矩阵 $\boldsymbol{U}'$、划分非隶属矩阵 $\boldsymbol{P}'$。

7.5　基于特征加权的直觉模糊 c 均值聚类算法

在聚类分析的实际应用中，从样本属性所提取的特征数据并不完善，构成的模式矢量特征亦不是独立的，往往具有冗余性。由于构成样本特征矢量的各维特征来自不同的传感器，因此导致量纲存在一定的差异，精度与可靠性也不同，且对分类的贡献大小亦是不均匀的。因此，本节采用特征选择技术 Relief 算法对特征属性进行加权选择，分别给特征集中的每一个特征赋予不同的权重，并且针对类属型数据的分类问题提出一种基于特征加权的直觉模糊 c 均值算法。

给定数据集 $\boldsymbol{X}=\{x_1, x_2, \cdots, x_n\}\subset R^s$ 为模式空间中 n 个模式的一组有限观测样本集，$\boldsymbol{x}_j=(\langle x\mu_{j1}, x\gamma_{j1}, x\pi_{j1}\rangle, \langle x\mu_{j2}, x\gamma_{j2}, x\pi_{j2}\rangle, \cdots, \langle x\mu_{js}, x\gamma_{js}, x\pi_{js}\rangle)^{\mathrm{T}}$ 为观测样本的特征矢量，各维特征上的赋值$\langle x\mu_{jk}, x\gamma_{jk}, x\pi_{jk}\rangle$均为一个直觉模糊数。$\boldsymbol{P}=\{\boldsymbol{p}_1, \boldsymbol{p}_2, \cdots, \boldsymbol{p}_c\}$是 c 个聚类原型，c 为聚类类别数，$\boldsymbol{p}_i$表示第 i 类的聚类原型矢量，$\boldsymbol{p}_i=\{\langle \boldsymbol{p}\mu_{i1}, \boldsymbol{p}\gamma_{i1}, \boldsymbol{p}\pi_{i1}\rangle, \langle \boldsymbol{p}\mu_{i2}, \boldsymbol{p}\gamma_{i2}, \boldsymbol{p}\pi_{i2}\rangle, \cdots, \langle \boldsymbol{p}\mu_{is}, \boldsymbol{p}\gamma_{is}, \boldsymbol{p}\pi_{is}\rangle\}$，$\boldsymbol{p}_i$在第 k 维特征上的赋值 $\boldsymbol{p}_{ik}=\langle \boldsymbol{p}\mu_{ik}, \boldsymbol{p}\gamma_{ik}, \boldsymbol{p}\pi_{ik}\rangle$也为直觉模糊数。

基于特征加权的直觉模糊 c 均值聚类方法的描述形式为

$$J_m(\boldsymbol{U}_\mu, \boldsymbol{U}_\gamma, \boldsymbol{P})=\sum_{j=1}^{n}\sum_{i=1}^{c}\left(\frac{(\mu_{ij})^m}{2}+\frac{(1-\gamma_{ik})^m}{2}\right)\omega_i\delta(\boldsymbol{x}_j, \boldsymbol{p}_k) \tag{7.26}$$
$$m\in[1, \infty), \boldsymbol{U}_\mu, \boldsymbol{U}_\gamma\in \boldsymbol{M}_{\mathrm{IFC}}$$

其中，$\delta(\boldsymbol{x}_j, \boldsymbol{p}_k)$表示类属特征的相异匹配测度；$\delta(\cdot)$定义为

$$\delta(a, b)=\begin{cases}0 & a=b\\ 1 & a\neq b\end{cases} \tag{7.27}$$

式中，ω_i是对每一个特征赋予的权值；m 为平滑参数；$\boldsymbol{U}_\mu$为直觉模糊划分隶属矩阵；$\boldsymbol{U}_\gamma$为直觉模糊划分非隶属矩阵；$\boldsymbol{M}_{\mathrm{IFC}}=\{\boldsymbol{U}_\mu\in R^{cn}, \boldsymbol{U}_\gamma\in R^{cn}\mid \mu_{ik}\in[0, 1], \gamma_{ik}\in[0, 1], 0<\sum_{k=1}^{n}\mu_{ik}<n, 0<\sum_{i=1}^{n}\gamma_{ik}<n, \forall i, \forall k\}$，而且 $\mu_{ij}+\gamma_{ij}+\pi_{ij}=1$，$\sum_{i=1}^{c}\mu_{ik}=1$。

由拉格朗日定理可得目标函数为

$$F=\sum_{i=1}^{c}\left(\frac{(\mu_{ij})^m}{2}+\frac{(1-\gamma_{ik})^m}{2}\right)\omega_i\delta(\boldsymbol{x}_j, \boldsymbol{p}_k)-\lambda\left(\sum_{i=1}^{c}\mu_{ij}-1\right)-\beta(\mu_{ij}+\gamma_{ij}+\pi_{ij}-1) \tag{7.28}$$

算法 7.4　基于特征加权的 IFCM 算法(FWIFCM)

输入： 样本数据集 X，平滑参数 m，权重系数矩阵 $\boldsymbol{W}$，聚类类别数 $c(2\leqslant c\leqslant n)$，由算法 7.3 求解出最优的类别数 c'。

输出： 划分隶属矩阵 $\boldsymbol{U}_\mu$，划分非隶属矩阵 $\boldsymbol{U}_\gamma$，聚类原型 $\boldsymbol{P}$，迭代次数 b，目标函数值 E。

Step1：初始化。计算样本数据个数 n，设定迭代停止阈值 ε，初始化聚类原型模式 $\boldsymbol{P}^{(0)}$，设置迭代计数器 $b=0$。

Step2：采用 Relief 算法，更新计算类属特征的权值，可得

$$\begin{aligned}\omega_i &= \omega_i - \text{diff\_hit}/R + \text{diff\_miss}/R \\ &= \omega_i - \sum_{j=1}^{R}\delta(\boldsymbol{h}_j,\ \boldsymbol{x}_i) + \sum_{l\neq \text{class}(\boldsymbol{x}_i)}\frac{p(l)}{1-p[\text{class}(\boldsymbol{x}_i)]}\sum_{j=1}^{R}\delta(\boldsymbol{m}_l,\ \boldsymbol{x}_i)\end{aligned} \tag{7.29}$$

其中，$\boldsymbol{h}_j(j=1,\ 2,\ \cdots,\ R)$表示 R 个与 $\boldsymbol{x}_i$ 同类的最近邻的样本；$\boldsymbol{m}_{lj}(l\neq \text{class}(x_i),\ j=1,\ 2,\ \cdots,\ R)$表示 $\boldsymbol{x}_i$ 与不同类子集中 R 个最近邻样本；diff_hit 为 $\boldsymbol{h}_j$ 与 $\boldsymbol{x}_i$ 特征上的差异；diff_miss为 $\boldsymbol{m}_{lj}$ 与 $\boldsymbol{x}_i$ 特征上的差异。

Step3：计算、更新划分隶属矩阵 $\boldsymbol{U}_\mu$，划分非隶属矩阵 $\boldsymbol{U}_\gamma$。对于 $\forall i,\ j$，如果 $\delta(\boldsymbol{x}_j,\ \boldsymbol{p}_k)^{(b)}>0$，则有

$$\begin{cases}\mu_{ij}^{(b)} = \left\{\displaystyle\sum_{k=1}^{c}\left(\frac{\delta(\boldsymbol{x}_j,\ \boldsymbol{p}_i)^{(b)}}{\delta(\boldsymbol{x}_j,\ \boldsymbol{p}_k)^{(b)}}\right)^{\frac{1}{m-1}}\right\}^{-1} \\ \gamma_{ij} = 1-\pi_{ij}-\left\{\displaystyle\sum_{k=1}^{c}\left(\frac{\delta(\boldsymbol{x}_j,\ \boldsymbol{p}_i)^{(b)}}{\delta(\boldsymbol{x}_j,\ \boldsymbol{p}_k)^{(b)}}\right)^{\frac{1}{m-1}}\right\}^{-1}\end{cases} \tag{7.30}$$

如果 $\exists k$，使得 $\delta(\boldsymbol{x}_j,\ \boldsymbol{p}_k)^{(b)}=0$，则有

$$\begin{cases}\mu_{ij}=1,\ \gamma_{ij}=0 & i=k \\ \mu_{ij}=0,\ \gamma_{ij}=1 & i\neq k\end{cases} \tag{7.31}$$

Step4：更新聚类原型模式矩阵 $\boldsymbol{p}_i^{(b+1)}$，分别求得 $\boldsymbol{p}\mu_i^{(b+1)}$，$\boldsymbol{p}\gamma_i^{(b+1)}$ 和 $p\pi_i^{(b+1)}$；

Step5：如果$\|\boldsymbol{P}^{(b)}-\boldsymbol{P}^{(b+1)}\|>\varepsilon$，则令 $b=b+1$，转向步 Step2；否则，由式(7.30)和式(7.31)输出直觉模糊划分隶属度矩阵 $\boldsymbol{U}_\mu$、直觉模糊划分非隶属度矩阵 $\boldsymbol{U}_\gamma$ 和聚类原型 $\boldsymbol{P}$，算法结束。其中$\|\cdot\|$为某种合适的矩阵范数。

需要说明的是，Relief 算法是针对分类技术的，样本分类时每一个样本的类别标记是确定的。而在聚类分析中，每一个样本的类别标记往往是未知的。针对这一问题，首先对待分析的样本集进行一次聚类，选择隶属度较大的样本 $\boldsymbol{x}_i$，并从划分矩阵中分别找出与 $\boldsymbol{x}_i$ 同类及不同类最近邻的 R 个样本，并按照 Step2 计算特征权值，再将所得的权值对各维特征进行赋值，最终再进行聚类分析。

7.6　仿真实验结果及分析

首先对直觉模糊 CLOPE 算法的参数优选方法进行仿真，验证其所得的最佳类别数 c' 是否与实际一致，并分析其性能。在此基础上，针对一组实际类属型数据集分别进行 FCM

与 FWIFCM 的算法实验，通过比较两种方法的分类效果及错分率，分析其分类性能，并验证算法的有效性。

针对表 6.2 中 20 批空天典型目标进行识别实验，采用 FWIFCM 算法对目标特征数据进行聚类实验，分析附加权值对目标识别过程的分类作用，验证该算法的有效性。

7.6.1　基于特征加权的直觉模糊 c 均值聚类算法实验

选取 UCI 数据库(http://www.ics.uci.edu/～mlearn/MLRepository.html)中一组具有类属型特征的实际样本数据 Breast Cancer Wisconsin(简化为 Wisc)对算法 7.4 进行实验，测试其分类性能及有效性。选取 Wisc 数据集是因为该实际样本集在通常情况下均被用来检验聚类算法、分类算法的性能及有效性。Wisc 数据共由 32 维空间的 569 个样本组成，连续型变量共有 30 个，样本特征属性共有 32 个，其中 10 个重要属性为 radius、texture、perimeter、area、smoothness、compactness、concavity、concave points、symmetry、fractal dimension。每个样本均可被划分为恶性或良性，包括 357 个良性样本(Benign)和 212 个恶性样本(Malign)。

首先根据算法 7.3 确定最优类别数 c'。其中，令 r 取遍 $r_{\min}\sim r_{\max}$($r_{\min}$是使类别数 $c=2$ 的实数，当类别数 c 不再随 r 的增加而增加或 $c=2\ln n$ 时 $r=r_{\max}$)时，采用该算法($\eta=1$)所得到的划分熵和划分度是在 $r=1.0\sim1.4$ 范围内，修正直觉模糊划分度才能达到最小，且对应的类别数为 2，即所求得的最优类别数为 2。这与实际情况完全相符，说明该算法是有效的。

我们分别采用传统的 FCM 算法与算法 7.4 对 Wisc 类属型数据集进行分类仿真实验。该实验中设置平滑参数 $m=2$，聚类类别数 $c=2$，样本数据个数 $n=569$，迭代停止阈值 $\varepsilon=10^{-5}$、$\eta_t=0.2$，设置迭代计数器 $b=0$，分别得到两种不同的分类效果如图 7.1、7.2 所示。

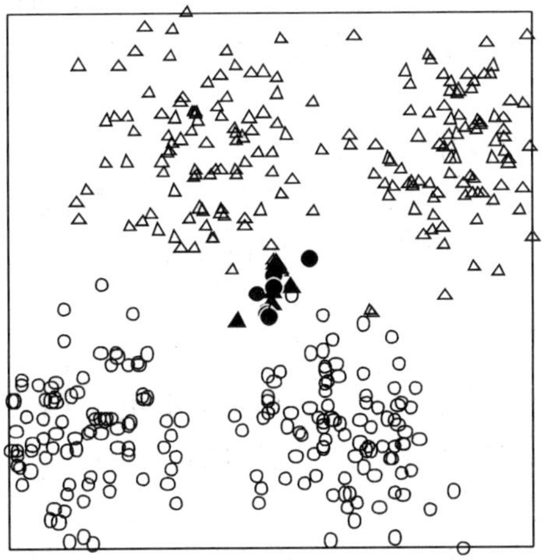

图 7.1　FCM 对 Wisc 的分类效果图

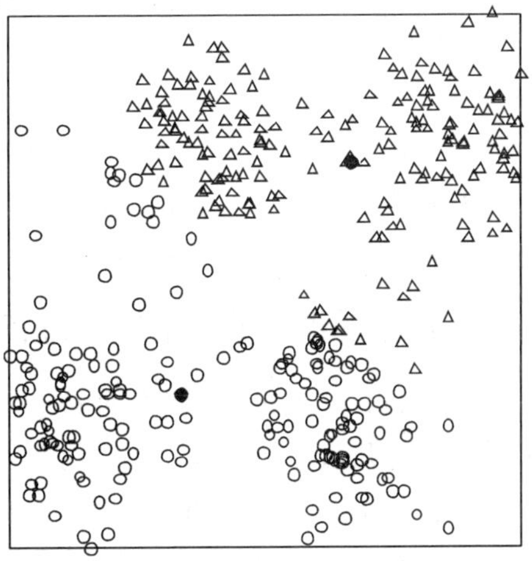

图 7.2　FWIFCM 对 Wisc 的分类效果图

图 7.1 中“△”表示良性样本 Benign，“○”表示恶性样本 Malign，“▲”表示错分的良性样本，“●”表示错分的恶性样本，由图可得 FCM 算法对 Wisc 数据集的错分样本数是 10 个。在图 7.2 中，“△”表示良性样本 Benign，“○”表示恶性样本 Malign，但与图 7.2 不同之处在于此处“▲”表示良性样本的聚类中心点，“●”表示恶性样本的聚类中心点。显然，算法 7.4 对 Wisc 数据集的所有样本无错分，具体的分类结果如表 7.1 所示。由表 7.1 易知 FCM 的

错分率大于 FWIFCM，并且 FWIFCM 算法无错分，因此，该算法是一种具有良好分类性能的聚类算法。Wisc 数据集是由 32 维空间的样本组成，即有 32 个特征属性，算法 7.4 得到的各维特征权值是{0.6，0.3，0.7，0.1，0，0.3，0.3，0.3，0.1，0.1，0.2，0.3，0，0，0，0，0.5，0.5，0.4，0.6，0.1，0.2，0.3，0.8，0，0，0，0，0，0.7，0.5，0.4}，第 5 维特征、第 13～16 及 25～29 维特征的权值为 0，说明这 10 维特征对分类不起任何作用。因此，各维特征权值说明了新算法不仅提高了聚类的性能，而且还可分析各维特征对分类的贡献程度。

表 7.1　FCM 算法与 FWIFCM 算法的聚类结果

聚类算法	Benign	Malign	错分数	错分率
传统 FCM	352	207	10	0.018
FWIFCM	357	212	0	0

7.6.2　特征加权直觉模糊聚类算法的时间复杂度

该实验中，FCM 算法对 Wisc 数据集的分类运行时间是 265 μs，而 FWIFCM 算法对 Wiscd 数据集的分类运行时间是 421 μs。FCM 与 FWIFCM 两种算法的时间复杂度均为 $O(n^2)$。通常情况下，算法的执行时间是它的循环次数乘以一个常数因子的单位时间，而循环次数 n 为算法运行时间的阶。算法的时间复杂性与输入样本数据的规模也有关，此处两种算法的输入规模一致，因而可忽略这一点。若通过计算步的统计对两种算法确定其时间复杂度，显然，FWIFCM 算法比 FCM 算法的要大。综上所述，FWIFCM 算法的时间复杂度略大，执行时间略长，但由于二者时间复杂度表达式中的高阶项常数因子是相同的，说明在 FWIFCM 算法大大提高分类性能的前提下运行时间的增加是在可承受的代价之内，可见该算法是有效的。

该算法的空间复杂度为 $S_A=c+S(n)$，其中，c 是程序代码、常数等固定部分，$S(n)$是与输入规模有关的部分。本章实验的存储空间，包含该算法的程序代码、常数、输入数据，以及程序运行所需的工作空间与额外空间均是在一个合理的存储范围内进行的。

7.6.3　直觉模糊聚类算法的目标识别仿真实验

在空天目标识别中，通过各种传感器获得的目标特征信息构成样本数据集，但各维特征对分类的作用大小不均。利用算法 7.4 进行目标识别仿真实验，我们选取 20 批典型目标以及表 6.2 中的目标属性测量值进行分类实验。在该实验中，选定空中典型目标特征为雷达反射截面积 s、巡航速度 v_H、垂直速度 v_V、飞行高度 h、加速度 a，已知分类后的目标类别数为 4，分别是战术弹道导弹(TBM)、空地导弹(AGM)、巡航导弹(CM)、隐身飞机(SA)。因而本实验无需采用参数优选算法求取最优类别数，但在大多数情况下，来袭目标的类型及数量是未知的。目标的特征信息经直觉模糊化处理后，每个目标针对各影响因子的隶属度及非隶属度值如表 7.2 所示。

实验中取平滑参数 $m=2$，停止阈值 $\varepsilon=10^{-5}$、$\eta_t=0.2$，样本数 $n=20$，聚类类别数为 4，设置迭代计数器 $b=0$。采用 Relief 算法更新后得到的权值为{1.5，0.8，1.6，1.2，

0.7}，可见目标的特征属性对分类识别的作用是不同的。在样本数据中随机抽取 4 个数据作为聚类中心，运行算法 7.4，获取划分隶属矩阵 $\boldsymbol{U}_\mu$。

表 7.2　目标特征数据

x_i	s	v_{H}	v_{V}	h	a
x_1	〈0.868，0.111〉	〈0.475，0.355〉	〈0.250，0.528〉	〈0.833，0.166〉	〈0.157，0.812〉
x_2	〈0.802，0.099〉	〈0.250，0.671〉	〈0.479，0.510〉	〈0.589，0.410〉	〈0.112，0.833〉
x_3	〈0.915，0.035〉	〈0.860，0.120〉	〈0.000，0.999〉	〈0.025，0.965〉	〈0.999，0.000〉
x_4	〈0.854，0.103〉	〈0.510，0.450〉	〈0.095，0.900〉	〈0.576，0.421〉	〈0.998，0.002〉
x_5	〈0.876，0.102〉	〈0.540，0.441〉	〈0.043，0.933〉	〈0.750，0.210〉	〈0.999，0.001〉
x_6	〈0.923，0.035〉	〈0.810，0.177〉	〈0.067，0.899〉	〈0.667，0.300〉	〈0.998，0.000〉
x_7	〈0.898，0.101〉	〈0.610，0.333〉	〈0.086，0.911〉	〈0.619，0.322〉	〈1.000，0.000〉
x_8	〈0.860，0.121〉	〈0.570，0.420〉	〈0.057，0.900〉	〈0.564，0.421〉	〈1.000，0.000〉
x_9	〈0.807，0.177〉	〈0.560，0.422〉	〈0.038，0.940〉	〈0.677，0.100〉	〈0.999，0.000〉
x_{10}	〈0.788，0.200〉	〈0.525，0.399〉	〈0.167，0.810〉	〈1.000，0.000〉	〈0.176，0.532〉
x_{11}	〈0.799，0.198〉	〈0.167，0.810〉	〈0.354，0.644〉	〈0.540，0.460〉	〈0.142，0.842〉
x_{12}	〈0.821，0.160〉	〈0.200，0.785〉	〈0.459，0.500〉	〈0.625，0.365〉	〈0.131，0.855〉
x_{13}	〈0.777，0.200〉	〈0.183，0.766〉	〈0.396，0.601〉	〈0.546，0.444〉	〈0.120，0.870〉
x_{14}	〈0.835，0.126〉	〈0.800，0.200〉	〈0.000，1.000〉	〈0.040，0.900〉	〈0.999，0.001〉
x_{15}	〈0.827，0.122〉	〈0.850，0.147〉	〈0.000，1.000〉	〈0.046，0.911〉	〈1.000，0.000〉
x_{16}	〈0.904，0.006〉	〈0.840，0.154〉	〈0.000，0.955〉	〈0.031，0.933〉	〈0.999，0.001〉
x_{17}	〈0.810，0.180〉	〈0.820，0.160〉	〈0.019，0.922〉	〈0.601，0.388〉	〈1.000，0.000〉
x_{18}	〈0.838，0.120〉	〈0.630，0.360〉	〈0.029，0.897〉	〈0.613，0.377〉	〈1.000，0.000〉
x_{19}	〈0.862，0.111〉	〈0.530，0.455〉	〈0.048，0.917〉	〈0.771，0.222〉	〈0.998，0.002〉
x_{20}	〈0.865，0.120〉	〈0.510，0.465〉	〈0.043，0.935〉	〈0.708，0.222〉	〈0.999，0.000〉

由表 7.2 可得，隶属矩阵 $\boldsymbol{U}_\mu$ 为

$$\boldsymbol{U}_\mu=\begin{bmatrix}0.566 & 0.222 & 0.422 & 0.005 & 0.241 & 0.321 & 0.142 & 0.254 & 0.215 & 0.781 & 0.019 & 0.356 & 0.278 & 0.123 & 0.256 & 0.087 & 0.245 & 0.148 & 0.159 & 0.259\\ 0.147 & 0.601 & 0.677 & 0.078 & 0.009 & 0.095 & 0.260 & 0.131 & 0.212 & 0.010 & 0.821 & 0.835 & 0.745 & 0.254 & 0.125 & 0.079 & 0.145 & 0.059 & 0.099 & 0.321\\ 0.009 & 0.101 & 0.321 & 0.352 & 0.358 & 0.410 & 0.058 & 0.356 & 0.098 & 0.258 & 0.145 & 0.415 & 0.111 & 0.689 & 0.768 & 0.599 & 0.321 & 0.312 & 0.032 & 0.145\\ 0.203 & 0.300 & 0.110 & 0.710 & 0.801 & 0.699 & 0.589 & 0.813 & 0.764 & 0.147 & 0.015 & 0.135 & 0.215 & 0.021 & 0.158 & 0.165 & 0.589 & 0.689 & 0.741 & 0.852\end{bmatrix}$$

通过对划分隶属矩阵的分析，易知第一类 TBM$\{X_1，X_{10}\}$，第二类 AGM$\{X_2，X_{11}，X_{12}，X_{13}\}$，第三类 CM$\{X_3，X_{14}，X_{15}，X_{16}\}$，第四类 SA$\{X_4，X_5，X_6，X_7，X_8，X_9，X_{17}，X_{18}，X_{19}，X_{20}\}$，与实际情况相符。因此，该算法适用于目标类属型的识别，它可将不同的属性特征所带来的分类作用赋予权值，消除了类属样本特征贡献的假意均匀性，使目标属

性值的结构与意义更加完善真实。

本章小结

本章对类属型空天目标特征数据的聚类问题进行分析研究，分别提出基于直觉模糊CLOPE的最优类别数优选方法和基于特征加权的IFCM算法。具体内容有：

(1) 针对类属型目标特征数据聚类的最优类别数选取问题，提出一种基于直觉模糊CLOPE的最优类别数选取方法。该方法给出了直觉模糊划分熵、直觉模糊划分度及修正直觉模糊划分度的定义，确定了直觉模糊CLOPE算法的Profit判决函数，从而求得了最优类别数，并通过实际数据集的分类实验验证了该方法的有效性。

(2) 针对空天目标识别中类属型数据特征贡献存在假意均匀性这一问题，提出了一种基于特征加权的IFCM算法。首先采用Relief算法对每一个特征属性赋予不同的权值；再分别对FCM与FWIFCM算法进行实际样本测试，验证了该算法的有效性与优越性；最后将该算法应用于空天典型目标识别，通过仿真实验分析附加权值后的分类作用，并验证了该方法的有效性与实用性。

参考文献

[1] 王炜，吕萍，颜永红. 一种改进的基于层次聚类的说话人自动聚类算法[J]. 声学学报，2008，33(1)：9-14.

[2] 刘云龙，林宝军. 一种人工免疫算法优化的高有效性模糊聚类图像分割[J]. 控制与决策，2010，25(11)：1679-1683.

[3] 蒋毅飞，郇丹丹，解鑫. 具有可变数据格式的透明度压缩[J]. 计算机辅助设计与图形学学报，2011，23(2)：247-255.

[4] Chen S, Mclaughlin S, Grant P M, et al. Multi-stage blind clustering equaliser[J]. IEEE Transactions on Communications, 1995, 43(2): 701-705.

[5] Jain A K, Duin R W, Mao J C. Statistical pattern recognition: A review[J]. IEEE Transactions on Pattern Analysis and Machine Intelligence, 2000, 22(1): 4-37.

[6] Ruspini E H. A new approach to clustering[J]. Elsevier Information and Control, 1969, 15(1): 22-32.

[7] 李洁，高新波，焦李成. 模糊CLOPE算法及其参数优选[J]. 控制与决策，2004，19(11)：1250-1254.

[8] 张翔，邓赵红，王士同，等. 极大熵Relief特征加权[J]. 计算机研究与发展，2011，48(6)：1038-1048.

[9] Jain A K, Dubes R C. Algorithms for clustering data[J]. Prentice-Hall Advanced Reference Series, 1988, 12(9): 1-334.

[10] 孙吉贵，刘杰，赵连宇. 聚类算法研究[J]. 软件学报，2008，19(1)：49-61.

[11] Gelbard R, Goldman O, Spiegler I. Investigating diversity of clustering methods: An empirical comparison[J]. Data & Knowledge Engineering, 2007, 63(1): 155-166.

[12] Kumar P, Krishna P R, Bapi R S, et al. Rough clustering of sequential data[J]. Data & Knowledge Engineering, 2007, 3(2): 183-199.

[13] Jain A K, Murty M N, Flynn P J. Data clustering: A review[J]. ACM Computing Surveys, 1999, 31(3): 264-323.

第 8 章　基于直觉模糊核聚类的弹道目标识别方法

本章对基于直觉模糊核聚类的弹道目标识别方法进行分析和研究。首先将核方法引入直觉模糊距离度量，提出了基于核距离的直觉模糊核聚类算法，并通过仿真实验验证了该算法的有效性。其次，针对直觉模糊核聚类算法对初始值敏感、易陷入局部最优的缺陷，将人工蜂群算法引入直觉模糊核聚类算法的初始化寻优过程，提出了基于人工蜂群优化的直觉模糊核聚类算法，并将其应用于弹道目标识别领域。仿真实例表明该方法有效解决了对初始值敏感、易陷入局部最优等问题，且比直觉模糊核聚类方法具有一定的优越性。

8.1 引　　言

随着信息技术的飞速发展，各个领域都产生了大量的数据，这些数据的容量及规模都超过了人类直接的处理能力。为了更方便地表示和应用这些数据，利用计算机对这些数据进行有效聚类(分类)显得尤为重要。聚类是按照“物以类聚”的自然法则对样本进行划分的多元统计分析方法之一，也是机器学习领域中无监督学习方法的一个重要分支[1]。聚类需要按样本各自的属性来进行合理的归类，目的是使同类间的样本具有很大的相似性，不同类间的样本具有很大的差异性。目前，聚类分析技术已经应用于很多领域，比如语音识别[2]、图像分割[3]、数据压缩[4]等，此外，聚类分析对心理学、地质学、考古学、生物学、地理学及市场营销等研究均有重要作用[5,6]。

1969 年，Ruspini 首次提出了模糊划分的概念[7]，将模糊理论引入到聚类分析中来。随后，各国学者提出了包括基于模糊等价关系的传递闭包方法在内的多种模糊聚类分析方法[8]，但是这些方法计算复杂度较高，难以应用于大数据问题及实时性要求较高的领域，因而实际应用与研究中已逐步减少。模糊 c 均值算法(Fuzzy c-Means，FCM)是一种基于目标函数的聚类方法，它能够通过优化目标函数得到各样本点相对各聚类中心的隶属度，从而达到自动分类的目的。由于该方法可适用于大数据量的情况，且具有较高的实时性，因此广泛应用于模式识别、信息融合、网络安全、图像处理等领域[9-12]。

随着 Zadeh 模糊理论以及模糊聚类方法的日趋成熟，其隶属度单一的局限性也逐渐显现。直觉模糊理论作为 Zadeh 模糊理论最重要的拓展形式之一，因增加了非隶属度与犹豫度属性参数，从而进一步扩展和增强了模糊理论对复杂不确定性知识的描述与处理功能，为模糊不确定性信息的建模与处理提供了新的思路和方法，引起了相关研究领域的广泛关注。如何将 FCM 算法拓展到直觉模糊领域，多位学者进行了探讨，中国学者贺正洪将用直觉模糊集表示聚类对象及聚类中心点，提出了基于直觉模糊集合的模糊 c 均值算法[13]。徐小来提出了基于直觉模糊熵的模糊聚类方法[14]。申晓勇将聚类对象和聚类中心点及两者间的关系推广到直觉模糊领域，提出了基于目标函数的直觉模糊聚类方法(Intuitionistic Fuzzy *c*-Means，IFCM)[15]。这些直觉模糊 *c* 均值聚类算法虽然均取得了较好的应用效果，但同样遗留了经典FCM算法的一些缺点，如对噪声和野值敏感，并且过于依赖样本数据的分布结构，对复杂的数据结构显得无能为力。

针对这个问题，核方法被引入到此类算法中来。1995 年，Cortes 等人提出的支持向量机理论在很多领域都表现出比经典分类器更为优越的性能[16]，使核方法逐渐受到重视并被应用到机器学习领域的各个方面。在结合模糊聚类方法和核方法方面，焦李成、张莉等做了很多工作，并创造性地提出了模糊核 *c* 均值算法(Fuzzy Kenel *c*-Means，FKCM)[17, 18]，解决了 FCM 算法不能发现非凸聚类结构的问题。范成礼提出了一种基于直觉模糊关系的核聚类算法[19]，但该方法在将聚类对象与聚类中心点的关系推广为直觉模糊关系时，为方便计算令样本相对各类别隶属度之和为 1，与直觉模糊理论的思想不符。Piciarelli 通过提取核空间的几何特性，提出了一种自适应确定聚类数的核聚类方法[20]。公茂果在经典 FCM 算法中引入折中权重模糊因子和核距离度量，提出了一种基于模糊因子的核聚类算法，并将其应用于图像分割领域[21, 22]。

鉴于此，本章 8.2 节尝试将核方法与直觉模糊聚类方法理论相结合，并基于直觉模糊核距离给出一种直觉模糊核聚类算法(Intuitionistic Fuzzy Kernel *c* - means Clustering Algorithm，IFKCM)，同时给出实验描述和结果分析。

直觉模糊核聚类算法虽然解决了原有直觉模糊聚类算法无法发现非凸聚类结构的问题，但它本质上还是一种局部搜索算法，因此其对初始值敏感、易陷入局部最优解等缺陷依然没有得到解决。此外，引入核方法后，实际上增大了算法的时间复杂度。鉴于以上两点，本章 8.3 节汲取人工蜂群算法全局搜索能力强、收敛速度快的优势，对初始聚类中心进行优化，给出了一种基于人工蜂群算法优化的直觉模糊核聚类算法(Intuitionistic Fuzzy Kernel *c* - means Clustering based on Artificial Bee Colony，ABC - IFKCM)，并尝试将其应用于弹道中段目标识别。

8.2 直觉模糊核聚类算法

8.2.1 基于核的直觉模糊欧式距离度量

目前，绝大多数直觉模糊聚类算法均使用模式空间的直觉模糊欧式距离作为相似性测度，然而现实中大多数聚类问题往往具备了直觉模糊欧式距离无法反映的复杂结构。图 8.1 给出了一个简单的示例，图中的数据为人工同心圆样本数据，采用直觉模糊欧式距离后的聚类效果如图 8.1 所示。从图8.1中可以看出，基于直觉模糊欧式距离，具有复杂数据结构的聚类样本在低维模式空间线性不可分。基于以上分析，我们尝试将样本间的直觉模糊欧式距离投影到特征空间，并给出基于核的直觉模糊欧式距离的定义。

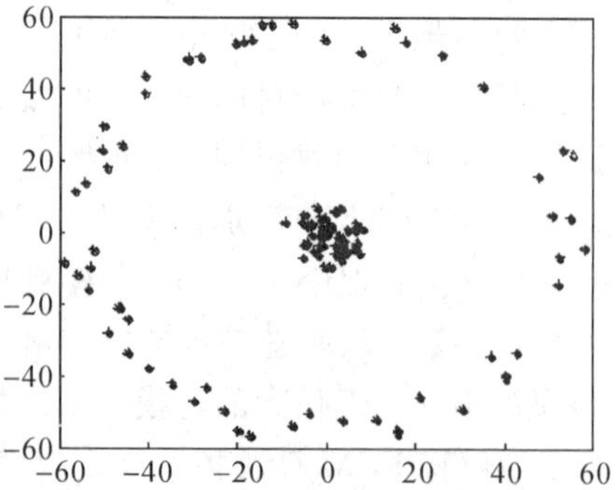

图 8.1 基于直觉模糊欧式距离的同心圆样本聚类效果图

定义 8.1　(基于核的直觉模糊欧式距离) 若样本 $\boldsymbol{x}=(x_1, x_2, \cdots, x_n)$ 和样本 $\boldsymbol{y}=(y_1, y_2, \cdots, y_n)$ 均可用 IFS 表示，则它们之间基于核的直觉模糊欧式距离可定义为

$$q_{K\text{-}IF}(\boldsymbol{x},\boldsymbol{y})$$

$$=\sqrt{\frac{1}{2n}\sum_{i=1}^{n}(\|\mu_A(x_i)-\mu_B(x_i)\|^2+\|\gamma_A(x_i)-\gamma_B(x_i)\|^2+\|\pi_A(x_i)-\pi_B(x_i)\|^2}$$

$$=\sqrt{\frac{1}{2n}\sum_{i=1}^{n}\left\{\begin{matrix}K[\mu_x(x_i),\mu_x(x_i)]+K[\mu_y(y_i),\mu_y(y_i)]+K[\gamma_x(x_i),\gamma_x(x_i)]\\+K[\gamma_y(y_i),\gamma_y(y_i)]+K[\pi_x(x_i),\pi_x(x_i)]+K[\pi_y(y_i),\pi_y(y_i)]\\-2K[\mu_x(x_i),\mu_y(y_i)]-2K[\gamma_x(x_i),\gamma_y(y_i)]-2K[\pi_x(x_i),\pi_y(y_i)]\end{matrix}\right\}}\tag{8.1}$$

定理 8.1　式(8.1)给出基于核的直觉模糊欧式距离满足距离测度的四个条件，即对称性、非负性、自反性以及三角不等式。

证明　(1) 对称性。

由 $K(x, y)=K(y, x)$ 可得

$$q_{K\text{-}IF}(\boldsymbol{x}, \boldsymbol{y})$$

$$=\sqrt{\frac{1}{2n}\sum_{i=1}^{n}\left\{\begin{matrix}K[\mu_x(x_i),\mu_x(x_i)]+K[\mu_y(y_i),\mu_y(y_i)]+K[\gamma_x(x_i),\gamma_x(x_i)]\\+K[\gamma_y(y_i),\gamma_y(y_i)]+K[\pi_x(x_i),\pi_x(x_i)]+K[\pi_y(y_i),\pi_y(y_i)]\\-2K[\mu_x(x_i),\mu_y(y_i)]-2K[\gamma_x(x_i),\gamma_y(y_i)]-2K[\pi_x(x_i),\pi_y(y_i)]\end{matrix}\right\}}$$

$$=\sqrt{\frac{1}{2n}\sum_{i=1}^{n}\left\{\begin{matrix}K[\mu_x(x_i),\mu_x(x_i)]+K[\mu_y(y_i),\mu_y(y_i)]+K[\gamma_x(x_i),\gamma_x(x_i)]\\+K[\gamma_y(y_i),\gamma_y(y_i)]+K[\pi_x(x_i),\pi_x(x_i)]+K[\pi_y(y_i),\pi_y(y_i)]\\-2K[\mu_y(y_i),\mu_x(x_i)]-2K[\gamma_y(y_i),\gamma_x(x_i)]-2K[\pi_y(y_i),\pi_x(x_i)]\end{matrix}\right\}}$$

$$=q_{K\text{-}IF}(\boldsymbol{y},\boldsymbol{x})$$

满足对称性。

(2) 非负性。

$$q_{K\text{-}IF}(\boldsymbol{x}, \boldsymbol{y})$$

$$=\sqrt{\frac{1}{2n}\sum_{i=1}^{n}\left\{\begin{matrix}K[\mu_x(x_i),\mu_x(x_i)]+K[\mu_y(y_i),\mu_y(y_i)]+K[\gamma_x(x_i),\gamma_x(x_i)]\\+K[\gamma_y(y_i),\gamma_y(y_i)]+K[\pi_x(x_i),\pi_x(x_i)]+K[\pi_y(y_i),\pi_y(y_i)]\\-2K[\mu_x(x_i),\mu_y(y_i)]-2K[\gamma_x(x_i),\gamma_y(y_i)]-2K[\pi_x(x_i),\pi_y(y_i)]\end{matrix}\right\}}$$

$$=\sqrt{\frac{1}{2n}\sum_{i=1}^{n}\{\|\Phi[\mu_x(x_i)]-\Phi[\mu_y(y_i)]\|^2+\|\Phi[\gamma_x(x_i)]-\Phi[\gamma_y(y_i)]\|^2+\|\Phi[\pi_x(x_i)]-\Phi[\pi_y(y_i)]\|^2\}}$$

$$\geqslant 0$$

满足非负性。

(3) 自反性。

假设 $q_{K\text{-}IF}(x, y)=0$，则满足

$$\sqrt{\frac{1}{2n}\sum_{i=1}^{n}\left\{\begin{matrix}\|\Phi[\mu_x(x_i)]-\Phi[\mu_y(y_i)]\|^2+\|\Phi[\gamma_x(x_i)]-\Phi[\gamma_y(y_i)]\|^2\\+\|\Phi[\pi_x(x_i)]-\Phi[\pi_y(y_i)]\|^2\end{matrix}\right\}}=0$$

则有

$$\begin{cases}\mu_x(x_i)=\mu_y(y_i)\\ \gamma_x(x_i)=\gamma_y(y_i), \quad i=1, 2, \cdots, n\\ \pi_x(x_i)=\pi_y(y_i)\end{cases}$$

即 $x=y$，满足自反性。

(4) 三角不等式。

设样本 x、y、z 均可用直觉模糊集表示，则

$$\begin{aligned}q_{K\text{-}IF}(\boldsymbol{x}, \boldsymbol{y}) &= \sqrt{\frac{1}{2n}\sum_{i=1}^{n}\left\{\begin{aligned}&\|\Phi[\mu_x(x_i)]-\Phi[\mu_y(y_i)]\|^2+\|\Phi[\gamma_x(x_i)]-\Phi[\gamma_y(y_i)]\|^2\\&+\|\Phi[\pi_x(x_i)]-\Phi[\pi_y(y_i)]\|^2\end{aligned}\right\}}\\
&=\sqrt{\frac{1}{2n}\sum_{i=1}^{n}\left\{\begin{aligned}&\|\Phi[\mu_x(x_i)]-\Phi[\mu_z(z_i)]+\Phi[\mu_z(z_i)]-\Phi[\mu_y(y_i)]\|^2+\\&\|\Phi[\gamma_x(x_i)]-\Phi[\gamma_z(z_i)]+\Phi[\gamma_z(z_i)]-\Phi[\gamma_y(y_i)]\|^2+\\&\|\Phi[\pi_x(x_i)]-\Phi[\pi_z(z_i)]+\Phi[\pi_z(z_i)]-\Phi[\pi_y(y_i)]\|^2\end{aligned}\right\}}\\
&\leqslant\sqrt{\frac{1}{2n}\sum_{i=1}^{n}\left\{\begin{aligned}&\|\Phi[\mu_x(x_i)]-\Phi[\mu_z(z_i)]\|^2+\|\Phi[\mu_z(z_i)]-\Phi[\mu_y(y_i)]\|^2\\&+\|\Phi[\gamma_x(x_i)]-\Phi[\gamma_z(z_i)]\|^2+\|\Phi[\gamma_z(z_i)]-\Phi[\gamma_y(y_i)]\|^2\\&+\|\Phi[\pi_x(x_i)]-\Phi[\pi_z(z_i)]\|^2+\|\Phi[\pi_z(z_i)]-\Phi[\pi_y(y_i)]\|^2\end{aligned}\right\}}\\
&\leqslant q_{K\text{-}IF}(\boldsymbol{x}, \boldsymbol{z})+q_{K\text{-}IF}(\boldsymbol{z}, \boldsymbol{y})\end{aligned}$$

满足三角不等式，证明完毕。

这里需要说明的是本章将所定义的基于核的直觉模糊欧式距离应用于直觉模糊 c 均值聚类，而非传统基于直觉模糊等价关系的聚类方法。因此，式(8.1)可以作为聚类分析中的距离度量。

8.2.2 直觉模糊核聚类算法的实现

设 $\boldsymbol{X}=\{x_1, x_2, \cdots, x_n\}\subset R^s$ 为模式空间内的一组有限观测样本集，假定每个样本的特征均为 s 维的直觉模糊集，可表示为 $\boldsymbol{x}_i=\{\langle x\mu_{i1}, x\gamma_{i1}, x\pi_{i1}\rangle, \langle x\mu_{i2}, x\gamma_{i2}, x\pi_{i2}\rangle, \cdots, \langle x\mu_{is}, x\gamma_{is}, x\pi_{is}\rangle\}$，其中每维特征上的赋值均用一个直觉模糊数 $\langle x\mu_{ij}, x\gamma_{ij}, x\pi_{ij}\rangle$ 表示。将样本集分成 c 类，c 个聚类中心 $\boldsymbol{P}=\{p_1, p_2, \cdots, p_c\}$ 也为直觉模糊集，可表示为 $\boldsymbol{p}_i=\{\langle p\mu_{i1}, p\gamma_{i1}, p\pi_{i1}\rangle, \langle p\mu_{i2}, p\gamma_{i2}, p\pi_{i2}\rangle, \cdots, \langle p\mu_{is}, p\gamma_{is}, p\pi_{is}\rangle\}$，$\boldsymbol{p}_i$ 在第 k 维特征上的赋值 $\langle p\mu_{ij}, p\gamma_{ij}, p\pi_{ij}\rangle$ 也为直觉模糊数。

考虑到将聚类样本与聚类中心之间的关系推广为直觉模糊关系时，并未带来明显的益处，处理不当还会带来一些问题，因此令样本 $\boldsymbol{x}_i$ 与聚类中心 $\boldsymbol{p}_i$ 之间的关系为模糊关系，对样本集 X 的分类结果仍然是一个模糊矩阵 $\boldsymbol{U}=(\mu_{ij})c\times n$，且满足

$$\mu_{ij}\in[0, 1], \ \sum_{i=1}^{c}\mu_{ij}=1, \ \forall j, \ \sum_{j=1}^{n}\mu_{ij}>0, \ \forall i。$$

通过求出适当的直觉模糊分类矩阵 $\boldsymbol{U}$ 和聚类中心 $\boldsymbol{P}$，使目标函数

$$J(\boldsymbol{U}, \boldsymbol{P})=\sum_{i=1}^{c}\sum_{j=1}^{n}(\mu_{ij})^m\|\Phi(\boldsymbol{x}_i)-\Phi(\boldsymbol{p}_i)\|^2, \quad m\in[1, \infty) \tag{8.2}$$

最小，$\|\Phi(\boldsymbol{x}_i)-\Phi(\boldsymbol{p}_i)\|^2$ 为样本 x_i 与聚类中心 p_i 在特征空间内的距离。本章在这里采用定

义 8.1 给出的基于核的直觉模糊欧式距离度量，将(8.1)式带入(8.2)式得目标函数为

$$J(\boldsymbol{U}, \boldsymbol{P}) = \sum_{i=1}^{c}\sum_{j=1}^{n}(\mu_{ij})^m q_{K\text{-}IF}(\boldsymbol{x}, \boldsymbol{y})^2 \tag{8.3}$$

注意到(8.3)式并没有选择特定的核函数，因此任何满足 Mercer 条件的核函数 $K(x, y)$ 都可适用该式。Mercer 条件可描述为：对任意的平方可积函数 $g(x)$，都满足 $\iint K(x, y)g(x)g(y)\mathrm{d}x\mathrm{d}y \geqslant 0$。目前对如何选取核函数尚没有定论，一般是凭经验选取。下面是三种常见的 Mercer 核函数：

1. 高斯(径向基)核函数

$$K(x, y) = \exp(-\|x-y\|^2/\sigma^2)$$

2. 多项式核函数

$$K(x, y) = (x \cdot y + b)^d, \quad d > 0$$

3. 双曲正切核函数

$$K(x, y) = \tanh(\beta \cdot (x \cdot y) + \gamma)$$

其中，b、d、σ、β 及 γ 为核参数。

需要注意的是，对于直觉模糊核聚类算法有如下定理：

定理 8.2　当多项式核参数为 $b=0$、$d=1$ 时，基于多项式核的直觉模糊核聚类算法等价于直觉模糊聚类算法。

证明：当 $K(x, y) = (x \cdot y + b)^d = x \cdot y$ 时，有

$$\begin{aligned}
& q_{K\text{-}IF}(\boldsymbol{x}, \boldsymbol{y}) \\
&= \sqrt{\frac{1}{2n}\sum_{i=1}^{n}\left\{\begin{array}{l}\mu_x(x_i)\cdot\mu_x(x_i)+\mu_y(y_i)\cdot\mu_y(y_i)+\gamma_x(x_i)\cdot\gamma_x(x_i)\\ +\gamma_y(y_i)\cdot\gamma_y(y_i)+\pi_x(x_i)\cdot\pi_x(x_i)+\pi_y(y_i)\cdot\pi_y(y_i)\\ -2\cdot\mu_x(x_i)\cdot\mu_y(y_i)-2\cdot\gamma_x(x_i)\cdot\gamma_y(y_i)-2\cdot\pi_x(x_i)\cdot\pi_y(y_i)\end{array}\right\}} \\
&= \sqrt{\frac{1}{2n}\sum_{i=1}^{n}\left\{\begin{array}{l}\mu_x(x_i)\cdot\mu_x(x_i)-2\cdot\mu_x(x_i)\cdot\mu_y(y_i)+\mu_y(y_i)\cdot\mu_y(y_i)\\ +\gamma_x(x_i)\cdot\gamma_x(x_i)-2\gamma_x(x_i)\cdot\gamma_y(y_i)+\gamma_y(y_i)\cdot\gamma_y(y_i)\\ +\pi_x(x_i)\cdot\pi_x(x_i)-2\pi_x(x_i)\cdot\pi_y(y_i)+\pi_y(y_i)\cdot\pi_y(y_i)\end{array}\right\}} \\
&= \sqrt{\frac{1}{2n}\sum_{i=1}^{n}[\mu_x(x_i)-\mu_y(y_i)]^2+[\gamma_x(x_i)-\gamma_y(y_i)]^2+[\pi_x(x_i)-\pi_y(y_i)]^2} \\
&= q_{IF}(\boldsymbol{x}, \boldsymbol{y})
\end{aligned}$$

可得特征空间内基于核的直觉模糊欧式距离等价于标准化直觉模糊欧式距离，即给定条件下，基于多项式核的直觉模糊核聚类算法等价于直觉模糊聚类算法。证明完毕。

可见直觉模糊聚类算法是直觉模糊核聚类算法的一种特殊形式。此外，由于高斯核函数对应的是无穷维的特征核空间，在无穷维的特征核空间内，有限容量的样本数据是一定线性可分的。因此，在实际应用中通常采取高斯核函数。而对于高斯核函数，当 $\forall x \in \boldsymbol{X}$ 时，$K(x, x)=1$，因此基于高斯核的直觉模糊欧式距离可以简化为

$$q_{K\text{-}IF}(\boldsymbol{x}, \boldsymbol{y}) = \sqrt{\frac{1}{2n}\sum_{i=1}^{n}\{3-2K[\mu_x(x_i), \mu_y(y_i)]-2K[\gamma_x(x_i), \gamma_y(y_i)]-2K[\pi_x(x_i), \pi_y(y_i)]\}}$$

这是一个关于自变量($\boldsymbol{U}$, $\boldsymbol{P}$)的约束优化问题，由拉格朗日乘数法可得目标函数为

$$\partial L(\boldsymbol{X}, \boldsymbol{U}, \boldsymbol{P}, \lambda) = \sum_{i=1}^{c}\sum_{j=1}^{n}(\mu_{ij})^m q_{K\text{-}IF}(\boldsymbol{x}_i, \boldsymbol{p}_i)^2 - \lambda\left[\left(\sum_{i=1}^{c}\sum_{j=1}^{n}\mu_{ij}\right) - n\right] \tag{8.4}$$

其中，λ 为拉格朗日乘数。

由极值点的 KT 必要条件可得：

$$\frac{\partial L}{\partial \mu_{ij}} = m\sum_{i=1}^{c}\sum_{j=1}^{n}(\mu_{ij})^{m-1} q_{K\text{-}IF}(\boldsymbol{x}_i, \boldsymbol{p})^2 - \lambda \tag{8.5}$$

$$\frac{\partial L}{\partial \lambda} = \sum_{i=1}^{c}\sum_{j=1}^{n}\mu_{ij} - n = 0 \tag{8.6}$$

$$\frac{\partial L}{\partial p\mu_i} = \sum_{j=1}^{n}(\mu_{ij})^{m-1}\left(-2\exp\left(-\frac{\|x\mu_j - p\mu_j\|^2}{2\sigma^2}\right)\right)\cdot[-2(x\mu_j - p\mu_j)] = 0 \tag{8.7}$$

$$\frac{\partial L}{\partial p\mu_i} = \sum_{j=1}^{n}(\mu_{ij})^{m-1}\left(-2\exp\left(-\frac{\|x\mu_j - p\mu_j\|^2}{2\sigma^2}\right)\right)\cdot[-2(x\mu_j - p\mu_j)] = 0 \tag{8.8}$$

若 $\forall i$，$i=1, 2, \cdots c$，使得 $q_{K\text{-}IF}(\boldsymbol{x}_j, \boldsymbol{p}_i) > 0$，则

$$\mu_{ij} = \left[\sum_{k=1}^{c}\left(\frac{q_{K\text{-}IF}(\boldsymbol{x}, \boldsymbol{p}_i)}{q_{K\text{-}IF}(\boldsymbol{x}_j, \boldsymbol{p}_k)}\right)^{\frac{2}{m-1}}\right]^{-1} \tag{8.9}$$

若 $\forall i$，$i=1, 2, \cdots c$，使得 $q_{K\text{-}IF}(\boldsymbol{x}_j, \boldsymbol{p}_i) = 0$，则

$$\begin{cases}\mu_{ij} = 1 & i = k \\ \mu_{ij} = 0 & i \neq k\end{cases} \tag{8.10}$$

同理，可得聚类中心的迭代公式为

$$p\mu_i = \frac{\sum_{j=1}^{n}(\mu_{ij})^m K(x\mu_j, p\mu_i)x\mu_j}{\sum_{j=1}^{n}(\mu_{ij})^m} \tag{8.11}$$

$$p\gamma_i = \frac{\sum_{j=1}^{n}(\mu_{ij})^m K(x\gamma_j, p\gamma_i)x\gamma_j}{\sum_{j=1}^{n}(\mu_{ij})^m} \tag{8.12}$$

直觉模糊核聚类算法的详细步骤如下：

算法 8.1 直觉模糊核聚类算法

输入：样本数据集 $\boldsymbol{X}$，聚类类别数 c，平滑参数 m，核函数及其参数，最大迭代次数 $T_{\max}$，迭代停止阈值 η。

输出：划分隶属矩阵 $\boldsymbol{U}$，聚类中心 $\boldsymbol{P}$，迭代次数 t。

Step1：初始化聚类中心 $\boldsymbol{P}$，令迭代次数 $t=1$。

Step2：根据式(8.9)和式(8.10)计算划分隶属矩阵 $\boldsymbol{U}$。

Step3：根据式(8.11)和式(8.12)计算新的聚类中心点。

Step4：判断是否达到终止条件，若达到，则停止迭代，输出划分隶属矩阵 $\boldsymbol{U}$，聚类中心 $\boldsymbol{P}$，迭代次数 t；否则，$t=t+1$，转至 Step2。结束条件为到达最大进化代数 $T_{\max}$，或隶属矩阵 $|\boldsymbol{U}^k - \boldsymbol{U}^{k-1}| \leqslant \eta$。

本节方法还涉及平滑参数 m 及核参数 σ 的选取，平滑参数 m 是给隶属度所赋的一个权重，因此又被称为加权因子，它控制着直觉模糊类间的分享程度。Bezdek 给出了参数 m 的一个经验范围[1.1，5]，但没有给出严格的证明，通常情况下参数 m 取值为 2。如何对核参数 σ 进行取值，目前尚缺乏理论支持，更多的是依靠经验取值，通常的解决方法是用一组专门的验证数据集来确定核参数 σ。

8.2.3　算法复杂度分析

通过对算法步骤进行观察，在整个运算过程中，计算最复杂的过程在 Step2，根据式(8.9)计算划分隶属矩阵 $\boldsymbol{U}$。由于算法的具体运算过程与核函数的选取有关，因此这里令基本运算为 $q_{k-IF}(x_j, p_i)/\ q_{k-IF}(x_j, p_k)$，设 $m=2$，则算法迭代一次，基本运算的计算次数为 $n \cdot c \cdot c$，时间复杂度为 $T(n)=O(c^2 \cdot n)$。算法运行过程中所需保存的数据包括样本集内的 n 个样本(样本维度为 d)，c 个聚类中心以及模糊分类矩阵 $\boldsymbol{U}$，因此算法的空间复杂度为 $S(n)=O(d \cdot n+c \cdot n+d \cdot c)$。

8.2.4　实验与分析

实验选取高斯核作为核函数。为了验证算法的有效性，选择不同的样本集合进行试验，并将结果与直觉模糊 c 均值算法(IFCM)、模糊核 c 均值算法(FKCM)、基于直觉模糊关系的核聚类方法(IFRKCM)及基于模糊因子的核聚类算法(ILKFCM)进行对比。为了避免随机误差，每次试验分别进行 50 次蒙特卡洛仿真。由于需要对实验样本进行直觉模糊化处理，在这里使用一种相对简单的方法，即取各维特征最大值的隶属度值为 1，其余样本与最大值的比值为其隶属度值，且为了简单起见，令犹豫度为 0 即可。实验环境：操作系统 Windows 7，编程软件 Matlab Rb，Intel(R) Core (TM) i7－4790 CPU @ 3.60 GHz，8 GB 的内存。(注：本书其他各章的实验环境均同此)

1. 同心圆样本聚类实验

采用如下参数方程产生两类交错的同心圆样本进行试验

$$\begin{cases} x=\rho \cdot \cos\theta \\ y=\rho \cdot \sin\theta \end{cases} \quad \theta \in U \sim [0, 2\pi] \tag{8.13}$$

两类样本的半径参数 ρ 均服从均匀分布，分别为[0，10]和[50，60]。随机产生两类样本共 120 个，样本分布如图 8.2 所示。

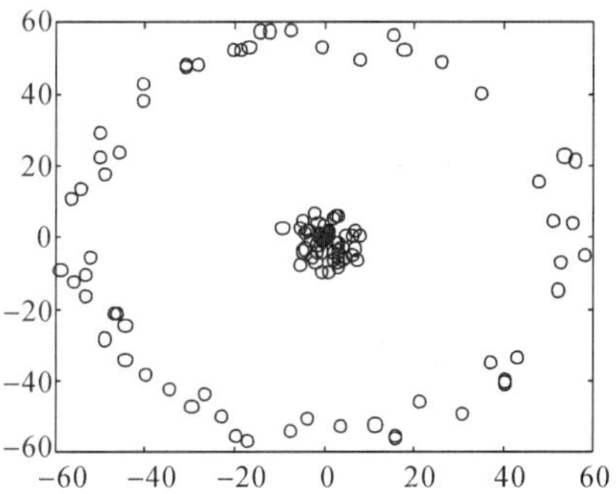

图 8.2　人工同心圆样本分布图

由于不同的核参数 σ 和平滑参数 m 的取值对算法的影响较大，实验专门取出一组验证数据集对 σ 和 m 的取值进行验证。令核参数 σ 在[0.2, 10]间等间隔取值 50 次，平滑参数 m 在[1.2, 11]间等间隔取值 50 次，随着 σ 值和 m 值的变化，分类错误率的变化如图 8.3 所示。

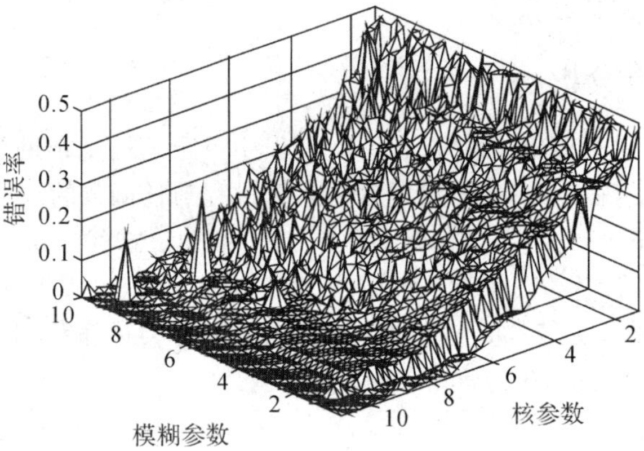

图 8.3　参数 σ 和参数 m 对分类错误率的影响

经过验证，令模糊参数 $m=2.5$，高斯核参数 $\sigma=10$，迭代误差 $\eta=1e-5$，最大迭代次数 $k=200$，则 IFCM、FKCM、IFRKCM、ILKFCM 和本节算法的分类效果图如图 8.4 所示。图 8.4 中，两类样本分别用"●"、"×"符号表示，错分样本则是在原有符号基础上加上"○"符号进行表示。

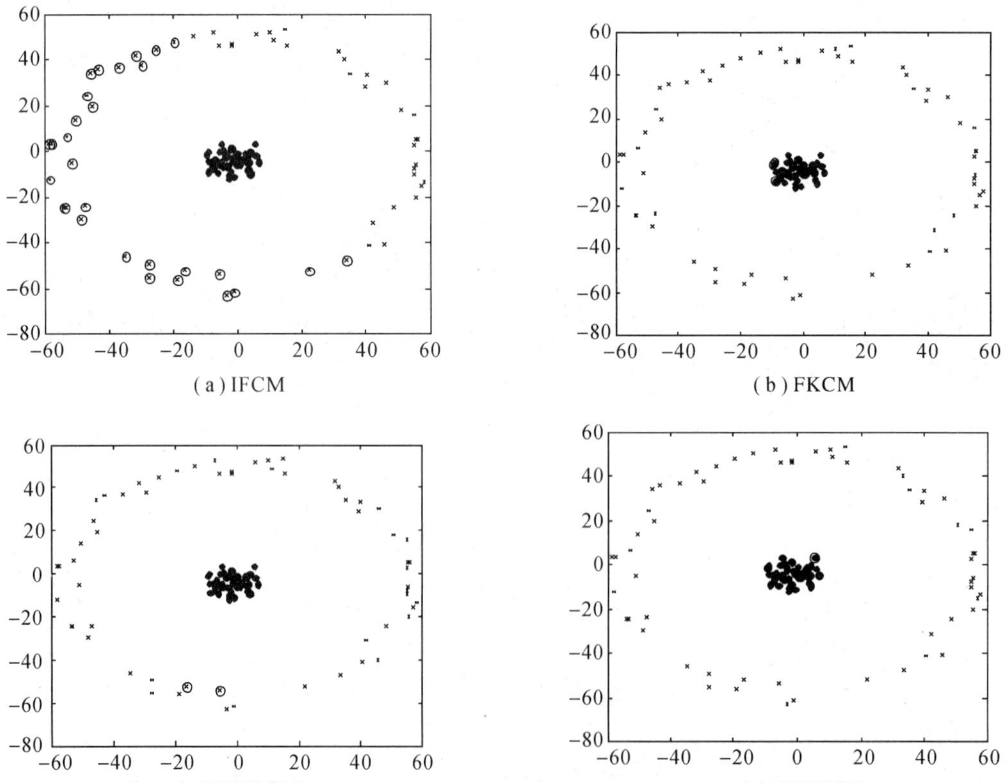

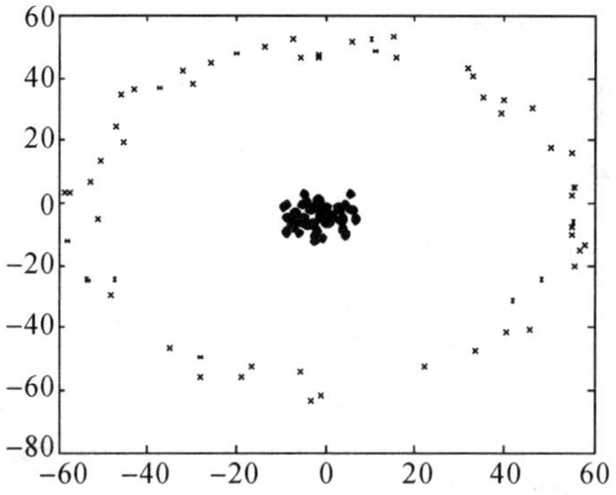

(e) IFKCM

图 8.4　各算法分类效果图

按设定参数进行 50 次蒙特卡洛仿真实验，实验结果如表 8.1 所示。

表 8.1　各算法聚类性能对比

算法	一次迭代时间/s	聚类时间/s	迭代次数	分类正确率/(%)
IFCM	**0.000 051**	**0.000 79**	144	76.83
FKCM	0.0022	0.3009	137.8	97.69
IFRKCM	0.0086	0.5337	62.4	98.33
ILKFCM	0.0072	0.2822	**39.2**	99.83
IFKCM	0.0032	0.1747	53.8	**100**

2. 双螺旋曲线样本聚类实验

模式识别领域中，双螺旋曲线的分类问题一直是公认的有相当难度的问题，因此它也被经常用作检测算法分类性能的试金石。双螺旋曲线的二维坐标方程如下列参数方程所示

螺旋线 1

$$\begin{cases} x_1=(k_1\theta+e_1)\cos\theta \\ y_1=(k_1\theta+e_1)\sin\theta \end{cases},\quad \theta\in U\sim[0,\pi]$$

螺旋线 2

$$\begin{cases} x_2=(k_2\theta+e_2)\cos(-\theta) \\ y_2=(k_2\theta+e_2)\sin(-\theta) \end{cases},\quad \theta\in U\sim[0,\pi] \tag{8.14}$$

其中，k_1、k_2、e_1 及 e_2 为方程参数，在这里取 $k_1=k_2=2$，$e_1=1$，$e_2=10$。

随机产生两类样本共 200 个，样本分布如图 8.5 所示。

实验先对核参数 σ 和平滑参数 m 的取值进行验证，令核参数 σ 在[0.2, 10]间等间隔取值 50 次，平滑参数 m 在[1.2, 11]间等间隔取值 50 次，随着 σ 值和 m 值的变化，分类错误率的变化如图 8.6 所示。

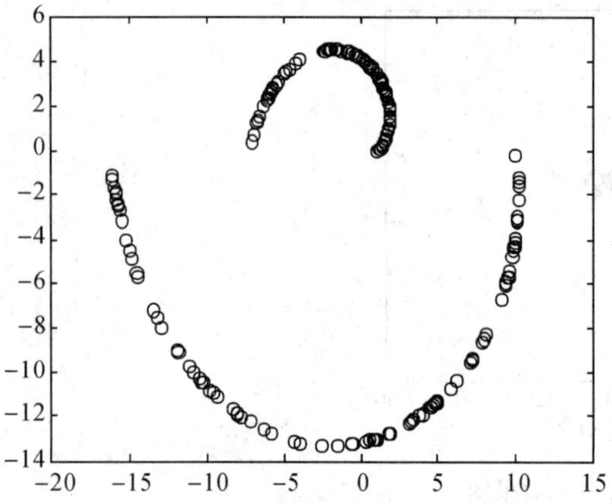

图 8.5　人工螺旋双曲线样本分布图

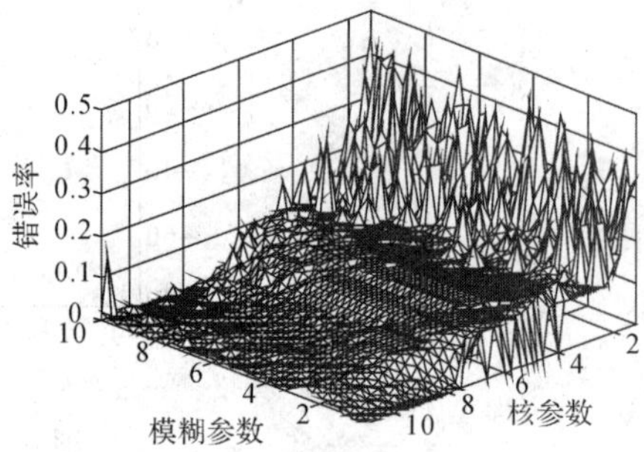

图 8.6　参数 σ 和参数 m 对分类错误率的影响

经过验证，设置高斯核参数 $\sigma=8$，模糊参数 $m=5$，迭代误差 $\eta=1\mathrm{e}-5$，最大迭代代数 $k=200$，则 IFCM、FKCM、IFRKCM、ILKFCM 和本节算法的分类效果图如图 8.7 所示。图 8.7 中，两类样本分别用“●”、“×”符号表示，错分样本则是在原有符号基础上加上“○”符号进行表示。

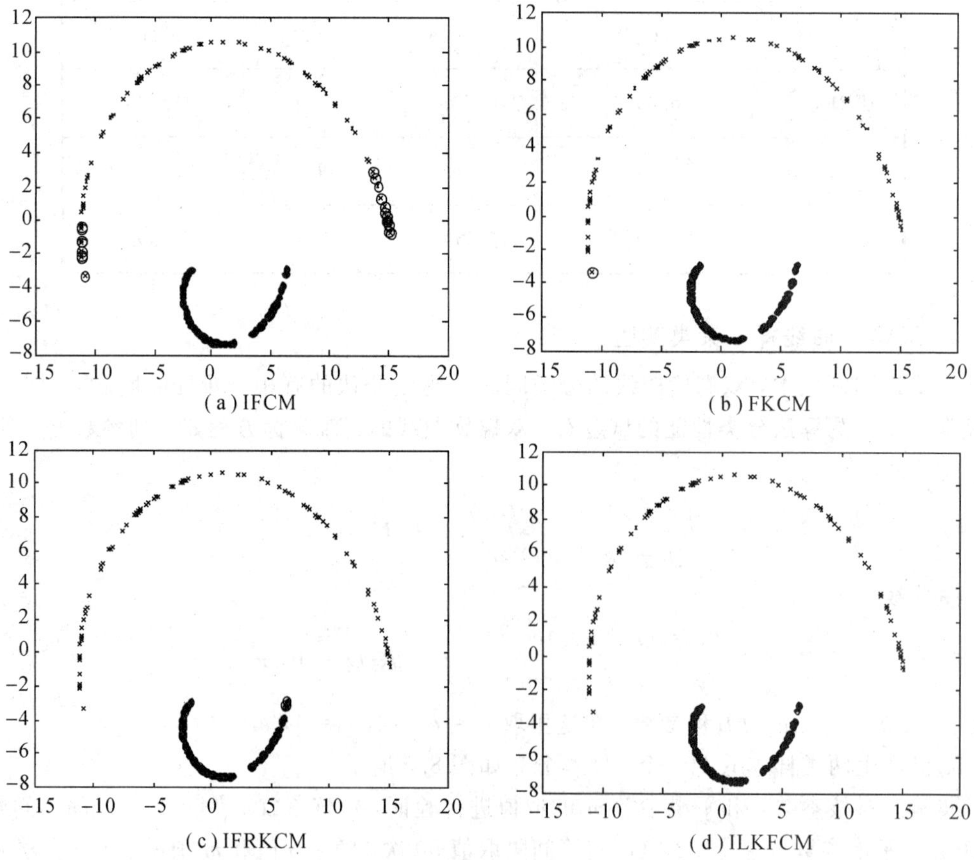

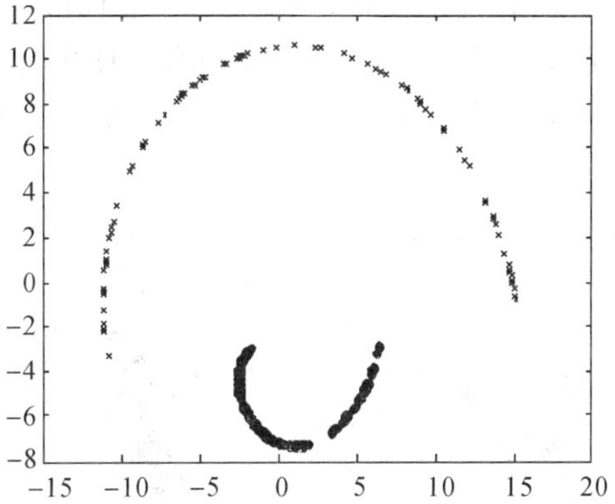

(e) IFKCM

图 8.7　各算法分类效果图

按设定参数进行 50 次蒙特卡洛仿真实验，实验结果如表 8.2 所示。

表 8.2　各算法聚类性能对比

算法	一次迭代时间/s	聚类时间/s	迭代次数	分类正确率/(%)
IFCM	**0.000 08**	**0.001 26**	73	89.50
FKCM	0.0049	0.1563	31.84	99.50
IFRKCM	0.0097	0.2396	24.6	99.00
ILKFCM	0.0082	0.1467	**17.9**	**100**
IFKCM	0.0063	0.1210	19.02	**100**

3. Iris 数据集聚类实验

为了验证算法在实际数据集上的聚类性能，选择 UCI 数据集中的 Iris 数据集进行仿真实验。Iris 数据集由 4 维空间的 150 个样本组成，分属三个不同的类别，其数据分布特点为第一类样本与其他两类样本完全分离，第二类样本与第三类样本之间存在部分交叉。实验先对核参数 σ 和平滑参数 m 的取值进行验证，令核参数 σ 在[0.2, 10]间等间隔取值 50 次，平滑参数 m 在[1.2, 11]间等间隔取值 50 次。随着 σ 值和 m 值的变化，分类错误率的变化如图 8.8 所示。

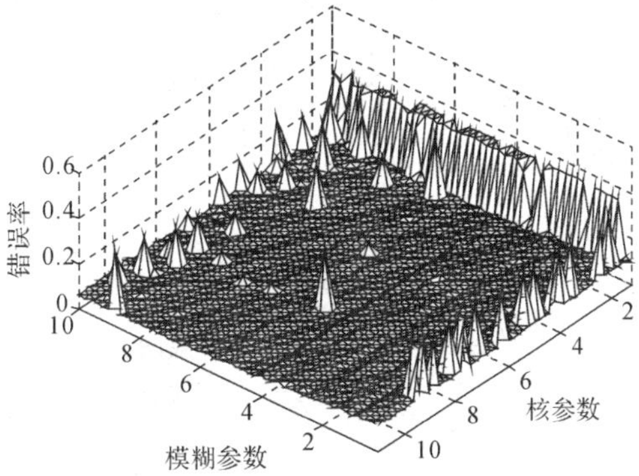

图 8.8　参数 σ 和参数 m 对分类错误率的影响

经过验证，令高斯核参数 $\sigma=9$，模糊参数 $m=8$，迭代误差 $\eta=1\mathrm{e}-5$，最大迭代代数 $k=200$，则 IFCM、FKCM、IFRKCM、ILKFCM 和本节算法的分类效果图如图 8.9 所示。图 8.9 中，三类样本分别用“●”、“+”和“×”符号表示，错分样本则是在原有符号基础上加上“○”符号进行表示。

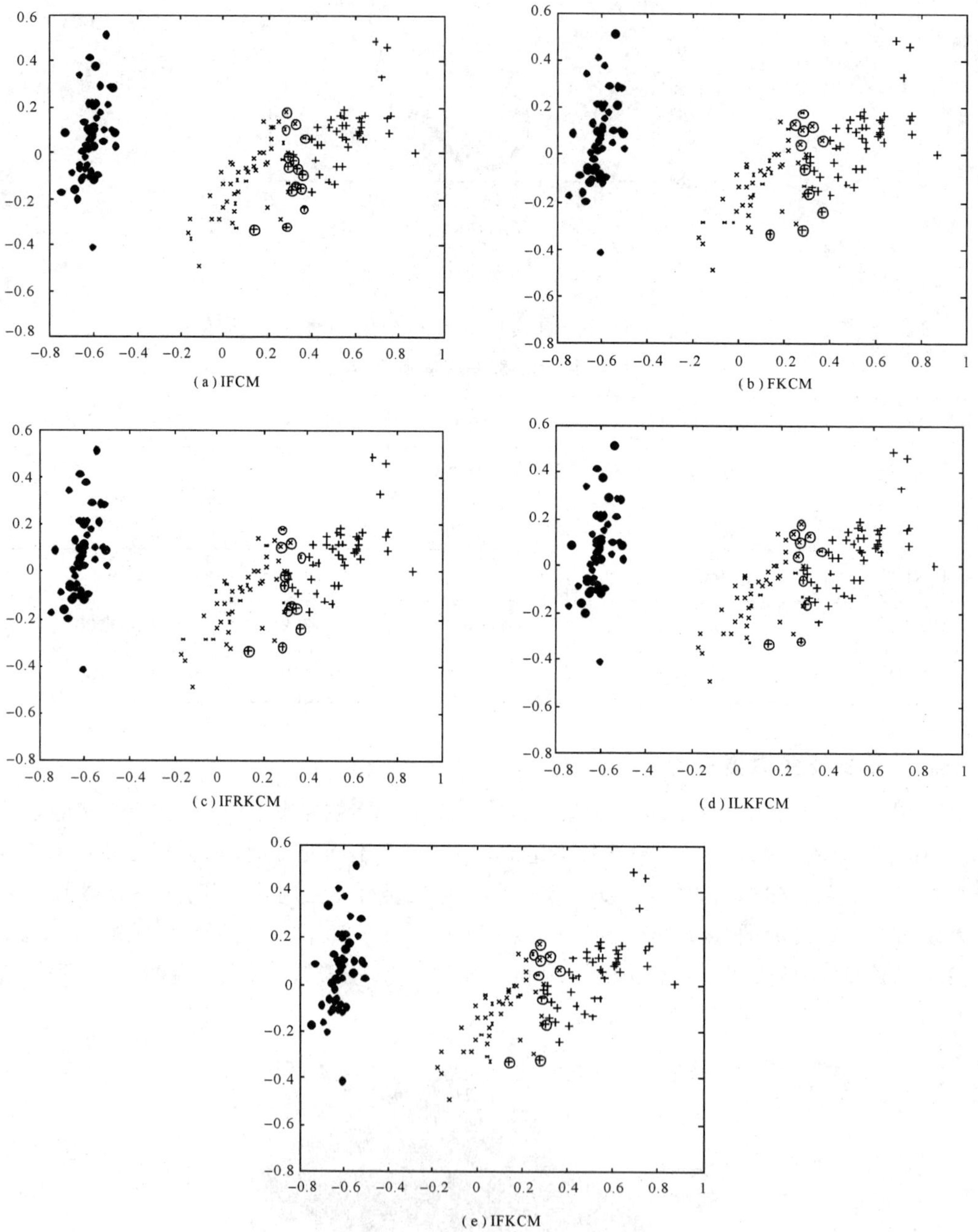

图 8.9　各算法分类效果图

按设定参数进行 50 次蒙特卡洛仿真实验，实验结果如表 8.3 所示。

表 8.3　各算法聚类性能对比

算法	一次迭代时间/s	聚类时间/s	迭代次数	分类正确率/(%)
IFCM	**0.0001**	**0.0026**	23	90.36
FKCM	0.0041	0.1183	26.58	92.75
IFRKCM	0.0109	0.2402	22.1	92.67
ILKFCM	0.0096	0.1504	**15.63**	**93.33**
IFKCM	0.0053	0.1058	19.02	93.01

从以上三组实验的参数验证情况来看，选取高斯核作为核函数时，核参数 σ 相对模糊参数 m 对识别率的影响更大；当核参数 σ 取到一定值时，改变模糊参数 m 不会对算法的识别率产生影响。此外，大部分时候，模糊参数 m 在[1.1, 5]之间取值时，算法的识别率较为稳定，这与 Bezdek 给出的模糊参数 m 的经验范围吻合。

从前两组人工数据的实验结果来看，IFCM 算法虽然所需的聚类时间较短，但不具备发现非凸聚类结构的能力，对结构较为复杂的人工同心圆样本及螺旋双曲线样本的分类效果最差。引入核方法后，FKCM 算法虽然较好地解决了传统 FCM 算法无法发现非凸聚类结构的问题，取得了较好的聚类效果，但由于其隶属度单一的缺陷，其分类的成功率仍然无法令人满意。IFRKCM 算法的正确率则相对一般，要逊于 ILKFCM 算法及本节提出的 IFKCM 算法，且其一次迭代时间最长，这是由于 IFRKCM 算法虽然也把核方法引入到直觉模糊聚类算法，但在具体计算时，为方便计算令样本相对各类别隶属度之和为 1，明显违背了直觉模糊思想，再将分类样本与聚类中心的关系推广为直觉模糊关系时，又大大增加了算法的时间复杂度。ILKFCM 算法正确率与 IFKCM 算法基本相当，但其一次迭代时间则相对 IFKCM 算法较长。这是因为 ILKFCM 算法在目标函数中引入了一个权重模糊因子，提高算法的分类精度的同时也导致了计算量的增加。IFKCM 算法则充分结合了 IFCM 及 FKCM 两者算法的优点，将 FKCM 算法拓展到直觉模糊领域后，可更加细腻地描述样本的模糊不确定性本质，获得了更多的样本分类信息，聚类效果较好。此外，第三组对 Iris 数据集的实验结果与前两组对人工样本的实验结果基本吻合，说明对于该算法在实际数据集上同样具有较好的聚类效果。

8.3　基于人工蜂群优化的直觉模糊核聚类算法

人工蜂群算法(Artificial Bee Colony, ABC)是 Karaboga 博士模拟蜜蜂采蜜过程提出的一种群体智能优化算法。蜂群成员根据分工进行不同的活动，通过蜂群间信息的共享和交流从而搜索到问题的最优解。由于该算法搜索能力强、设置参数较少、易于编程实现，因而近年来受到广泛关注[23, 24]。鉴于此，本节尝试将人工蜂群算法全局优化、快速收敛的优势和直觉模糊核聚类算法局部搜索能力强的优势相结合，并提出了一种基于人工蜂群优化的直觉模糊核聚类算法(Intuitionistic Fuzzy Kernel c-means Clustering based on Artificial Bee Colony, ABC-IFKCM)，通过将人工蜂群算法的优化结果作为后续直觉模糊核聚类算法的初始聚类中心，有效地克服了直觉模糊核聚类算法对初始值敏感、易陷入局部最优解的缺陷。实验结果也充分证明了本节算法的有效性及其应用于弹道中段目标识别领域的优越性。

8.3.1 人工蜂群算法

生物学家发现，一个典型蜂群的采蜜范围能够覆盖以其蜂巢为起点 6 公里甚至更远的区域，这种高效的采蜜现象与蜂群所表现出的群体智能行为是分不开的。2005 年，Karaboga 模拟蜂群的这种高效的采蜜方式提出了人工蜂群算法[25]。算法中，蜜源代表问题的可行解，蜂群通过搜索最优蜜源的方式来搜索问题的最优解。其中，蜂群个体分为引领蜂、跟随蜂及侦查蜂三种角色，引领蜂、跟随蜂用于开采蜜源，即搜索最优解，侦查蜂则用于开辟新的蜜源，避免陷入局部最优。求解优化问题的要素与人工蜂群算法的要素的对应关系如表 8.4 所示。

表 8.4 各算法聚类性能对比

人工蜂群算法	具体优化问题
搜寻蜜源的过程	问题的求解过程
蜜源	问题可行解
蜜源的位置	可行解的位置
蜜源的质量	可行解的适应度值
最优蜜源	最优解

人工蜂群算法的具体过程如下所述：

1. 初始化

设置迭代次数 $t=0$，在 n 维的搜索空间中按式(8.15)生成 SN 个个体$\{x_1, x_2, \cdots, x_{SN}\}$构成初始蜜源种群，即

$$\boldsymbol{x}_i^0=\boldsymbol{x}^L+\text{rand}\times(\boldsymbol{x}^U-\boldsymbol{x}^L) \quad i=1, 2, \cdots, SN \tag{8.15}$$

式中，$\boldsymbol{x}_i^0$ 为初始蜜源的第 i 个个体；$\boldsymbol{x}^L$ 和 $\boldsymbol{x}^U$ 分别为变量 x_i 取值的下界和上界；rand 为[0，1]区间上的随机数。

2. 引领蜂搜索

对于第 t 代蜜源中的目标个体 $\boldsymbol{x}_j^t$，引领蜂随机选择其他蜜源个体 $\boldsymbol{x}_j^t$，按公式(8.16)逐维进行交叉搜索，产生新的个体 $\boldsymbol{v}_j^t$，可得

$$\boldsymbol{v}_j^t(k)=\boldsymbol{x}_j^t(k)+(-1+2\text{rand})\times[\boldsymbol{x}_j^t(k)-\boldsymbol{x}_j^t(k)] \quad k=1, 2, \cdots, n \tag{8.16}$$

为了增强对公式(8.16)的理解，图 8.10 给出了二维空间的交叉搜索示意图。

为了保证算法不断收敛到全局最优解，人工蜂群算法采用“优胜劣汰”的思想对个体进行选择，即

$$\boldsymbol{x}_i^{t+1}=\begin{cases}\boldsymbol{v}_i^t & \text{fit}(\boldsymbol{v}_j^t)>\text{fit}(\boldsymbol{x}_i^t)\\ \boldsymbol{x}_i^t & \text{fit}(\boldsymbol{v}_i^t)\leqslant\text{fit}(\boldsymbol{x}_i^t)\end{cases} \tag{8.17}$$

其中，fit 为蜜源的适度度函数。

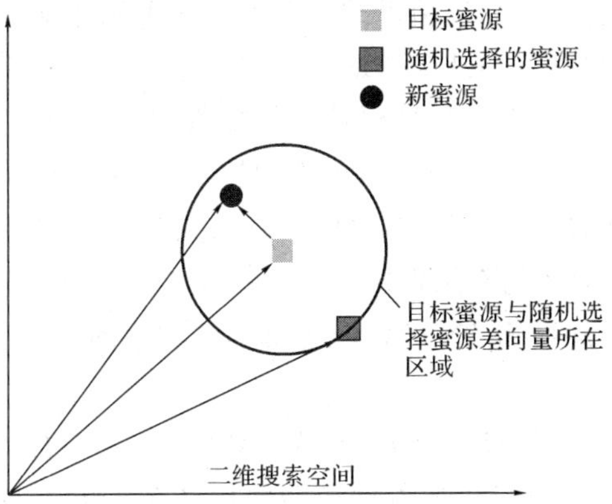

图 8.10　交叉搜索示意图

3. 跟随蜂搜索

公式(8.18)给出了每个蜜源的选择概率，按轮盘赌方式，跟随蜂选择蜜源中较优的个体，并依照式(8.16)生成一个新的蜜源，即

$$\boldsymbol{P}_i = \frac{\text{fit}_i}{\sum_{i=1}^{\text{SN}} \text{fit}_i} \tag{8.18}$$

依据式(8.17)对新蜜源进行选择，若新蜜源优于之前的蜜源，则保留新蜜源，否则保留旧蜜源。跟随蜂搜索方式的实质就是选择优秀蜜源进行贪婪搜索，这种搜索方式也是人工蜂群算法区别于其他进化算法并能实现快速收敛的重要因素，且搜索过程中引入随机信息，不会过多地降低种群多样性。

4. 侦查蜂搜索

通过模拟蜂群搜索潜在蜜源的生理行为，人工蜂群算法提出了侦察蜂搜索方式。即某一蜜源连续"limit"代不发生改变，则舍弃该蜜源，并按式(8.15)重新生成一个新的蜜源。

人工蜂群算法通过以上这三种搜索方式，使蜜源种群不断进化，直至种群的最优解达到预定误差精度时或算法迭代次数 t 达到最大迭代次数 $T_{\max}$ 时算法结束。

8.3.2　人工蜂群收敛性分析

本节基于随机优化算法的收敛判定准则对人工蜂群算法的收敛性进行分析。

若我们用 $\langle A, f\rangle$ 来表示一个优化问题，其中 A 为优化问题的可行解空间，f 为其适应度函数。有随机优化算法 D，第 k 次的迭代结果为 x_k，则第 $k+1$ 次的迭代结果为 $x_{k+1}=D(x_k, \zeta)$，ζ 为算法 D 在前期迭代过程得到的可行解。若满足下列两个条件，则算法 D 收敛[26]：

条件 8.1(单调递增条件)　若算法 D 满足 $f([D(\boldsymbol{x}, \zeta)]\geqslant f(\boldsymbol{x})$，且 $\zeta\in A$，则有 $f[D(\boldsymbol{x}, \zeta)]\geqslant f(\zeta)$。

条件 8.2(概率条件)　对 A 的任意 Borel 子集 L，$s.t.\ \nu[L]>0$，有 $\prod_{k=1}(1-u_k[L])=$

0，式中 $u_k[L]$ 为算法 D 第 k 次迭代结果出现在集合 L 上的概率。

满足条件 8.1 说明算法 D 迭代结果的适应度值是单调递增的，满足条件 8.2 则说明算法 D 在足够多的搜索次数下得不到全局最优解的概率为 0。若将所有可能的蜜源种群看成一个状态空间，那么每一代蜜源种群便可认为是随机过程中的一个状态。为证明 ABC 算法的收敛性，我们先对蜜源状态序列的马尔可夫(Markov)性进行分析。

定理 8.2 蜜源种群的状态序列 $\{H(t): t\geqslant 0\}$ 为有限齐次马尔可夫链(Markov Chain)。

证明：(1) 算法搜索空间的有限性决定了任一蜜源状态 $\boldsymbol{x}_i$ 是有限的，因此蜜源的状态空间 B 是有限的。因此，规模为 SN 的蜜源种群的状态空间 $H=\{B_1, B_2, \cdots, B_{SN}\}$ 也必然是有限的。

(2) 蜜源种群的状态序列 $\{H(t): t\geqslant 0\}$ 中，$\forall H(t-1)\in H$，$\forall H(t)\in H$，其转移概率 $P(D_H(H(t-1))=H(t))$ 由种群内所有蜜源的转移概率 $p(D_H(H(t-1))=H(t))$ 决定。而任一蜜源的转移概率 $p(D_H(H(t-1))=H(t))$ 仅与 $t-1$ 时刻的蜜源状态有关。因此，$p(D_H(H(t-1))=H(t))$ 仅与 $t-1$ 时刻所有蜜源状态 $H_i(t-1)(i=1, 2, \cdots, SN)$ 有关，即蜜源种群的状态序列 $\{H(t): t\geqslant 0\}$ 具备马尔可夫性，又因为其状态本身离散且有限，因此 $\{H(t): t\geqslant 0\}$ 为有限马尔可夫链。

(3) 任一蜜源的转移概率 $p(D_H(H(t-1))=H(t))$ 与时刻 $t-1$ 无关，则说明状态序列 $\{H(t): t\geqslant 0\}$ 是齐次的，即 $\{H(t): t\geqslant 0\}$ 为有限齐次马尔可夫链。证明完毕。

定理 8.3 当迭代次数趋近于无穷时，蜜源种群的状态序列 $\{H(t): t\geqslant 0\}$ 必将进入最优解集 H_{opt}，即满足 $\lim\limits_{t\to\infty}P\{H(t)\in H_{\mathrm{opt}} \mid H(0)\}=1$。

证明：若蜜源种群在 t 时刻已获得全局最优解，那么 $t+1$ 时刻，$H(t+1)$ 也必然获得全局最优解，即

$$P\{H(t+1)\in H_{\mathrm{opt}} \mid H(t)\in H_{\mathrm{opt}}\}=1$$

亦即

$$\begin{aligned}P\{H(t+1)\}\in H_{\mathrm{opt}} &= [1-P\{[H(t)\in H_{\mathrm{opt}}]\}]\cdot P\{[H(t+1]\in H_{\mathrm{opt}}) \mid H(t)\notin H_{\mathrm{opt}}\} \\ &\quad +P\{[H(t)\in H_{\mathrm{opt}}]\}\cdot P\{[H(t+1]\in H_{\mathrm{opt}}) \mid H(t)\in H_{\mathrm{opt}}\} \\ &= [1-P\{[H(t)\in H_{\mathrm{opt}}]\}]\cdot P\{[H(t+1]\in H_{\mathrm{opt}}) \mid H(t)\notin H_{\mathrm{opt}}\} \\ &\quad +P\{[H(t)\in H_{\mathrm{opt}}]\}\end{aligned}$$

令

$$P\{H(t+1)\in H_{\mathrm{opt}} \mid H(t)\notin H_{\mathrm{opt}}\}\geqslant d(t)\geqslant 0,\ \lim_{t\to\infty}\prod_{i=1}^{t}[1-d(t)]=0$$

则有

$$1-P\{[H(t+1]\in H_{\mathrm{opt}})\}\leqslant[1-d(t)][1-P\{[H(t)\in H_{\mathrm{opt}}]\}]$$

$$\Rightarrow 1-P\{[H(t+1)\in H_{\mathrm{opt}}]\}\leqslant[1-P\{[H(0)\in H_{\mathrm{opt}}]\}]\cdot\prod_{i=1}^{t}[1-d(t)]$$

$$\Rightarrow \lim_{t\to\infty}P\{[H(t+1)\in H_{\mathrm{opt}}]\}\geqslant 1-[1-P\{[H(0)\in H_{\mathrm{opt}}]\}]\cdot\prod_{i=1}^{t}[1-d(t)]$$

$$\Rightarrow \lim_{t\to\infty}P\{[H(t+1)\in H_{\mathrm{opt}}]\}\geqslant 1$$

由于 $P\in[0, 1]$ 区间，因此

$$\lim_{t\to\infty} P\{H(t+1)\in H_{\text{opt}}\}=1,\text{ 即 } \lim_{t\to\infty} P\{H(t)\in H_{\text{opt}}\}=1$$

证明完毕。

定理 8.4　人工蜂群算法收敛到全局最优。

证明　(1) 蜂群算法采用“优胜劣汰”的思想对个体进行选择，每一次迭代均保存了群体最优蜜源，从而保证了解的单调递增变化，满足条件 8.1。

(2) 若条件 8.3 成立，则要求算法 D 在足够多的搜索次数下搜索到 L 中元素的概率为 1。由定理 8.3 可知，算法 D 在足够多的搜索次数下搜索到全局最优解的概率为 1，则有 $0<u_k[L]<1$，即

$$\prod_{k=0}(1-u_k[L])=0$$

满足条件 8.3。

证明完毕。

8.3.3　ABC - IFKCM 算法的实现

直觉模糊核聚类算法虽然可以有效地消除传统聚类算法对数据分布的依赖性，但是其对初始值敏感、容易陷入局部最优且收敛速度缓慢的问题并没有得到解决，而恰当的初始值则可以有效解决上述问题。本节尝试汲取了人工蜂群算法全局搜索能力强、收敛速度快的优势，对直觉模糊核聚类算法的初始值进行优化，在样本投影到高维特征空间后，通过对划分隶属矩阵的迭代更新以及对聚类中心点持续不断的修正，有效地缩短了聚类所需的时间，提高了聚类精度。

设样本空间为 $X=\{\boldsymbol{x}_1, \boldsymbol{x}_2, \cdots, \boldsymbol{x}_n\}$，以人工蜂群算法中的一个蜜源代表一个聚类中心集合 $V=\{\boldsymbol{v}_1, \boldsymbol{v}_2, \cdots, \boldsymbol{v}_n\}$，其中 $\boldsymbol{v}_j$ 和 $\boldsymbol{x}_i$ 是同维度的向量。取人工蜂群算法的适应度函数为

$$f(\boldsymbol{V})=\frac{1}{J(\boldsymbol{U},\boldsymbol{V})+1}=\frac{1}{\sum_{i=1}^{c}\sum_{j=1}^{n}(\mu_{ij})^m q_{K\text{-}IF}(\boldsymbol{x}_j, \boldsymbol{v}_i)^2} \tag{8.19}$$

如果样本数据的聚类效果得到改善，$J(\boldsymbol{U}, \boldsymbol{P})$ 的值将会变小，则人工蜂群算法的适应度函数值将增加。人工蜂群算法虽然能找到接近全局的近似解，但存在接近最优解后收敛速度下降的缺陷，在有限迭代过程中难以保证收敛到全局最优解。因此本节将上述基于人工蜂群算法的聚类结果作为直觉模糊核聚类算法的初始值，然后采用直觉模糊核聚类算法进一步求解最优值。由此可见，人工蜂群算法的适应度函数值和样本数据的聚类效果成正比例关系。

下面给出基于人工蜂群优化的直觉模糊核聚类算法的详细步骤：

算法 8.2　基于人工蜂群优化的直觉模糊核聚类算法。

输入： 样本数据集 $\boldsymbol{X}$，聚类类别数 $2\leqslant c\leqslant n$，平滑参数 m，核函数及其参数，种群规模 N，控制参数 limit，最大进化代数 MCN、最大迭代次数 $T_{\max}$，迭代停止阈值 ε、η。

输出： 划分隶属矩阵 $\boldsymbol{U}$，聚类中心 $\boldsymbol{P}$。

Step1： 初始化，根据式(8.15)产生 N 个蜜源 $V_1, V_2, \cdots, V_N$ 作为初始种群，每个蜜源 V_i 代表一个聚类中心集合 $\{\boldsymbol{v}_1, \boldsymbol{v}_2, \cdots, \boldsymbol{v}_c\}$。令迭代次数 $k=1$，$t=1$。

Step2：根据式(8.9)、式(8.10)计算每个蜜源的划分隶属矩阵 $\boldsymbol{U}$；然后根据式(8.19)计算每个蜜源的适应度值。

Step3：根据式(8.16)进行引领蜂搜索，并计算其适应度值；然后根据式(8.17)进行贪婪选择，保留适应度最好的蜜源。

Step4：根据式(8.18)计算每个蜜源的被选择概率；然后跟随蜂依照概率选择蜜源并根据式(8.16)进行搜索；最后根据式(8.17)进行贪婪选择，保留适应度最好的蜜源。

Step5：根据控制参数 limit 判断是否有蜜源被舍弃，若有侦查蜂则按式(8.15)产生新的随机蜜源，并将原有蜜源替换。

Step6：判断是否满足终止条件，若满足，则停止迭代，输出当前最优蜜源 V_i 并将其作为 IFKCM 算法的初始聚类中心 $\boldsymbol{P}$；否则，$t=t+1$，转至 Step2。结束条件为到达最大进化代数 MCN，或蜜源的最优适应度值 $|\boldsymbol{f}^k-\boldsymbol{f}^{k-1}|\leqslant\varepsilon$。

Step7：根据式(8.9)、式(8.10)计算、更新划分隶属矩阵 $\boldsymbol{U}$。

Step8：根据式(8.11)、式(8.12)计算新的聚类中心 $\boldsymbol{P}$。

Step9：判断是否满足终止条件，若满足，则停止迭代，输出划分隶属矩阵 $\boldsymbol{U}$，聚类中心 $\boldsymbol{P}$；否则，$t=t+1$，转至 Step7。结束条件为到达最大进化代数 $T_{\max}$，或隶属矩阵 $|\boldsymbol{U}^k-\boldsymbol{U}^{k-1}|\leqslant\eta$。

8.3.4 算法复杂度分析

通过对算法步骤进行分析，基于人工蜂群优化的直觉模糊聚类算法基本可分解为人工蜂群优化和直觉模糊核聚类两个相对独立的阶段。基于算法的时间复杂度及空间复杂度理论，我们分别对这两个阶段进行分析。通过观察可知，两个阶段的迭代运算过程中，计算最复杂且运算次数最多的过程在于求解划分隶属矩阵 $\boldsymbol{U}$，令基本运算为 $q_{K\text{-}IF}(\boldsymbol{x}_i, \boldsymbol{p}_i)/q_{K\text{-}IF}(\boldsymbol{x}_j, \boldsymbol{p}_k)$，$m=2$，则第一阶段人工蜂群优化的一次迭代基本运算的计算次数为 $N\cdot c\cdot c$，其中 N 为种群规模，c 为聚类类别数，则第一阶段人工蜂群优化的时间复杂度为 $T(n)=O(c^2\cdot N)$。而根据 8.2.3 小节可知，第二阶段直觉模糊核聚类的一次迭代的时间复杂度为 $T(n)=O(c^2\cdot n)$。若令第一阶段和第二阶段的迭代次数分别为 l_1 和 l_2，则本节算法总的时间复杂度为 $T(n)=O(c^2\cdot N\cdot l_2+c^2\cdot n\cdot l_2)$。实际应用中，人工蜂群算法的种群规模 N 的取值通常是一个比样本个数 n 远小的值，因此算法时间复杂度可以简写为 $T(n)=O(c^2\cdot n\cdot l_2)$。此外，本节算法汲取了人工蜂群算法全局搜索能力强、收敛速度快的优势，其第二阶段所需的迭代次数 l_2 小于直觉模糊核聚类算法的迭代次数 l。因此，本节算法所需的运行时间也应少于直觉模糊核聚类算法的运行时间。

8.3.5 实验与分析

1. UCI 数据集分类实验

选择 Wine 数据集对 ABC - IFKCM 算法进行仿真实验。Wine 数据集由 178 个样本组成，分属三个不同的类别，其 13 维特征分别表示：alcohol(酒精含量)、malic acid(苹果酸含量)、ash(灰分)、alcalinity of ash(灰分碱度)、magnesium(镁含量)、total phenols(总酚含量)、flavanoids(类黄酮)、nonflavanoid phenols(非类黄酮酚)，proanthocyanins(前花青素)，color intensity(色率)，hue(色调)，OD280/OD315 of diluted wines(稀释酒的 OD280/OD315)，proline(脯氨酸)。实验过程中选取高斯核作为核函数且设定核参数 $\sigma=0.03$，平滑参数 $m=2$，聚类类别数 $c=3$，控制参数 limit=5，最大迭代次数 MCN=30、$T_{\max}=50$，迭代停止阈值 $\varepsilon=10^{-1}$、$\eta=0.01$。由于 Wine 为 13 维样本数据集，其聚类效果不容易观测，因此将数据样本映射到 2 维空间对算法的聚类效果进行展示，产生 PCA 图、Fuzzy Sammon图如图 8.11 所示。三种不同类别的样本在图 8.11 中分别用"●"、"+"和"×"符号进行表示，在图中可以清晰看出 Wine 数据集的三类样本点被清晰地分离开来，并且样本中任意两类样本点几乎不存在重叠分布。

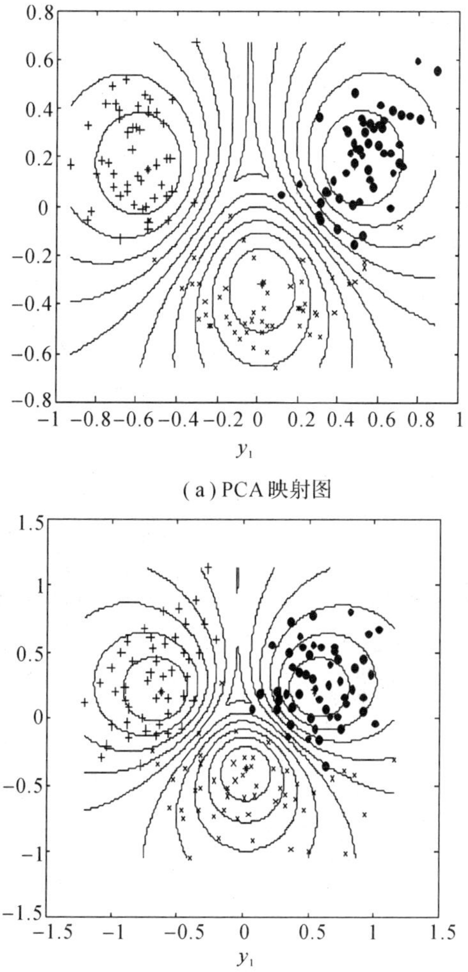

(a) PCA 映射图

(b) Sammon 映射图

图 8.11　Wine 数据的 2 维空间分类效果图

本节中，错误率为错分样本数目占样本总数目的比重。聚类后的样本分布及错误率会随着算法参数设置的不同而改变，在本次实验中，ABC-IFKCM 算法对 Wine 数据集的平

均错误率仅为 ε =0.0327。此外，分别采用 Wine、Iris、Wisc、Motorcycle 四组数据集对 FCM、IFKCM、ABC－IFKCM 算法进行 100 次蒙特卡洛仿真实验，其平均错误率如表 8.5 所示。

表 8.5 三种算法的平均错误率

数据集	FCM	IFKCM	ABC－IFKCM
Wine	0.0764	0.0463	**0.0327**
Iris	0.0924	0.0693	**0.0619**
Wisc	0.0744	0.0454	**0.0311**
Motorcycle	0.0674	0.0512	**000293**

从表 8.5 中可以看出，FCM 算法错误类最高，聚类效果与其他两种方法相比最差。IFKCM算法通过将核方法和模糊聚类方法相结合，并将研究领域拓展到直觉模糊，获取了更多的样本的信息，聚类识别效果较经典算法有较大改进。ABC－IFKCM 算法通过汲取蜂群算法全局搜索能力强、收敛速度快的特性，对初始聚类中心进行优化，克服了 IFKCM 算法对初始值敏感的缺陷，聚类识别效果最好。

2. ABC－IFKCM 算法有效性测试

实验选取 Motorcycle 数据集对本节算法的有效性进行测试。算法每次迭代结束后，都会得到不同的动态聚类中心点，图 8.12 所示为本实验的最后一次迭代结果。

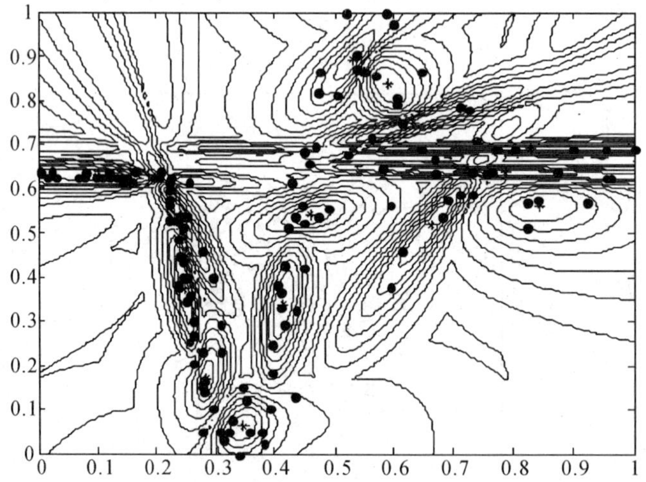

图 8.12 最优动态聚类中心点分布

此外，本算法每次迭代后还会生成 7 项常用的有效性指标值(Classification Entropy (CE)，Partition Coefficient(PC)，Xie and Beni's Index(XB)，Separation Index(S)，Partition Index(SC)，Dunn's Index(DI)，Alternative Dunn Index(ADI))，其各自所形成的曲线如图 8.13 所示。从图 8.13 中可以看出，本节算法的 7 项指标值曲线均较为平滑，因此该算法是有效的。

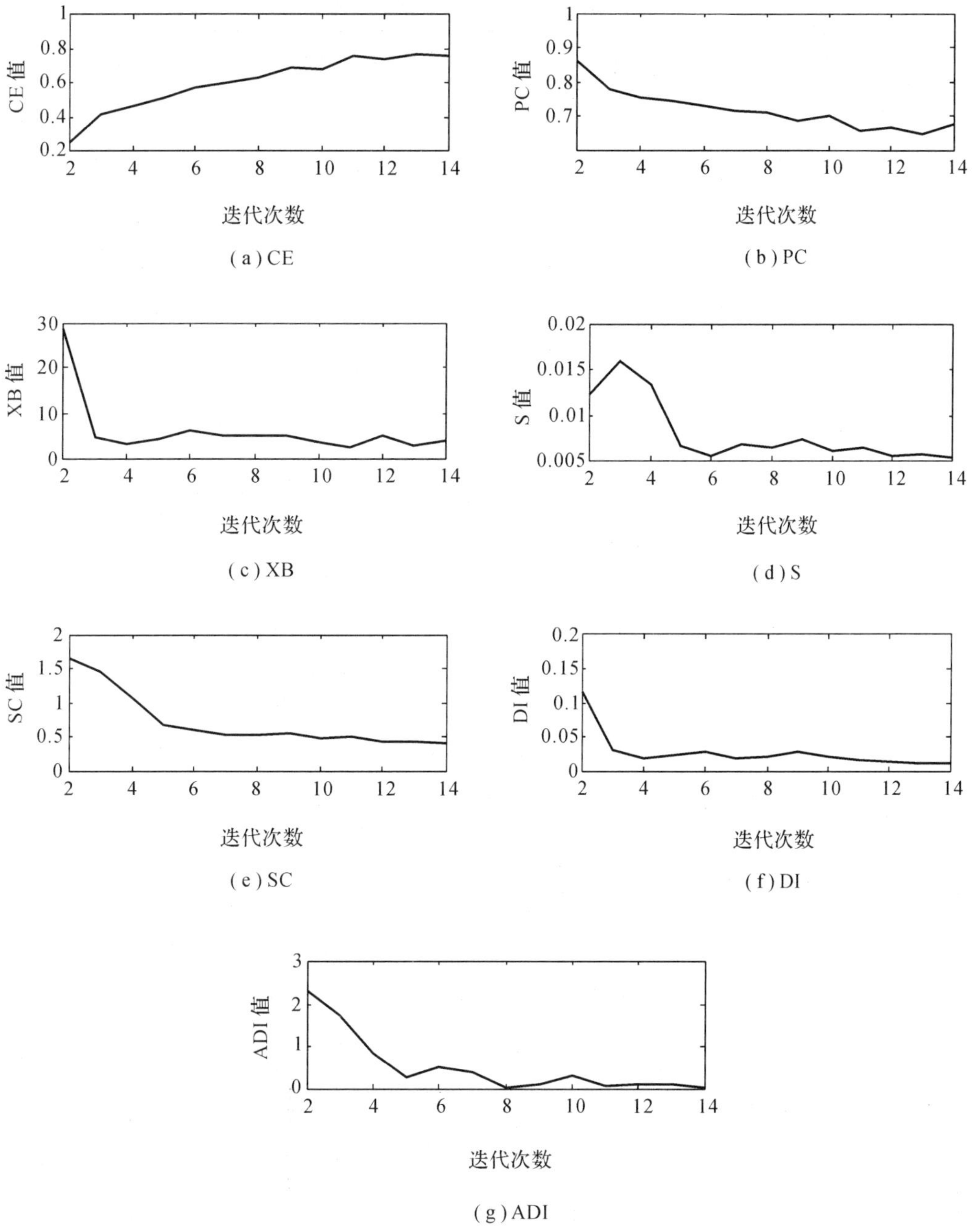

图 8.13　算法有效性指标迭代曲线图

为了对 FCM、IFKCM 和 ABC－IFKCM 三种算法的有效性能指标进行比对，选取 Motorcycle数据集对三种算法分别进行实验，表 8.6 所示为 FCM、IFKCM 和 ABC－IFKCM 三种算法最后一次迭代所得的有效性指标值。

从表 8.6 中可以看出，ABC－IFKCM 算法的 PC 值较其他两种算法略大，表明该算法的划分性能最好；三种算法的 CE 值均较为接近 PC 值，表明三种算法的模糊聚类性能均较为出色；ABC－IFKCM 算法的 XB 值较其他两种算法的 XB 值略低，说明其动态聚类和全

表 8.6 三种算法的有效性指标

指标	FCM	IFKCM	ABC - IFKCM
PC	0.6469	0.7537	0.7960
CE	0.6442	0.7348	0.7954
XB	3.1108	2.6433	2.2456
S	0.0082	0.0114	0.0135
SC	1.8958	1.6897	1.5652
DI	0.0317	0.0356	0.0458
ADI	0.0348	0.0367	0.0474

局搜索的能力相对其他两种算法更强；*ABC - IFKCM* 算法的 *SC* 值较其他两种算法的 *SC* 值略小，表明该算法聚类的紧密性比其他两种算法更强；相反的，*ABC - IFKCM* 算法的 *S* 值较其他两种算法的 *S* 值略大，表明该算法聚类后数据样本间的分离度小于 *FCM* 和 *IFKCM*聚类后的数据样本；*ABC - IFKCM* 算法的 *DI* 值相对其余两种算法略大，表明该算法能更好地兼顾到聚类的紧密性和分离度；*ADI* 值是 *DI* 值的修正值，目的是通过更简洁的运算方法增大 *DI* 值。本节实验的三种算法的 *ADI* 值均大于其 *DI* 值，达到了增大 *DI* 值的目的。通过比较各算法的 7 项性能指标值可知，本节提出的 *ABC - IFKCM* 算法的有效性优于其他两种算法，也具备更好的鲁棒性。

3. 弹道中段目标 RCS 序列识别实验

根据 5.4 节所建的弹头、重诱饵、翻滚诱饵及气球模型，令雷达视线与目标角动量 $\boldsymbol{H}$ 之间的夹角 $\beta=20°\sim30°$，弹头进动角为 $2°\sim4°$，进动周期为 2～4 s；重诱饵进动角为 $4°\sim7°$，进动周期为 4～8 s；翻滚诱饵的翻滚周期为 4～8 s，对每类目标随机产生 50 条 RCS 序列曲线(0～10 s)，令采样频率为 10 Hz，取该 RCS 序列的极大值、极小值、均值及方差作为一个样本的聚类特征指标，则四类目标样本在二维空间的分布情况如图 8.14 所示。

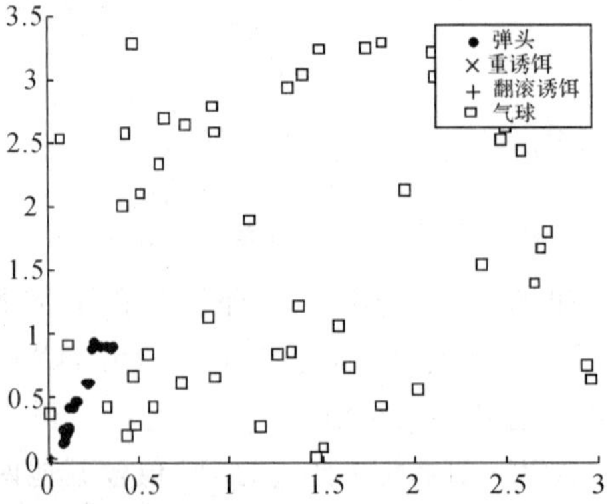

图 8.14 弹道目标 RCS 序列样本分布图

选取高斯核为核函数并令核函数 $\sigma=8$，平滑参数 $m=2$，聚类类别数 $c=4$，控制参数 limit=5，最大迭代次数 MCN=25、$T_{\max}=100$，迭代停止阈值 $\varepsilon=10^{-4}$、$\eta=0.01$。则 FCM、IFKCM 及 ABC－IFKCM 三种算法的 PCA 分类投影图如图 8.15 所示，四类样本分别用"●"、"×"、"+"和"○"表示，错分的样本是在原有符号基础上加上"○"符号进行表示。

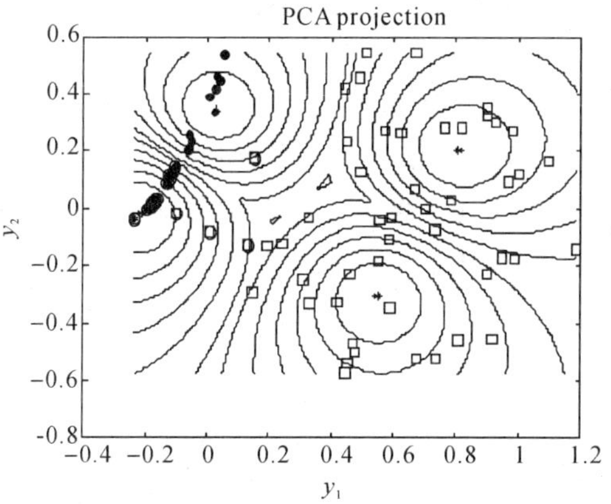

(a) FCM

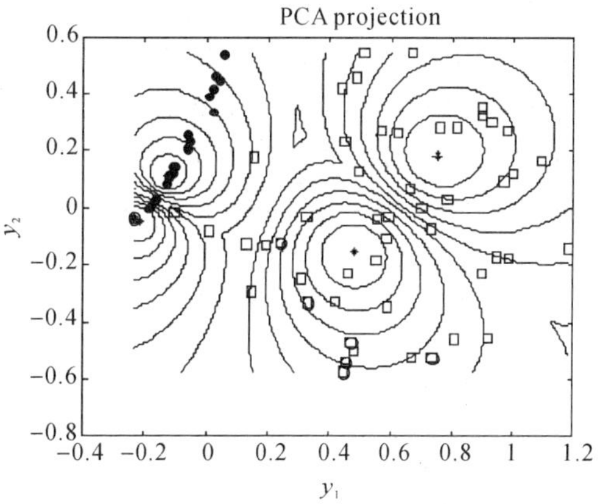

(b) IFKCM

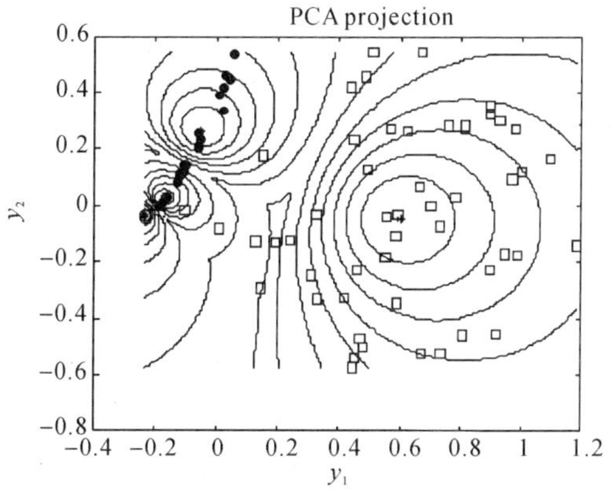

(c) ABC-IFKCM

图 8.15　三种算法的分类效果图

按设定参数进行 50 次蒙特卡洛仿真实验，实验结果如表 8.7 所示。

表 8.7　各算法聚类性能对比

算　法	错分样本个数	聚类时间/s	分类正确率/(%)
FCM	36	**0.0312**	82.36
IFKCM	16	0.2704	92.33
ABC－IFKCM	**12**	0.1914	**94.21**

从实验结果可以看出，ABC－IFKCM 算法对弹道中段目标的分类效果最好，IFKCM 算法次之，FCM 算法的平均正确率最差。ABC－IFKCM 算法的运行时间较 FCM 算法高出一些，且在可接受范围之内，但该算法在聚类效果上的显著优势是传统算法不可比拟的。

此外，ABC－IFKCM 算法的运行时间要小于 IFKCM 算法运行时间，可见该算法通过采用 ABC 算法对初始值进行寻优确实获得了更好的聚类效果，有效地缩短了聚类所需的时间，提高了聚类精度。

这里需要说明的是，ABC－IFKCM 算法是一种无监督学习算法，只能将样本进行分类，而无法判断出哪一类样本为真弹头，因此我们还需要基于一定的先验知识才能将弹头从四类目标中识别出来。气球的 RCS 均值较大、方差较小，翻滚诱饵的 RCS 方差较大，均与其他两类目标有明显差距，因而也容易识别。而弹头和重诱饵的 RCS 统计特征较为类似，我们还需要通过惯量比这个特征参数对其进行区分。根据弹道导弹诱饵释放过程可知，弹头的主要载荷集中于底部，与同样质量的重诱饵相比，弹头的纵向惯量必然加大，而横向惯量减小，因而弹头的惯量比总是大于重诱饵的惯量比。设 I_1 和 I_2 分别为目标的纵向及横向惯量，则进动目标的惯量比定义为

$$\rho=\frac{I_1}{I_2}=\frac{\cos\theta}{f_z T} \tag{8.20}$$

其中，f_z 为自旋频率；弹头和重诱饵的 f_z 一般均为 3 Hz 左右；θ 和 T 分别为进动角及进动周期，可从 RCS 序列中提取。

在这里我们以聚类结果所得的两类目标的中心点为代表计算其惯量比，结果如表 8.8 所示。

表 8.8　惯量比对比

类　别	自旋频率/Hz	进动角/(°)	进动周期/s	惯 量 比
中心点 1	3	2.3	2.6	0.1281
中心点 2	3	5.9	6.2	0.0535

由表 8.8 可知，中心点 1 所表示的类别的惯量比远大于中心点 2 所表示类别的惯量比。根据先验知识，我们可以判断中心点 1 所在类别的样本为真弹头。故应用 ABC－IFKCM 算法结合目标惯量比可有效对弹道中段目标进行识别。

本章小结

本章对直觉模糊核聚类的目标识别方法问题进行分析研究，分别提出了基于核距离的直觉模糊核聚类算法和基于人工蜂群优化的直觉模糊核聚类算法，具体内容有：

(1) 结合核方法和直觉模糊聚类算法，提出一种直觉模糊核聚类算法。定义了基于核的直觉模糊欧式距离度量函数，并对其满足距离度量的四个条件进行了证明。给出了直觉模糊核聚类算法的目标函数，并对其具体求解过程进行推导，同时指出基于一阶多项式核的直觉模糊核聚类算法等价于直觉模糊聚类算法。仿真实验结果表明，该方法有效解决了直觉模糊聚类算法过于依赖聚类数据分布的问题，有一定的应用价值和较强的适用性。

(2) 为解决直觉模糊核聚类算法对初始值敏感、易陷入局部最优的问题，提出一种基于人工蜂群优化的直觉模糊核聚类算法。该算法汲取人工蜂群算法全局搜索能力强、收敛速度快的优势，对直觉模糊核聚类算法的初始聚类中心进行优化。实验结果表明该算法比

传统算法有着更优的聚类效果。之后选取了 RCS 时间序列这一弹道中段目标识别时常用的目标特性，并结合惯量比进行目标识别实验，通过将其与 FCM、IFKCM 的识别效果及运行时间进行比较分析，表明了该算法应用于弹道中段目标识别领域的有效性及优越性。

参考文献

[1] Do M N, Vetterli M. The finite ridgelet transform for image representation[J]. IEEE Trans actions on Image Processing, 2003, 12(1): 16 - 28.

[2] Candes E J, Donoho D L. Curvelets: a surprisingly effective non-adaptive representation for objects with edges[C]. USA: Department of Statistics, Stanford University[C], 1999.

[3] Do M N, Vetterli M. The contourlet transform: an efficient directional multi-resolution image representation[J]. IEEE Transactions on. Image Processing, 2005, 14(12): 2091 - 2106.

[4] Cunha A L, Zhou J P, Do M N. Nonsubsampled contourlet transform: filter design and applications in denoising[C]. Proceeding of IEEE International Conference on Image Processing[C], Genova, Italy, 2005, 1: 749 - 752.

[5] Zhou J P, Cunha A L, Do M N. Nonsubsampled contourlet transform: construction and application in enhancement[A]. Proceeding of IEEE International. Conference on Image Processing[C], Genova, Italy, 2005, 1: 469 - 472.

[6] 张强，郭宝龙. 基于非采样 Contourlet 变换多传感器图像融合算法[J]. 自动化学报，2008，34(2)：135 - 141.

[7] 叶传奇，王宝树，苗启广. 基于非子采样 Contourlet 变换的图像融合算法[J]. 计算机辅助设计与图形学学报，2007，19(10)：1274 - 1278.

[8] 叶传奇，王宝树，苗启广. 一种基于区域的 NSCT 域多光谱与高分辨率图像融合算法[J]. 光学学报，2008，28(3)：447 - 453.

[9] 贾建，焦李成，孙强. 基于非下采样 Contourlet 变换的多传感器图像融合[J]. 电子学报，2007，35(10)：1934 - 1938.

[10] 汤磊，赵丰，赵宗贵. 基于非下采样 Contourlet 变换的多分辨率图像融合方法[J]. 信息与控制，2008，37(3)：291 - 297.

[11] 郭雷，刘坤. 基于非下采样 Contourlet 变换的自适应图像融合方法[J]. 西北工业大学学报，2009，27(2)：255 - 259.

[12] 贾建，焦李成，魏玲. 基于概率模型的非下采样 Contourlet 变换图像去噪[J]. 西北大学学报：自然科学版，2009，39(1)：13 - 18.

[13] 贺正洪，雷英杰，王刚. 基于直觉模糊聚类的目标识别[J]. 系统工程与电子技术，2011，33(6)：1283 - 1286.

[14] 徐小来，雷英杰，赵学军. 基于直觉模糊熵的直觉模糊聚类[J]. 空军工程大学学报：自然科学版，2008，9(2)：80 - 83.

[15] 申晓勇，雷英杰，李进，等. 基于目标函数的直觉模糊集合数据的聚类方法[J]. 系统工程与电子技术，2009，31(11)：2732 - 2735.

[16] Allauzen C, Cortes C, Mohri M. A dual coordinate descent algorithm for SVMs combined with rational kernels [J]. International Journal of Computer Science. 1995, 11(08): 1761 - 1779.

[17] 张莉，周伟达，焦李成. 核聚类算法[J]. 计算机学报，2002，25(6)：587 - 590.

[18] 李青，焦李成，周伟达. 基于模糊核匹配追寻的特征模式识别[J]. 计算机学报，2009，32(8)：1687 -

1694.
[19] 范成礼，雷英杰. 基于核的直觉模糊聚类算法[J]. 计算机应用，2011，31(9)：2538 - 2541.
[20] Piciarelli C，Micheloni C，Foresti G L. Kernel-based clustering[J]. Electronics Letters，2013，49(2)：113 - 114.
[21] 公茂果，王爽，马萌，等. 复杂分布数据的二阶段聚类算法[J]. 软件学报，2011，22(11)：2760 - 2772.
[22] 赵凤，焦李成，刘汉强，等. 半监督谱聚类特征向量选择算法[J]. 模式识别与人工智能，2011，24(1)：48 - 56.
[23] 李彦苍，彭扬. 基于信息熵的改进人工蜂群算法[J]. 控制与决策，2015，30(6)：1121 - 1125.
[24] Zhang X，Zhang X，Yuen S Y，et al. An improved artificial bee colony algorithm for optimal design of electromagnetic devices[J]. IEEE Transactions on Magnetics，2013，49(8)：4811 - 4816.
[25] Karaboga D. An idea based on honey bee swarm numerical optimization[R]. Kayseri：Erciyes University，2005.
[26] 宁爱平，张雪英. 人工蜂群算法的收敛性分析[J]. 控制与决策，2013，28(10)：1554 - 1558.

第 3 部分

核匹配追踪理论及目标识别应用

第 9 章　基于直觉模糊核匹配追踪的弹道目标识别方法

本章针对反导目标识别系统需对不同重要性的目标类别进行不同精度识别这一问题进行探究。首先，分别设计了基于平方间隔损失函数、任意非平方损失函数的直觉模糊核匹配追踪学习机。其次，提出直觉模糊参数的选取算法，使学习机的最终判决对指定的重要目标类别达到较高的识别精度。最后，通过三种不同实际样本识别测试验证了直觉模糊核匹配追踪算法的有效性，且对实际目标样本的高精度识别展示了其适用性与优越性。

9.1 引　言

支撑向量机（Support Vector Machine，SVM）、相关向量机（Relevance Vector Machine，RVM）及核匹配追踪(KMP)是近年来新兴的三大机器学习方法[1]，而核匹配追踪的提出为模式识别领域提供了一种崭新有效的核机器方法，其基本思想来源于信号处理中的匹配追踪算法及支撑向量机中的核方法。核匹配追踪方法将某些在低维空间线性不可分的问题转化为高维空间线性可分的问题以期实现解决，核匹配追踪分类器的分类性能与支撑向量机相当，却具有更为稀疏的解[2]，因而，在起步期发展阶段，核匹配追踪理论已成功应用于特征模式识别[3]、雷达目标识别[4]、目标分类[5]、图像识别[6]、人脸识别[7]、入侵检测[8]等领域。

虽然核匹配追踪的优良特性已成功服务于目标识别领域，然而在实际防空反导系统中却存在一种特殊情况：一类目标比另一类目标(或其余目标)更为重要，要求对重要目标类别的识别精度要高，而对其余目标可进行粗略识别。如对多个导弹进行识别时，往往要从众多诱饵、各类飞行器等构成的威胁中将具有最大威胁的飞行目标——携带核弹头或其他大规模杀伤武器的弹头分离开来。但经典的核匹配追踪在处理模式识别问题时平等地对待所有样本，最终解是对错分误差和分类间隔折中的结果，它可以对两类样本做出平等综合的考虑，要求总识别误差尽可能小，却不能对某一类或某一些指定的样本进行针对性的识别，这就限制了核匹配追踪在有特殊性要求时的应用。文献[3]提出了模糊核匹配追踪(Fuzzy Kernel Matching Pursuit，FKMP)方法，根据样本之间的重要性不同，对每个类别样本分别赋予不同的权重(即模糊因子)，使得学习机训练出针对目标样本的决策，然而每个类别样本的模糊因子完全取决于折中因子的设定，而折中因子仅仅是根据人工经验进行选取，这一点会对学习训练过程带来一定的风险导致识别信息的损失。

鉴于此，本章引入直觉模糊集理论对模糊核匹配追踪算法进行改进，提出了直觉模糊核匹配追踪(IIntuitionistic Fuzzy Kernel Matching Pursuit，IFKMP)方法并建立了相应的学习机，即利用 IFS 的隶属度函数、非隶属度函数、直觉指数及非犹豫度指数，通过将直觉模糊参数函数化进而获得相关参数值，根据具有不同重要性的样本，有效地将直觉模糊参数赋予不同的目标样本，克服了核匹配追踪算法平等综合训练各类样本的缺陷，解决了重要样本高精度识别这一瓶颈问题，从而进一步扩展了核匹配追踪在反导目标识别系统中的实际应用。

9.2 匹配追踪基本理论

9.2.1 基本匹配追踪算法及其后拟合算法

给定 l 个观测点 $\{x_1, \cdots, x_l\}$，相应的观测值为 $\{y_1, \cdots, y_l\}$。基本匹配追踪(Basic Match pursuit，BMP)的基本思想是：在一个高度冗余的字典(dictionary)空间 D 中将观测值 $\{y_1, \cdots, y_l\}$ 分解为一组基函数的线性组合来逼近 $y_j(j=1\sim l)$，其中字典 D 是定义在 Hilbert 空间中的一组基函数[9, 10]。假定字典包含 M 个基函数，即

$$D=\{g_m\}, \qquad m=1, 2, \cdots, M \tag{9.1}$$

对观测值 $y_j(j=1\sim l)$ 逼近的基函数向量的线性组合函数为

$$f_{N,j}=\sum_{i=1}^{N}\alpha_i g_i(x_j) \tag{9.2}$$

同时，定义损失函数(亦称为重构误差)为

$$\|R_N\|^2=\|y-f_N\|^2 \tag{9.3}$$

其中，R_N 称为残差；f_N 是对 $(j=1\sim l)$ 个观测点的观测值 y_j 的逼近。

匹配追踪算法的每一步迭代是从字典中寻找一个基函数 g_{N+1} 及其相应的系数 α_{N+1}，使得当 $f_{N+1}=f_N+\alpha_{N+1}g_{N+1}$ 时，当前残差能量 $\|R_{N+1}\|^2$ 最小，即

$$(\alpha_{N+1}, g_{N+1})=\underset{\alpha\in R,\, g\in D}{\arg\min} R_{N+1}\|^2=\underset{\alpha\in R,\, g\in D}{\arg\min}\|R_N-\alpha g\|^2 \tag{9.4}$$

由匹配追踪算法[11]可知

$$g_{N+1}=\underset{g\in D}{\arg\min}\left(\frac{\langle \boldsymbol{g}, \boldsymbol{R}_N\rangle}{\|\boldsymbol{g}\|}\right)^2 \tag{9.5}$$

$$\alpha_{N+1}=\frac{\langle \boldsymbol{g}_{N+1}, \boldsymbol{R}_N\rangle}{\|\boldsymbol{g}_{N+1}\|^2} \tag{9.6}$$

其中，$\langle \cdot, \cdot\rangle$ 表示两个向量的点积；$\|\cdot\|$ 表示向量的二范数。

BMP 算法在每一步的优化迭代中，针对当前残差寻找与之相关系数最大的基函数 g_{m_N} 及其系数 α_N，观测值在第 N 代的逼近为

$$f_N=\sum_{k=1}^{N-1}\alpha_k g_{m_k}+\alpha_N g_{m_N} \tag{9.7}$$

然而，当增加 $\alpha_N g_{m_N}$ 后，匹配追踪在第 N 代对观测值的逼近并不一定是最优的。这一点，可以通过后拟合的方法修正 f_N，使其进一步逼近观测值[12]。所谓后拟合，就是增加 $\alpha_N g_{m_N}$ 项后，重新调整系数 $\alpha_1, \alpha_2, \cdots, \alpha_N$，使得当前的残差能量最小，即

$$\alpha_1, \cdots, \alpha_N=\underset{\alpha_1, \cdots, \alpha_N}{\arg\min}\|f_N-y\|^2=\underset{\alpha_1, \cdots, \alpha_N}{\arg\min}\left\|\sum_{k=1}^{N}\alpha_k g_k-y\right\|^2 \tag{9.8}$$

式(9.8)的优化过程是一个非常耗时的计算，通常采用折中的方法：匹配追踪算法在迭代运算数步后进行一次后拟合[9]。

9.2.2 平方间隔损失函数及其拓展

BMP 算法所采用的损失函数是一种能量损失函数，可通过梯度下降法将匹配追踪的损失函数进行拓展，使学习机能够对任意给定的损失函数进行学习。

假设损失函数 $L(y_i, f_n(x_i))$，当观测值为 y_i 时计算预测值 $f_n(x_i)$ 的残差 R_n 定义为[2]

$$R_n = \left(-\frac{\partial L(y_1, f_n(x_1))}{\partial f_n(x_1)}, \cdots, -\frac{\partial L(y_l, f_n(x_l))}{\partial f_n(x_l)}\right) \tag{9.9}$$

那么，由匹配追踪算法，在每一次迭代中所要寻求的最优基函数为

$$g_{i+1} = \arg\max_{g\in D}\left|\frac{\langle g_{i+1}, R_i\rangle}{\| g_{i+1}\|}\right| \tag{9.10}$$

对应此最优基函数的系数 α_{i+1} 为

$$\alpha_{i+1} = \arg\min_{\alpha\in R}\sum_{k=1}^{l} L[y_k, f_i(x_k) + \alpha g_{i+1}(x_k)] \tag{9.11}$$

此时，后拟合即是进行如下的优化过程

$$\alpha_{1,\cdots,i+1}^{(i+1)} = \arg\min_{(\alpha_{1,\cdots,i+1})\in R^{i+1}}\sum_{k=1}^{l} L\left[y_k, \sum_{m=1}^{i+1}\alpha_m g_m(x_k)\right] \tag{9.12}$$

通常神经网络中所采用的损失函数均可应用于核匹配追踪学习机中，如平方损失函数 $L[y, f(x))=(f(x)-y]^2$ 或修正双曲正切损失函数 $L[y, f(x)]=[\tanh f(x)-0.65y]^2$。由于在分类问题中，观测值 $y\in\{-1, +1\}$，故而将核匹配追踪方法应用于分类领域中时可以采用间隔损失函数。假定分类器输出为 $f(x)$，则平方间隔损失函数、修正双曲正切间隔损失函数分别为 $[f(x)-y]^2=[1-m]^2$、$[\tanh f(x)-0.65y]^2=[0.65-\tanh(m)]^2$，其中 $m=yf(x)$，称为分类间隔。

最终，由核匹配追踪学习机训练所得到的应用于模式识别的判决超平面为

$$f_N(x) = \text{sgn}\left(\sum_{i=1}^{N}\alpha_i g_i(x)\right) = \text{sgn}\left(\sum_{i=\{sp\}}\alpha_i K(x, x_i)\right) \tag{9.13}$$

其中 $\{sp\}$ 表示直觉模糊核匹配追踪算法得到的支撑模式。

9.2.3 核匹配追踪

核匹配追踪的本质是采用核方法生成函数字典，而核方法的应用受启发于机器学习方法中的支撑向量机。核匹配追踪的基本思想是：首先将训练数据从输入空间映射到高维希尔伯特空间中，通过计算样本间的核函数值来代替样本在高维空间中的向量内积，并由相应的核函数值生成基函数字典，最后通过贪婪算法在基函数字典中寻找一组基原子的线性组合来逼近目标函数，即最小化损失函数，该线性组合即为所要求解的决策函数。在支撑向量机中，应用的核函数必须满足 Mercer 条件[13, 14]，然而在匹配追踪中，核函数不必满足此条件，且在生成函数字典的同时可采用多个核函数。通常采用的核函数有[15, 16]：

1. 高斯核

$$K(x, x_i) = \exp\left(-\frac{\| x - x_i\|^2}{2p^2}\right) \quad (p \neq 0)$$

2. 多项式核

$$K(x, x_i) = [(x, x_i) + 1]^d \quad (d \in N)$$

3. Sigmoid 核

$$K(x, x_i) = \tanh(a(x, x_i) + c) \quad (a, c \in R)$$

给定核函数 $K: R^d \times R^d \to R$，利用观测点$\{x_1, \cdots, x_l\}$处的核函数值生成函数字典 $D=\{g_i = K(\cdot, x_i) | i=1, \cdots, l\}$。核匹配追踪的本质表明目标函数是分类函数的一种逼近，表达式为

$$f_N = \sum_{n=1}^{N} \alpha_n g_n \tag{9.14}$$

其中 N 是字典 D 中基函数的个数；$\{g_1, \cdots, g_l\}$是定义在希尔伯特空间中的一组基函数；$\{\alpha_1, \cdots, \alpha_l\} \in R^N$是与基函数$\{g_1, \cdots, g_l\}$对应的相关系数。

9.3 直觉模糊核匹配追踪

9.3.1 基于平方间隔损失函数的直觉模糊核匹配追踪学习机

定义 9.1（$\odot$运算[8]）对于两个向量 $\boldsymbol{x}=(x_1, \cdots, x_m)$，$\boldsymbol{y}=(y_1, \cdots, y_m)$，向量之间的$\odot$运算定义为

$$\boldsymbol{x} \odot \boldsymbol{y} = (x_1 \cdot y_1, \cdots, x_m \cdot y_m) \tag{9.15}$$

同时

$$\|\boldsymbol{x} \odot \boldsymbol{y}\|^2 = \sum_{i-1}^{m} (x_i, y_i)^2 \tag{9.16}$$

下面详细地建立基于平方损失函数的直觉模糊核匹配追踪。

给定样本$\{[x_1, y_1, \omega(y_1)], \cdots, [x_l, y_l, \omega(y_l)]\}$，其中 $\boldsymbol{x} \in R^N$ 为其特征，$\boldsymbol{y} \in R$ 为观测值，$\omega(y_i)$为直觉模糊参数，采用核函数 $K: R^d \times R^d \to R$，利用观测点$\{x_1, \cdots, x_m\}$处的核函数值生成函数字典 $D=\{g_i = K(\cdot, x_i) | i=1, \cdots, l\}$。

重新定义残差

$$r_N = \omega(y_i) \odot (\boldsymbol{y} - f_N) = \begin{bmatrix} \omega(y_1)[y_1 - f_N(x_1)] \\ \vdots \\ \omega(y_l)(y_l - f_N(x_l)) \end{bmatrix} \tag{9.17}$$

其中，$f_N(x_i) = \sum_{j=1}^{N} \alpha_j g_j(x_i)$ 是第 $i(i=1, \cdots, l)$ 点的估计值 $\bar{y}_i$，则其重构误差为

$$\|r_N\|^2 = \|\omega(y_i) \odot (\boldsymbol{y} - f_N)\|^2 = \sum_{i=1}^{l} (\omega(y_i)[y_i - f_N(x_i)]^2 \tag{9.18}$$

由匹配追踪算法可得

$$\begin{aligned} \|r_{N+1}\|^2 &= \|\omega(y_i) \odot [\boldsymbol{y} - (f_N + \alpha_{N+1} g_{N+1})]\|^2 \\ &= \|\omega(y_i) \odot (\boldsymbol{y} - f_N) - \omega(y_i) \odot (\alpha_{N+1} g_{N+1})\|^2 \\ &= \|r_N - \omega(y_i) \odot (\alpha_{N+1} g_{N+1})\|^2 \\ &\triangleq \|r_N - \omega(y_i) \odot (\alpha g)\|^2 \end{aligned} \tag{9.19}$$

则

$$\|r_{N+1}\|^2 = \|r_N\|^2 - 2\alpha \langle r_N, \omega(y_i) \odot g \rangle + \alpha^2 \|\omega(y_i) \odot g\|^2 \tag{9.20}$$

寻找相应的 $\alpha \in R$，$g \in D$，使得重构误差$\|r_{N+1}\|^2$最小，令$\frac{\partial \|r_{N+1}\|^2}{\partial \alpha}=0$，可得

$$-2\langle r_N, \omega(y_i)\odot g\rangle + 2\alpha\|\omega(y_i)\odot g\|^2 = 0 \tag{9.21}$$

故

$$\alpha = \frac{\langle r_N, \omega(y_i)\odot g\rangle}{\|\omega(y_i)\odot g\|^2} \tag{9.22}$$

将式(9.22)代入式(9.19)，得

$$\begin{aligned}\|r_{N+1}\|^2 &= \|r_N\|^2 - 2\frac{\langle r_N, \omega(y_i)\odot g\rangle}{\|\omega(y_i)\odot g\|^2}\cdot\langle r_N, \omega(y_i)\odot g\rangle \\ &\quad + \left(\frac{\langle r_N, \omega(y_i)\odot g\rangle}{\|\omega(y_i)\odot g\|^2}\right)^2\|\omega(y_i)\odot g\|^2 \\ &= \|r_N\|^2 - \left(\frac{\langle r_N, \omega(y_i)\odot g\rangle}{\|\omega(y_i)\odot g\|^2}\right)^2\end{aligned} \tag{9.23}$$

由式(9.23)可知，直觉模糊核匹配追踪是在核函数生成的字典 D 中寻找基函数 g，使得$\|r_{N+1}\|^2$最小，即

$$g_{N+1} = \arg\min_{g\in D}\left(\|r_N\|^2 - \left(\frac{\langle r_N, \omega(y_i)\odot g\rangle}{\|\omega(y_i)\odot g\|^2}\right)^2\right) \tag{9.24}$$

式(9.24)等价为

$$g_{N+1} = \arg\max_{g\in D}\left|\frac{\langle r_N, \omega(y_i)\odot g\rangle}{\|\omega(y_i)\odot g\|^2}\right| \tag{9.25}$$

相应地

$$\alpha_{N+1} = \frac{\langle r_N, \omega(y_i)\odot g_{N+1}\rangle}{\|\omega(y_i)\odot g_{N+1}\|^2} \tag{9.26}$$

采用同标准匹配追踪相似的方法，每 fit$N$ 步进行一次后拟合来修正系数 α_1，α_2，…，α_i，使 f_i进一步逼近观测值，即

$$\alpha_1, \cdots, \alpha_i = \arg\min_{\alpha_1, \cdots, \alpha_i}\|\omega(y_i)\odot(f_i - y)\|^2 = \arg\min_{\alpha_1, \cdots, \alpha_i}\left\|\omega(y_i)\odot\left(\sum_{k=1}^{N}\alpha_k g_k - y\right)\right\|^2 \tag{9.27}$$

最终得到应用于模式识别的判决函数为

$$f_N(x) = \mathrm{sgn}\left(\sum_{i=1}^{N}\alpha_i g_i(x)\right) = \mathrm{sgn}\left(\sum_{i=\{sp\}}\alpha_i K(x, x_i)\right) \tag{9.28}$$

其中$\{sp\}$表示直觉模糊核匹配追踪算法得到的支撑模式。

9.3.2　基于任意损失函数的直觉模糊核匹配追踪学习机

类似于核匹配追踪学习机向非平方损失函数的拓展策略，采用梯度下降法将直觉模糊核匹配追踪学习机拓展到任意非平方损失函数。给定某损失函数 $L[y_i, f_N(x_i)]$，结合直觉模糊参数重新建立基于损失函数 $L[y_i, f_N(x_i)]$的自适应残差为 $\omega(y_i)\cdot L(y_i, f_N(x_i))$，即

$$\tilde{r}_N = \left(-\omega(y_i)\frac{\partial L(y_1, f_N(x_1))}{\partial f_N(x_1)}, \cdots, -\omega(y_i)\frac{\partial L(y_l, f_N(x_l))}{\partial f_N(x_l)}\right) \tag{9.29}$$

利用贪婪算法，在第 $N+1$ 步迭代中，最优基原子和相应的系数为

$$g_{N+1} = \arg\max_{g\in D}\left|\frac{\langle g, \tilde{r}_N\rangle}{\|g\|}\right| \tag{9.30}$$

$$\alpha_{N+1} = \arg\min\sum_{i=1}^{l}\{\omega(y_i)\cdot L[y_i, f_N(x_i)] + \alpha_{N+1}g_{N+1}(x_i)\} \tag{9.31}$$

当增加 $\alpha_{N+1}g_{N+1}$ 后，匹配追踪在第 i 代对观测值的逼近并不一定是最优的。此时，仍然通过后拟合的方法修正 f_i，使其进一步逼近观测值，即重新调整系数 α_1，α_2，…，α_{N+1}，使得当前的自适应残差能量最小

$$\alpha_1,\ \cdots,\ \alpha_{N+1} = \underset{\alpha_k \in R(k=1\sim N+1)}{\arg\min} \sum_{i=1}^{l} \omega(y_i) \cdot L\left[y_i,\ \sum_{j=1}^{N+1} \alpha_j g_j(x_i)\right] \tag{9.32}$$

最后得到的应用于模式识别的直觉模糊核匹配追踪学习机的判决超平面为

$$f_N(x) = \mathrm{sgn}\left(\sum_{i=1}^{N} \alpha_i g_i(x)\right) = \mathrm{sgn}\left(\sum_{i=\{sp\}} \alpha_i K(x,\ x_i)\right) \tag{9.33}$$

其中 $\{sp\}$ 表示直觉模糊核匹配追踪算法得到的支撑模式。

9.4 直觉模糊参数选取

在反导系统目标识别中，一类目标的识别比另一类目标(或其余目标)的识别显得尤为重要，因此这些指定目标的识别精度必然要求较高。针对这一情况本节给出直觉模糊参数 $\omega(y_i)$ 的选取算法。

算法 9.1 直觉模糊参数 $\omega(y_i)$ 的选取算法

Step1：给定一类目标 y_i 且确定该类目标为指定目标类别或是非指定目标类别，此处选定 Gaussian 型隶属度函数。由此确定其隶属度函数为 $\mu(y_i)=\exp[-(y_i-c)^2/2\sigma^2]\in[0,1]$，非隶属度函数为 $\gamma(y_i)=\delta(y_i)-\exp[-(y_i-c)^2/2\sigma^2]\in[0,1]$，$\delta(y_i)=1-\pi(y_i)$ ($\delta(y_i)$ 为非犹豫指数[17]，$\pi(y_i)$ 为直觉指数，其中 σ 与 c 分别表示宽度和中心。

Step2：直觉模糊参数 $\omega(y_i)$ 选取如下：

$$\omega(y_i) = \begin{cases} \mu(y_i) + \delta(y_i) & y_i \text{ 为指定目标类别} \\ [\gamma(y_i) - \delta(y_i)]/[\delta(y_i) - \gamma(y_i)] & y_i \text{ 为非指定目标类别} \end{cases} \tag{9.34}$$

式中，$\delta(y_i)\in(0,1)$ 为非犹豫指数。

需要说明的是，在解决对指定类别目标必须具有较高精度识别这一问题时，即使对非指定类别产生较大的错分误差 ε，它带来的总识别风险仍然比较小，而且有效降低了非指定类别目标由低精度识别所带来的损失。

9.5 仿真实验

首先针对 Breast Cancer Wisconsin 样本、线性样本及同心圆样本分别采用标准核匹配追踪学习机、模糊核匹配追踪学习机和直觉模糊核匹配追踪学习机进行高精度识别，测试比较三种方法的识别效果。之后采用直觉模糊核匹配追踪学习机对反导系统中某些具有较大威胁的导弹进行仿真识别测试，验证其适用性。

9.5.1 实际样本高精度识别

选取 UCI 数据库(http://www.ics.uci.edu/～mlearn/MLRepository.html)中一组实

际样本数据 Breast Cancer Wisconsin(简化为 Wisc 表示)对算法 9.1 及 IFKMP 进行实验，测试其分类性能及有效性。选取 Wisc 数据集是由于该实际样本集在通常情况下均被用来检验分类算法的性能及有效性。Wisc 数据共由 32 维空间的 569 个样本组成，30 个连续型变量，特征属性共有 32 个。

随机产生两类均匀分布的 Wisc 数据集样本，分别包括 357 个 Benign 样本和 212 个 Malign 样本。采用高斯核 $K(x, x_i)=\exp(-\|x-x_i\|^2/2p^2)$ ($p=5$)，此处，KMP 均采用早停策略，即预设贪婪算法的最大迭代次数 $\max N=50$，且每经过 fit$N$ 步进行一次后拟合，fit$N=3$。该实验要求在保证 Benign 样本也被识别的前提下，对 Malign 样本进行高精度识别。因而直觉模糊参数 $\omega(y_i)$ 根据算法 9.1 进行选取，此处 $\delta(y_i)=0.7$，可得：

(1) Malign 样本为指定类别样本 y_1(图中由"+"表示)的直觉模糊参数 $\omega(y_1)=1.6$；

(2) Benign 样本为非指定类别样本 y_2(图中由"○"表示)的直觉模糊参数 $\omega(y_2)=0.3$。

图中分别用"+"和"○"表示两类样本，要求对样本"+"的识别精度尽可能高。图 9.1～图 9.3 分别给出了用 KMP、FKMP 和 IFKMP 的识别结果。其中，KMP 选取 300 个样本进行分类实验，FKMP 选取 500 个样本进行分类实验，而 IFKMP 选取 300 个样本进行分类。由图清晰可见 IFKMP 对"+" Malign 样本高精度识别效果最好，错分误差仅为 $\varepsilon_1=0.233$；FKMP 识别效果次之，错分误差为 $\varepsilon_2=0.379$；KMP 识别较之其他两种效果最差，错分误差为 $\varepsilon_3=0.731$。

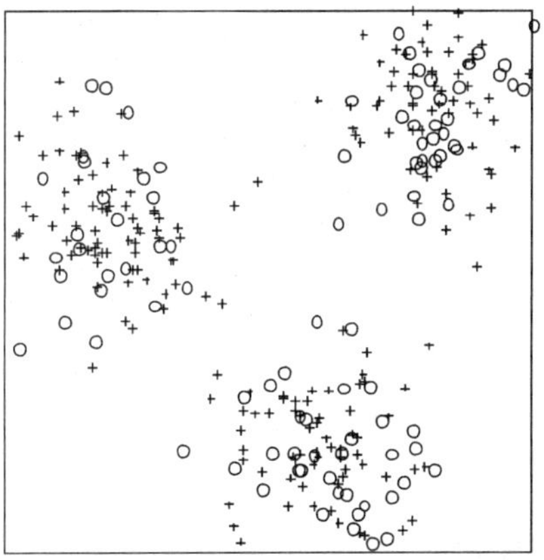

图 9.1　标准核匹配追踪

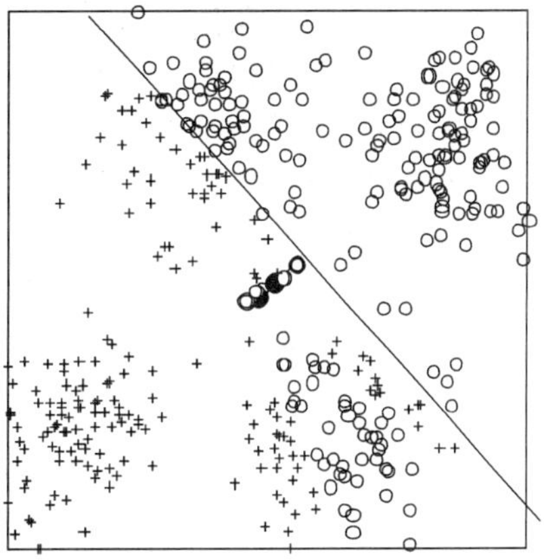

图 9.2　模糊核匹配追踪

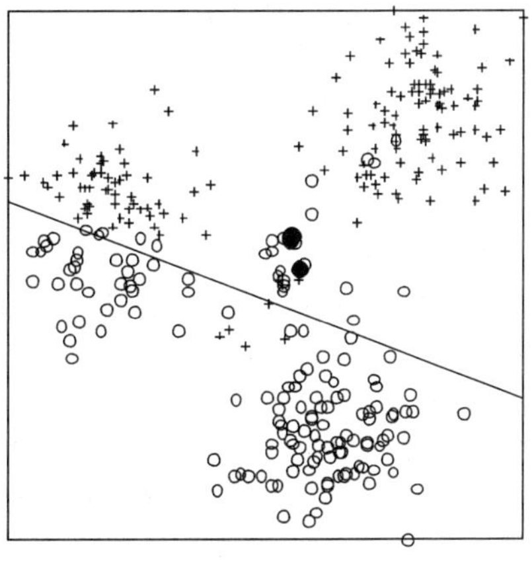

图 9.3　直觉模糊核匹配追踪

9.5.2 线性样本高精度识别

用 $y=ax+b$ 来表示两类交错的线性样本，其中第一类样本与第二类样本为均匀分布，两类样本各取100个作为训练样本。采用高斯核 $K(x, x_i)=\exp(-\|x-x_i\|^2/2p^2)(p=6)$，此处，KMP均采用早停策略，即预设贪婪算法的最大迭代次数 $\max N=40$，且每经过fit$N$步进行一次后拟合，fit$N=5$。直觉模糊参数 $\omega(y_i)$ 根据算法9.1进行选取，此处 $\delta(y_i)=0.6$，可得：

(1) 指定类别样本 y_1（图中由"+"表示）的直觉模糊参数 $\omega(y_1)=1.1$；

(2) 非指定类别样本 y_2（图中由"*"表示）的直觉模糊参数 $\omega(y_2)=0.4$。

图中分别用"+"和"*"表示两类样本，要求对样本"+"的识别精度尽可能高。图9.4～图9.6分别给出了KMP、FKMP和IFKMP的识别结果。由图清晰可见IFKMP对"+"样本高精度识别效果最好，错分误差仅为 $\varepsilon_1=0.0135$；FKMP效果次之，错分误差为 $\varepsilon_2=0.1779$；KMP识别较之其他两种最差，错分误差为 $\varepsilon_3=0.3001$。

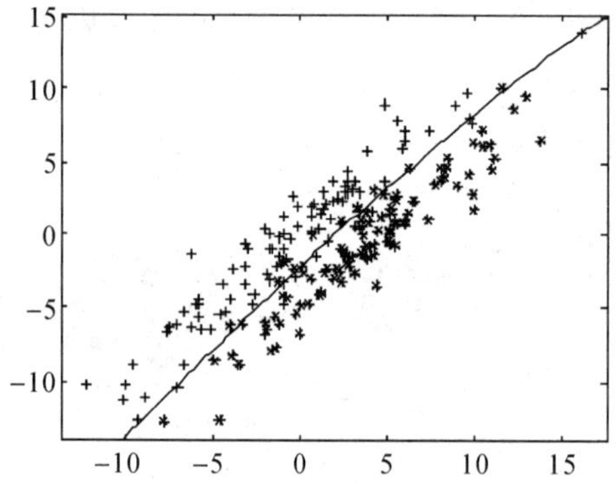

图9.4 标准核匹配追踪

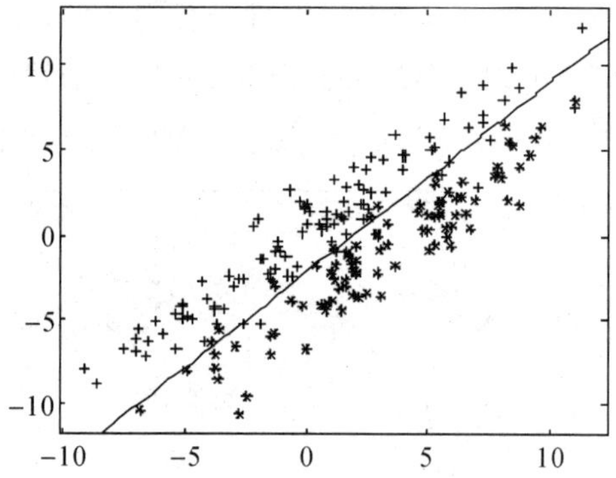

图9.5 模糊核匹配追踪

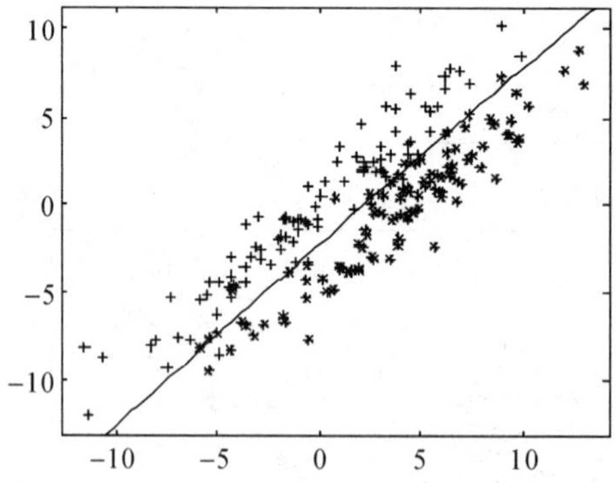

图9.6 直觉模糊核匹配追踪

9.5.3 同心圆样本高精度识别

两类交错的同心圆样本可用函数 $\begin{cases} x=\rho\cdot\cos\theta \\ y=\rho\cdot\sin\theta \end{cases}$，$\theta\in U[0, 2\pi]$ 表示其中第一类样本与第二类样本的半径为均匀分布，且分别为[0, 3]、[2, 10]，两类样本各取100个作为训练样

本。采用高斯核 $K(x, x_i)=\exp(-\|x-x_i\|^2/2p^2)(p=4)$，此处，KMP 均采用早停策略，即预设贪婪算法的最大迭代次数 max$N$=50，且每经过 fit$N$ 步进行一次后拟合，fit$N$=6。直觉模糊参数 $\omega(y_i)$根据算法 9.1 进行选取，选取 $\delta(y_i)=0.8$，由此可得：

(1) 指定类别样本 y_1(图中由“●”表示)的直觉模糊参数 $\omega(y_1)=1.5$；

(2) 非指定类别样本 y_2(图中由“ * ”表示)的直觉模糊参数 $\omega(y_2)=0.5$。

图中分别用“●”和“ * ”表示两类样本，要求对样本“●”(即中心区域样本)的识别精度尽可能高。图 9.7～图 9.9 分别给出了 KMP、FKMP 和 IFKMP 的识别结果，由图清晰可见 IFKMP 对“●”样本高精度识别效果最好，错分误差仅为 $\varepsilon_1=0.0181$；FKMP 识别效果次之，错分误差为 $\varepsilon_2=0.1947$；KMP 识别较之其他两种最差，错分误差为 $\varepsilon_3=0.2294$。

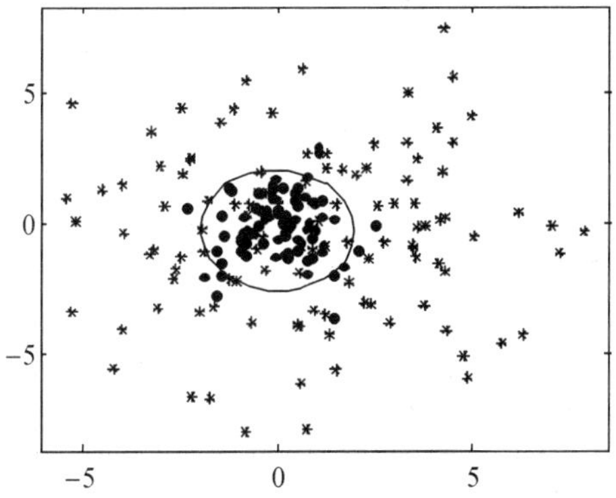

图 9.7　标准核匹配追踪

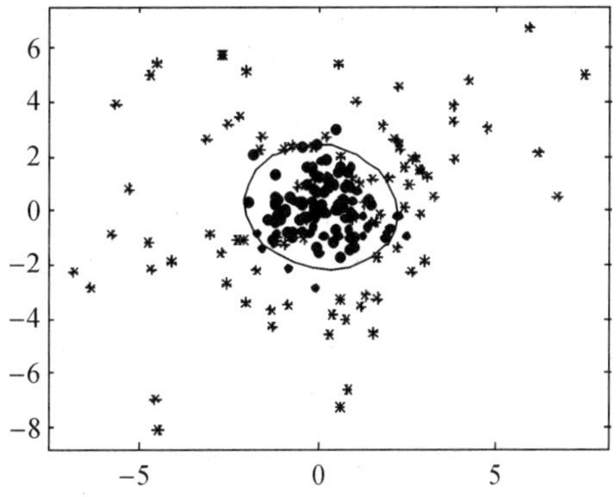

图 9.8　模糊核匹配追踪

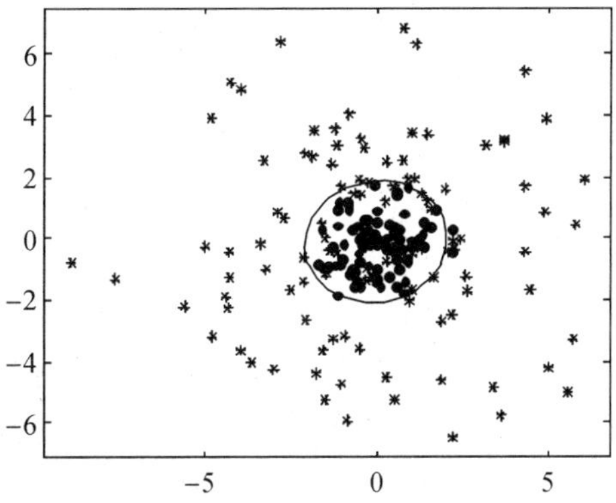

图 9.9　直觉模糊核匹配追踪

9.5.4　IFKMP 算法的时间复杂度

由 KMP、FKMP、IFKMP 算法的循环次数可知三种算法的时间复杂度均是 $O(n^2)$。表 9.1 给出了以上实验中对于 Wisc 样本、线性样本和同心圆样本数据分别进行 KMP、FKMP、IFKMP 算法的运行时间。由表可知，三种不同算法对三种实验数据的运行时间不同，KMP 运行时间最短，IFKMP 运行时间最长，FKMP 的运行时间介于二者之间。虽然 IFKMP 算法的运行时间较之其他两种算法略高，但在可承受的代价之内；而 IFKMP 算法较之其他两种算法在分类性能上具有明显优势，这是经典 KMP 算法无法比拟的。算法的时间复杂性与输入样本数据的规模也有关，在 Wisc 样本实验中，FKMP 算法的输入数据偏大，因而运行时间最长。而线性样本、同心圆样本实验中三种算法的输入数据相同，因而可忽略这一点。若通过计算步数的统计对两种算法确定其时间复杂度，显然，时间复杂度从小到大依次为 KMP、FKMP、IFKMP 算法。综上所述，IFKMP 算法的时间复杂度略大，执行时间略长，但由于三者时间复杂度表达式中的高阶项常数因子是相同的，说明在该算法分类性能大大提高的前提下运行时间的增加是在可承受的代价之内的，可见该算法是有效的，不失为一种较好的选择。

表 9.1　三种算法的运行时间

运行时间/μs	KMP	FKMP	IFKMP
Wisc	320	388	350
线性样本	250	340	378
同心圆样本	276	333	422

该算法的空间复杂度为 $S_A=c+S(n)$，其中，c 是程序代码、常数等固定部分，$S(n)$是与输入规模有关的部分。本章实验所需的存储空间，包含该算法的程序代码、常数、输入数据，以及程序运行所需的工作空间与额外空间均是在一个合理的存储范围内进行的。

9.5.5　对空天目标类别的识别测试

重点选取防空反导系统中洲际弹道导弹(可携带核弹头的导弹)以及战术弹道导弹、反辐射导弹、巡航导弹这四类威胁程度大[18]的目标作为高精度识别样本，对 IFKMP 算法进行测试，并与 KMP、FKMP 算法进行比较。除高精度识别的目标类别外，大量的空中诱饵、各式飞行器均为干扰性目标类别。在第一类目标 y_1(洲际弹道导弹)的识别测试中，选取 300 个目标样本，其中 200 个作为训练样本，对其余 100 个样本中的 33 个正类样本进行识别测试，采用高斯核 $K(x, x_i)=\exp(-\|x-x_i\|^2/2p^2)(p=1.6)$，$\max N=55$，$\mathrm{fit}N=5$，$\omega(y_1)=1.4$；第二类目标 y_2(战术弹道导弹)识别测试时选取 450 个目标样本，其中 375 个作为训练样本，对其余 75 个样本中的 25 个正类样本进行识别测试，采用高斯核 $K(x, x_i)=\exp(-\|x-x_i\|^2/2p^2)(p=3.5)$，$\max N=70$，$\mathrm{fit}N=6$，$\omega(y_2)=1.3$；第三类目标 y_3(反辐射导弹)识别测试时选取 520 个目标样本，400 个作为训练样本，对其余 120 个样本中的 50 个正类样本进行识别测试，采用高斯核 $K(x, x_i)=\exp(-\|x-x_i\|^2/2p^2)(p=5.8)$，$\max N=80$，$\mathrm{fit}N=7$，$\omega(y_3)=1.6$；第四类目标 y_4(巡航导弹)识别中选取 730 个目标样本，580 个作为训练样本，对其余 150 个样本中的 75 个正类样本进行识别测试，采用高斯核 $K(x, x_i)=\exp(-\|x-x_i\|^2/2p^2)(p=7.0)$，$\max N=100$，$\mathrm{fit}N=8$，$\omega(y_4)=1.5$。以上正类样本为高精度识别的目标样本。每类目标样本的两次识别测试均选取平方间隔损失函数(Loss - mse)和其他任意损失函数，此处选取修正双曲正切损失函数(Loss-tanh)。

本次仿真实验结果是在 Matlab 环境下进行 80 次实验后取其平均的结果，如表 9.2 所示。由实验结果可知，由于传统的 KMP 算法平等对待所有样本的特性，并不能对小数量类别样本进行识别，甚至有时失去识别能力。FKMP 算法解决了这一问题，但指定样本识别率却没有达到十分理想的效果；而利用 IFKMP 算法实现了对重要样本的充分学习以及对次要样本的粗略学习，使学习机对指定样本最终判决的识别精度有效提高到了 80%以上，达到了良好的效果。

表 9.2　四类目标样本高精度识别测试结果

目标类别	训练样本	测试样本	损失函数	算法	识别率
洲际弹道导弹	+1 类：137 −1 类：63	+1 类：33	Loss-mse	KMP	50.76%
				FKMP	76.87%
				IFKMP	80.89%
			Loss − tanh	KMP	59.86%
				FKMP	72.31%
				IFKMP	81.65%
战术弹道导弹	+1 类：315 −1 类：60	+1 类：25	Loss-mse	KMP	47.25%
				FKMP	80.45%
				IFKMP	82.51%
			Loss − tanh	KMP	66.15%
				FKMP	77.81%
				IFKMP	82.75%
反辐射导弹	+1 类：325 −1 类：75	+1 类：50	Loss-mse	KMP	53.78%
				FKMP	79.98%
				IFKMP	85.99%
			Loss − tanh	KMP	58.12%
				FKMP	68.65%
				IFKMP	84.66%
巡航导弹	+1 类：137 −1 类：495	+1 类：75	Loss-mse	KMP	67.35%
				FKMP	78.45%
				IFKMP	80.93%
			Loss − tanh	KMP	55.78%
				FKMP	81.88%
				IFKMP	85.94%

本章小结

本章对直觉模糊核匹配追踪算法及其目标识别应用进行了分析研究，针对反导目标识别系统需对不同重要性的目标类别进行不同精度识别这一问题，提出了一种基于 IFKMP 的目标识别方法。首先设计了平方间隔损失函数、任意损失函数的 IFKMP 学习机，并提出了直觉模糊参数选取算法。通过 KMP 学习机、FKMP 学习机和 IFKMP 学习机对 Breast Cancer Wisconsin 样本、线性样本及同心圆样本的识别测试，验证了该算法的有效性与优越性。最后利用 IFKMP 学习机对反导系统中某些具有较大威胁的导弹进行仿真识别测试，验证了其适用性，且达到了较为理想的识别效果。故而直觉模糊核匹配追踪方法是一次核机器有效拓展的新尝试。

参考文献

[1] Popovici V, Bengio S, Thiran J P. Kernel maching pursuit for Large datasets [J]. Elsevier Pattern Recgnition, 2005, 38(12): 2385 - 2390.

[2] Pascal V, Bengio Y. Kernel matching pursuit [J]. Machine Learning, 2002, 48: 165 - 187.

[3] 李青，焦李成，周伟达. 基于模糊核匹配追寻的特征模式识别[J]. 计算机学报，2009，32(8)：1687 - 1694.

[4] 马建华，刘宏伟，保铮. 利用核匹配追踪算法进行雷达高分辨距离像识别[J]. 西安电子科技大学学报：自然科学版，2005，32(1)：84 - 88.

[5] Liao X J, Li H, Krishnapuram B. An M-ary kernel macthing pursuit classifier for multi-aspect target classification[C]. Proceedings of IEEE International conference on Acoustics, Speech, and Signal Processing(ICASSP), 2004.

[6] 龙泓琳，皮亦鸣，曹宗杰. 基于非负矩阵分解的 SAR 图像目标识别[J]. 电子学报，2010，38(6)：1 - 5.

[7] Gou S P, Yao Y, Jiao L C. Transfer learning for kernel matching pursuit on computer-aided diagnoses [J]. Proceedings of SPIE, 2009(22): 1 - 8.

[8] 唐继勇，宋华，孙浩，等. 基于粗糙集理论与核匹配追踪的入侵检测方法[J]. 计算机应用，2010，30(5)：1202- 1205.

[9] Davis G, Mallat S, Zhang Z. Adaptive time-frequency decompositions[J]. Optical Engineering, 1994, 33(7): 2183 - 2191.

[10] Mallat S, Zhang Z. Matching pursuit with time-frequency dictionaries[J]. IEEE Transactions on Signal Processing, 1993, 41(12): 3397 - 3415.

[11] Mallat S. A theory for multiresolution signal decomposition: the wavelet representation[J]. IEEE Transactions on Pattern Analysis and Machine Intelligence, 1989, (11): 674 - 693.

[12] Pati Y, Rezaiifar R, Krishnaprasad P. Orthogonal mathcing pursuit: Recursive function approximation with applications to wavelet decomposition[C]. Proceedings of the 27th Annual Asilomar Conference on Signals, Systems and Computers, CA, USA, 1993.

[13] Vapnik V N. An overview of statistical learning theory[J]. IEEE Transactions on Neural Networks, 1999, 10(5): 988 - 999.

[14] Burges C J C. A tutorial on support vector machines for pattern recgnition[J]. Data Mining and

Knowledge Discovery, 1998, 2(2): 1 - 47.

[15] Scholkopf B, Smola A. Learning with kernels[R]. Cambridge, MA: MIT Pess, 1999.

[16] Burges C J. Geometry and in variance in kernel based method[R]. Advance in Kernel Method-Support Vector learning, Cambridge. MA: MIT Press, 1999.

[17] Lei Y, Hua J X, Yin H Y. Normal techniques for ascertaining nonmembership functions of intuitionistic fuzzy sets[R]. Proceeding of CCDC 2008 by IEEE Press, Yantai, China, 2 - 4 July 2008.

[18] 范春彦，韩晓明，王献峰. 基于最大隶属度的目标威胁评估与排序法[J]. 系统工程与电子技术，2003，25(1)：48 - 49.

第10章 基于改进直觉模糊核匹配追踪的弹道目标识别方法

本章对改进的直觉模糊核匹配追踪的弹道目标识别方法进行了研究。针对直觉模糊核匹配追踪算法采用贪婪算法搜索最优基函数时导致学习时间过长的问题，分别给出了基于粒子群优化的直觉模糊核匹配追踪算法和基于弱贪婪策略的随机直觉模糊核匹配追踪算法，并将这两种算法应用于时效性要求较高的弹道中段目标识别领域。实验结果表明，本章提出的两种方法均能在识别率相当的情况下有效缩短一次匹配追踪时间，计算效率明显提高，且所得模型具有稀疏性好、泛化能力高等优点，特别适用于兼顾识别率和实时性的应用领域。

10.1 引　言

2002年，Pascal Vincent和Yoshua Bengio[1]提出了一种新的核机器方法——核匹配追踪(KMP)，其主要思想源自于信号处理中的匹配追踪算法及核方法。核匹配追踪学习机的性能与支持向量机相当，却有着更为稀疏的解。此外，同其他核方法相比较，KMP对核函数的要求很低，在KMP中应用的核函数甚至可以使用任意的核，而不必满足Mercer条件，并可采用多个核函数生成函数字典库。目前，KMP理论已成功应用于多个领域。

虽然KMP理论已初步在目标识别领域取得了成功应用，但在实际应用中却存在一种特殊情况：某一类目标的重要程度(或威胁程度)比其余目标的更高，因此需要对重要类别目标进行更高精度的识别，而对其余目标则可以降低识别精度要求。例如防空反导作战中，对真弹头的识别精度要求远远大于对诱饵、碎片等其他目标的识别精度要求。此外，在很多实际问题中，两类样本的数目往往是不平衡的。例如，在医学实验的病例样本中，阴性样本的数量明显大于阳性样本，这导致对弱势阳性样本的识别就异常困难。传统的KMP学习机对待所有训练样本均是平等的，因而无法针对某一类指定样本进行有效识别，这就限制了KMP理论在很多特殊场合的应用。针对这个问题，文献[2]提出了基于模糊核匹配追踪(Fuzzy Kernel Matching Pursuit，FKMP)的特征模式识别方法，通过根据样本重要性的不同对每个样本类别设定不同模糊因子，从而使学习机做出针对指定目标样本的决策，然而该方法根据人工经验设定模糊因子，会对训练过程带来一定风险而导致识别信息的损失。文献[3]提出了直觉模糊核匹配追踪(Intuitionistic Fuzzy Kernel Matching Pursuit，IFKMP)学习机，把核匹配追踪算法拓展到直觉模糊理论领域，通过将直觉模糊参数有效地赋值给不同的目标样本，给出了一种对重要样本进行高精度识别的解决方法，但IFKMP学习机本质上仍是采用贪婪策略搜索最优基函数的线性组合，因此其学习时间过长的问题并没有得到解决。

2012 年以来，"大数据"一词越来越多地被提及，人们用它来描述和定义信息爆炸时代产生的海量数据，并命名与之相关的技术发展与创新[4, 5]。大数据时代的到来正在深刻地改变整个世界，这也同样会导致未来战争形态的变化。随着大数据技术的快速发展和深入应用，未来防空反导战场的信息量还将快速增长，因此我们在弹道中段目标识别领域中也必将面临越来越多的大数据量问题。然而，直觉模糊核匹配追踪学习机每次匹配过程均需要大量的计算资源及运算时间，因此限制了该方法在大数据量问题上的应用。

鉴于此，本章尝试分别引入粒子群优化算法和弱贪婪策略对匹配追踪过程进行改进，以期达到减少学习时间、降低计算复杂度的目的，并由此分别提出了基于粒子群优化的直觉模糊核匹配追踪算法和基于弱贪婪策略的直觉模糊核匹配追踪算法，使其能够以可接受的资源代价处理大数据量问题。

10.2　粒子群优化的直觉模糊核匹配追踪算法

对于传统核匹配追踪算法无法针对指定样本类别进行不同精度识别这一问题，直觉模糊核匹配追踪学习机虽然给出了有效的解决方法，但由于在本质上该方法仍是采用贪婪算法在函数字典库内搜索最优基函数的线性组合，其学习时间过长的缺陷并没有得到解决。针对上述问题，优化方法被引入到匹配追踪算法中来，以期达到减少学习时间、降低计算复杂度的目的。文献[6]采用改进遗传算法降低匹配追踪算法的计算量，但遗传算法本身存在早熟问题，其学习机的识别性能难以得到保证。文献[7]采用量子遗传算法对匹配过程进行优化，但量子遗传算法本身就存在搜索速度较慢的问题，达不到有效减少学习时间的目的。文献[8]采用直觉模糊 c 均值聚类算法对匹配过程进行优化，但直觉模糊 c 均值聚类算法本质上仍是局部优化算法，对算法识别精度有一定影响。粒子群优化(Particle Swarm Optimization，PSO)算法是 Eberhart 和 Kennedy 博士模拟鸟群觅食过程提出的一种全局寻优算法，由于该算法收敛速度快且易于编程实现，因而近年来受到广泛关注[9~11]。鉴于此，本节汲取 PSO 算法的收敛速度快、全局搜索能力强的优点，通过使用 PSO 搜索机制代替贪婪搜索对基函数字典进行全局寻优，从而克服 IFKMP 学习机计算量大、学习时间长的问题，并由此提出了一种基于粒子群优化的直觉模糊核匹配追踪算法(Particle Swarm-based Intuitionistic Fuzzy Kernel Matching Pursuit，PS-IFKMP)。

10.2.1　粒子群优化算法原理

PSO 算法数学描述为：一个 n 维的搜索空间中，$X=\{x_1, x_2, \cdots, x_m\}$是一个由 m 个粒子组成的种群，其中第 i 个粒子的位置为 $\boldsymbol{x}_i=\{x_{i1}, x_{i2}, \cdots x_{in}\}$，速度为 $\boldsymbol{v}_i=\{v_{i1}, v_{i2}, \cdots v_{in}\}$，它的个体极值为 $\boldsymbol{p}_i=\{p_{i1}, p_{i2}, \cdots p_{in}\}$，种群的全局极值为 $\boldsymbol{p}_g=\{p_{g1}, p_{g2}, \cdots p_{gn}\}$。找到个体极值 pbest 和全局极值 gbest 后，粒子 x_i将根据式(10.1)和式(10.2)来更新粒子的速度和新的位置

$$\boldsymbol{v}_i(t+1)=\omega\cdot\boldsymbol{v}_i(t)+c_1\cdot r_1(\boldsymbol{p}_i(t)-\boldsymbol{x}_i(t))+c_2\cdot r_2(\boldsymbol{p}_g(t)-\boldsymbol{x}_i(t)) \tag{10.1}$$

$$x_i(t+1) = x_i(t) + v_i(t+1) \tag{10.2}$$

式中：$v_i(t)$是粒子当前时刻速度；$v_i(t+1)$是粒子下一时刻速度；$x_i(t)$是粒子当前位置；$x_i(t+1)$是粒子下一时刻位置；t为当前迭代次数；r_1和r_2为分布于$[0, 1]$之间的随机数；c_1、c_2为加速常数；ω为惯性因子。

此外，为了使粒子速度不致过大，设置速度上限值$v_{\max}$，若$v_i > v_{\max}$，取$v_i = v_{\max}$；若$v_i < -v_{\max}$，取$v_i = -v_{\max}$。

10.2.2 PS-IFKMP 算法的实现

直觉模糊核匹配追踪算法通过采用贪婪算法在核字典集 **D** 中搜索一组基函数的线性组合 f 来逼近观测值，而该线性组合 f 即为所求的判别函数。本节方法先通过核映射将训练样本映射为一组基函数字典，然后根据字典规模设置初始种群，进而采用粒子群优化算法代替贪婪算法进行匹配寻优。在直觉模糊核匹配追踪学习机中，搜索到权系数和基函数的线性组合值最大，即可使分类器最有效。因此本节采用式(9.28)作为粒子的适应度计算公式，算法步骤描述如下：

算法 10.1 粒子群优化的直觉模糊核匹配追踪算法

输入：样本数据集 $X=\{(x_1, y_1), \cdots, (x_l, y_l)\}$，核函数 $K(x, y)$及其参数，直觉模糊参数 $\omega(y_i)$，后拟合参数 fit$N$，粒子适应度函数 f，种群规模 N，最大进化代数 MCN，最大迭代次数 $T_{\max}$，迭代停止阈值 ε、η。

输出：判决函数 f_N。

Step1：生成核函数字典库 $D=\{\boldsymbol{g}_1 = K(\cdot, \boldsymbol{x}_i) | i=1, \cdots, l\}$。

Step2：初始化残差：$\boldsymbol{r}=(y_1, \cdots, y_l)$，根据 $\min\limits_{\alpha_i} \|\boldsymbol{\omega} \odot (\boldsymbol{r} - a_i \boldsymbol{g}_i)\|$ 准则，求出 $a_i = \langle \boldsymbol{r}, \boldsymbol{\omega} \odot \boldsymbol{g}_{N+1} \rangle / \|\boldsymbol{\omega} \odot \boldsymbol{g}_i\|^2$，再从中随机选取 N 个 α_i 为初始粒子种群，并根据式(9.28)计算粒子的适应度。令进化计数器 $t=1$。

Step3：更新粒子种群：按照(10.1)式、(10.2)式，更新粒子的位置和速度。

Step4：更新粒子最优值：将粒子的适应度值与它的个体最优值 $P_i(t)$进行比较，如果粒子的适应度值优于 $P_i(t)$，则设 $P_i(t)$位置为粒子当前位置；将粒子的适应度值与群体最优值 $P_g(t)$进行比较，如果粒子的适应度值优于 $P_g(t)$，则设 $P_g(t)$位置为粒子当前位置。

Step5：判断是否达到预先设定的终止条件，若达到终止条件，则停止迭代并输出最优粒子 α 及其基函数 g；否则，$t=t+1$，转至 Step4。结束条件为到达最大进化代数 MCN，或粒子的适应度值 $|\boldsymbol{f}^k - \boldsymbol{f}^{k-1}| \leqslant \varepsilon$。

Step6：根据式(9.27)完成后拟合过程。

Step7：假设已求出 L 个权系数，更新残差令 $r=y-f$，如果$\|\boldsymbol{r}\| \geqslant \eta$ 或者 $L < T_{\max}$，则转到 Step2，求解下一组权系数 α 及其基函数；否则输出最好的权系数和对应的基函数，以及它们的线性组合得到的判决函数 f_N。

算法的整个流程如图 10.1 所示。

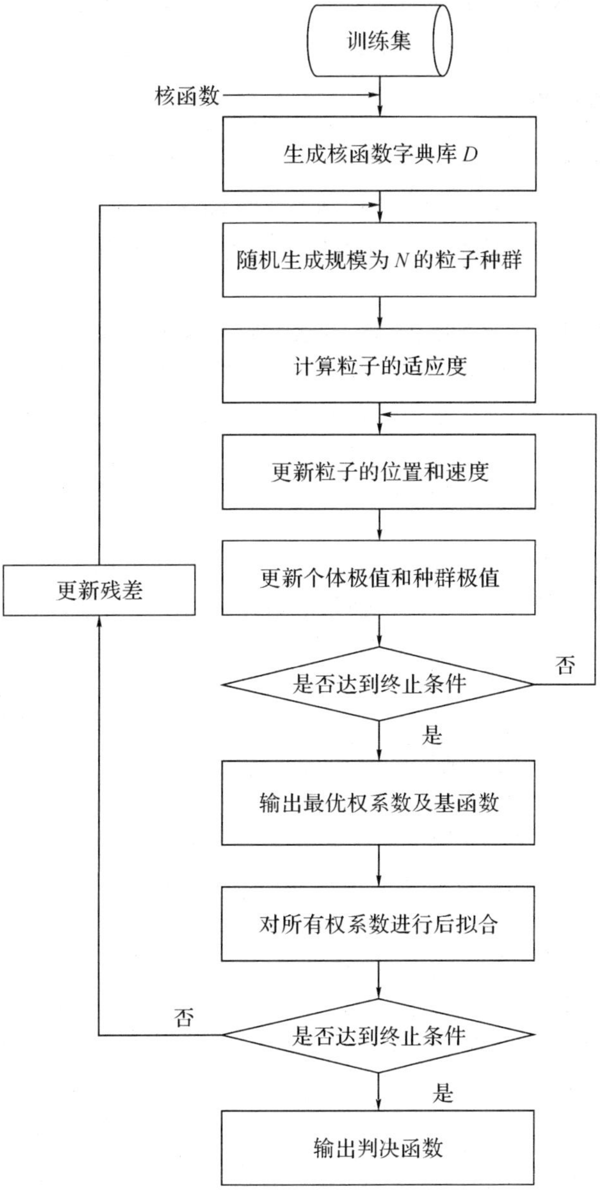

图 10.1　PS－IFKMP 算法流程图

10.2.3　算法复杂度分析

IFKMP 算法为了寻找最优基函数及对应的权系数，迭代分解的每一步都要采用贪婪算法进行全局搜索，因而本节主要通过算法在一次匹配过程的执行次数来描述算法的时间复杂度。算法的计算量主要与字典集规模及迭代次数有关，若字典集规模为 n，算法迭代次数为 L，则 IFKMP 算法匹配一次的计算次数为 $n \cdot L$，其时间复杂度为 $O(n \cdot L)$；PSO 算法迭代一次需要计算每个粒子的位置、速度及适应度值，若其种群规模为 N，PS－IFKMP 算法匹配一次需要计算 $3 \cdot N \cdot L$ 次，其时间复杂度为 $O(N \cdot L)$。粒子的种群规模 N 是一

个比字典规模 n 远小的值。因此，从算法的时间复杂度来看，当字典集规模较小时，IFKMP算法和 PS - IFKMP 算法的计算量相差不大；若字典规模较大时，PS - IFKMP 算法的计算量则远小于 IFKMP 算法的计算量。

10.2.4 算法参数设置

初始化时，通常设置算法最大迭代数 $L=200$，迭代误差阈值 $\eta=0.01$，种群规模为 $N=30$，种群最大进化代数为 MCN=50，进化迭代阈值 $\varepsilon=0.005$。其中，算法最大迭代代数为算法的最大匹配次数，种群最大进化代数即为一次匹配过程中的粒子群算法的迭代次数。

惯性因子 ω 较大时，粒子群算法具有较强全局搜索能力；ω 较小时，算法则倾向于局部搜索。为了保证粒子群在前期能够具备较强的全局搜索能力及后期能够在最优解附近逐步逼近最优解，将 ω 由 0.9 随迭代次数线性递减至 0.4，如式(10.3)所示。

$$\varepsilon = 0.9 - \frac{t}{\mathrm{MCN}} \times 0.5 \tag{10.3}$$

其中 t 为当前迭代次数。

由式(10.4)可知，粒子每次迭代时的学习能力依赖于 r_1 和 r_2 这两个随机数，为了对粒子群中优秀的粒子进行学习，本节采用继承机制改进加速常数的选取方法。

$$c_1 \cdot r_1 = \omega_1 = \frac{p_i^{(t)}}{f_i^{(t)}} + \omega,\ c_2 \cdot r_2 = \omega_2 = \frac{p_g^{(t)}}{p_i^{(t)}} \tag{10.4}$$

其中 $f_i^{(t)}$ 表示粒子 i 在第 t 代的适应度值；$p_i^{(t)}$ 表示粒子 i 在第 t 代所找到个体极值 pbset；$p_g^{(t)}$ 表示粒子 i 在第 t 代所找到全局极值 pbset。

引入继承机制能够有效地加快算法的收敛速度。为了保持种群的多样性，引入高斯变异机制对粒子群进行一定规模的扰动。若粒子群全局极值在连续若干代后没有得到改善，则在粒子群中按一定比例随机选取粒子按式(10.5)进行变异。

$$x_i'(t) = x_i(t) + r_0 \cdot x_i(t) \tag{10.5}$$

其中，r_0 为均值为 0、标准差为 1 的高斯随机数。

本节方法同样涉及到核参数 σ 的选取。如何对核参数 σ 进行取值，目前尚缺乏理论支持，更多的是依靠经验取值，通常的解决方法是用一组专门的验证数据集来确定核参数 σ。此外，核匹配追踪学习机本质上是一种二分类器。对于多类分类问题，通常有两种解决方案，第一种把 N 类分类问题转化为 N 个二类分类问题，这种方法需要 N 个分类器；第二种方法则把这 N 类样本两两进行分类，该种方法需要 $N(N-1)/2$ 个分类器。

10.2.5 实验与分析

实验过程中选取高斯核 $K(x,y)=\exp(-\|x-y\|^2/2\sigma^2)$ 作为核函数。为了验证算法的有效性，将核匹配追踪算法(KMP)、直觉模糊核匹配追踪算法(IFKMP)和基于粒子群优化的直觉模糊核匹配追踪算法(PS - IFKMP)进行对比，其中 PSO 采用实数编码。为了对算法性能进行验证，选择不同的样本集合进行试验。为了避免随机误差，每次试验分别进行 50 次蒙特卡洛仿真。

1. UCI 数据集识别

实验首先选取公共数据集 UCI 中的 Musk、Waveform、German、Diabetes 及 Breast

Cancer Wisconsin(简称为 Wisc)5 组数据集进行验证。这五组数据集的具体属性如表 10.1 所示。由于 Waveform 是一个三类数据集，取其中样本的 0 类数据和 2 类数据，共计 3347 个样本作为实验数据。

表 10.1　实验数据集描述

数据集名称	数据集规模	样本维数	类别数
Musk	6598	166	2
Waveform	5000	21	3
German	1000	20	2
Diabetes	768	8	2
Wisc	699	9	2

由于不同的核函数 σ 的取值对算法的影响较大，实验在这里专门取出一组验证数据集对核函数 σ 的取值进行验证。令 $\omega(y_1)=\omega(y_2)=1$，种群规模 $N=30$，最大进化迭代次数 MCN=50，进化迭代阈值 $\varepsilon=0.005$，最大迭代代数 $L=200$，迭代误差阈值 $\eta=0.01$，核参数 σ 在[1，500]等间隔取样 500 次，σ 对分类识别率的影响如图 10.2 所示。

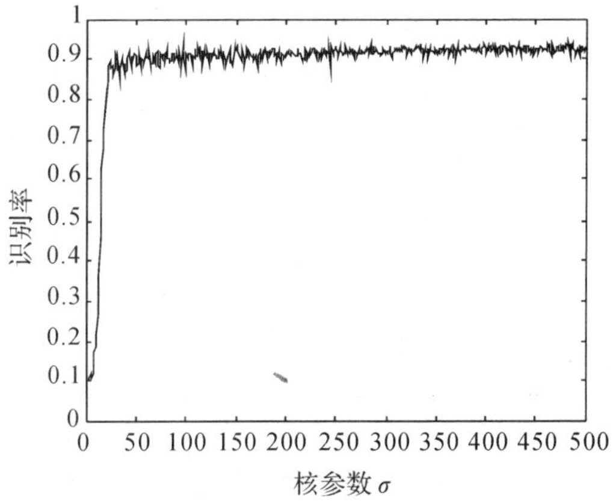

(a) Musk 数据集

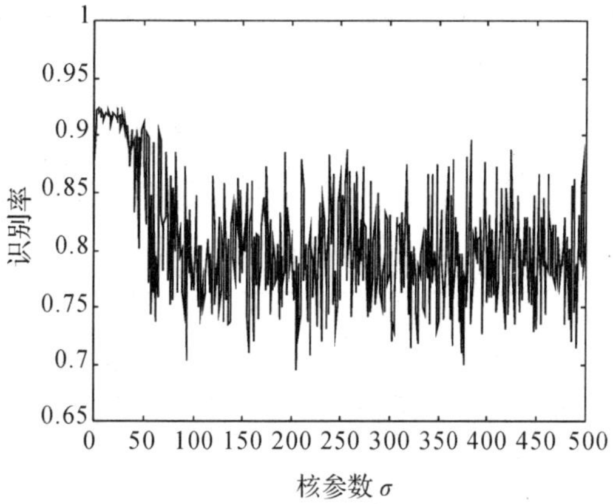

(b) Waveform 数据集

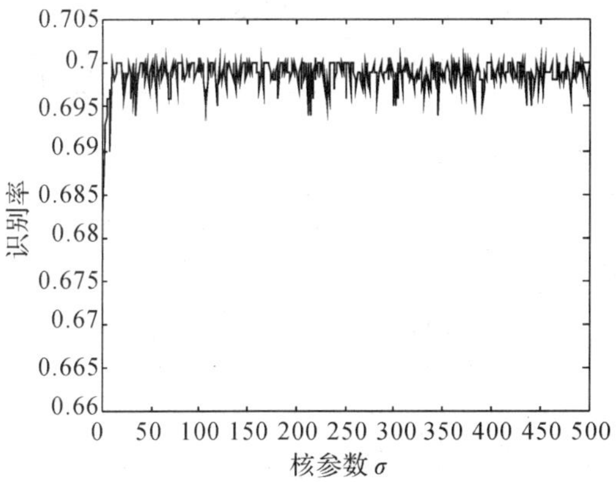

(c) German 数据集

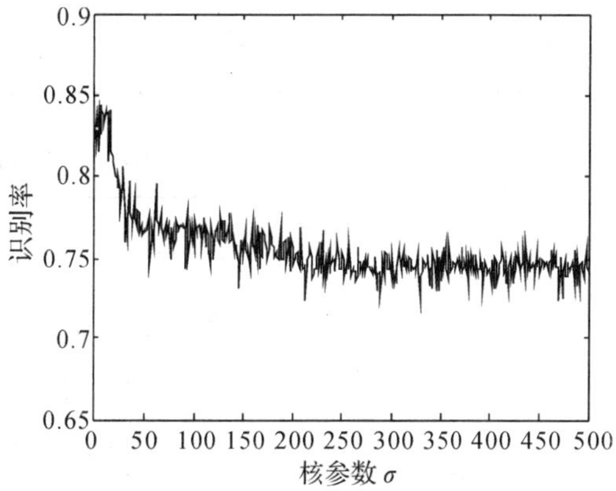

(d) Diabetes 数据集

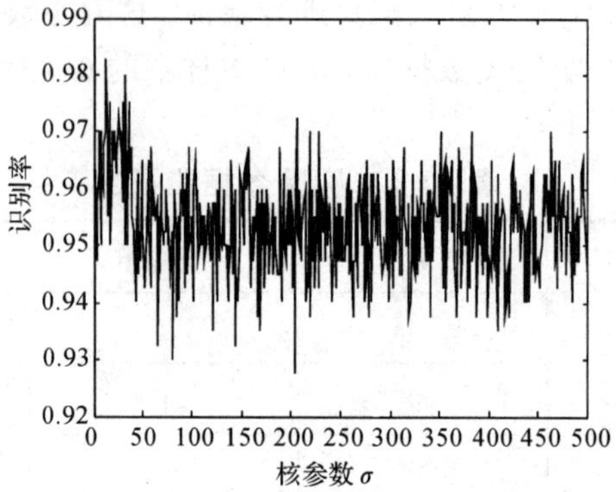

(e) Wisc 数据集

图 10.2　σ 参数对各数据集识别率的影响

从图 10.2 中可以看出，针对不同数据集，最优核参数 σ 的取值也存在较大差距。根据实验验证，Musk 数据集取 360，Diabetes 数据集取 15，Waveform 数据集取 6，German 数据集取 12，Wisc 数据集取 3。由于对样本类别重要性没有特别的要求，令 $\omega(y1)=\omega(y2)=1$，IFKMP 算法则退化为标准 KMP 算法。因此，此处只将 PS - IFKMP 算法与标准 KMP 算法进行比较，实验结果如表 10.2～10.4 所示。

表 10.2　Musk 数据集实验结果

数据集	训练规模	测试规模	算法	支持向量	一次匹配时间/s	识别率/(%)	偏差/(%)
Musk	1000	2000	KMP	156	0.389	92.12	**2.17**
			PS - IFKMP	**132**	**0.097**	**92.43**	2.92
	300	2000	KMP	100	0.084	**90.44**	4.76
			PS - IFKMP	**97**	**0.036**	90.26	**4.69**

表 10.3　Waveform 数据集实验结果

数据集	训练规模	测试规模	算法	支持向量	一次匹配时间/s	识别率/(%)	偏差/(%)
Waveform	1000	1000	KMP	120	0.297	**92.70**	3.16
			PS - IFKMP	**113**	**0.094**	92.43	**3.08**
	300	1000	KMP	123	0.072	**91.56**	1.59
			PS - IFKMP	**115**	**0.022**	91.47	**1.30**

表 10.4　German 数据集实验结果

数据集	训练规模	测试规模	算法	支持向量	一次匹配时间/s	识别率/(%)	偏差/(%)
German	600	500	KMP	28	0.096	73.62	1.35
			PS - IFKMP	**23**	**0.029**	73.86	**1.33**
	300	500	KMP	32	0.022	71.80	2.82
			PS - IFKMP	27	**0.008**	71.60	2.19

从统计意义分析，以上三组实验中 KMP 算法和 PS-IFKMP 算法的平均识别率分别为 85.37%和 86.34%，两种算法的识别效果应该说是基本相当。KMP 算法和 PS-IFKMP 算法的平均一次匹配时间分别为 0.16 和 0.048，PS-IFKMP 算法的平均一次匹配时间相比 KMP 算法则下降了 70%，可见 PS-IFKMP 算法在采用 PSO 优化之后，一次匹配过程所消耗的时间明显缩短。从字典集规模上来看，字典集规模越大，优化效果越为明显。因此，从实验角度验证了前文对两种算法时间复杂度的分析，说明本节算法汲取了 PSO 算法全局最优及局部快速收敛的优势，最大可能地在有限的进化次数中找到最优解，有效解决了传统匹配追踪算法采用贪婪策略而导致学习时间过长的缺陷。

下面通过两个有针对性需求的病例数据集来对本节算法的有效性进行验证。Diabetes 是一个印度妇女糖尿病病例检测数据集，其 8 个指标分别为妇女怀孕次数、2 小时口服葡萄糖耐量值、血压、肱三头肌皮褶厚度、血清胰岛素浓度、身体质量指数、糖尿病血统函数及年龄，786 个样本包含 268 个正类(阳性)样本和 500 个负类(阴性)样本。Wisc 是一个乳腺肿瘤样本集，其 9 个指标表示肿块密度、细胞大小均匀值、细胞形状均匀值、边界粘连值、单个上皮细胞大小、微受激染色质值、裸核值、正常核值及有丝分裂值，699 个样本包括 241 个正类(阳性)样本和 458 个负类(阴性)样本。从确诊病症的角度来看，由于正类样本描述了检测呈阳性的病理特征，因而对该类样本的识别应该比负类样本具备更高的识别精度。因而直觉模糊参数 $\omega(y_i)$根据算法 10.1 进行选取，此处 $\delta(y_i)=0.5$，可得：

(1) 阳性样本 y_1的直觉模糊参数 $\omega(y_1)=1.5$；

(2) 阴性样本 y_2的直觉模糊参数 $\omega(y_2)=0.6$。

其他参数不变，具体实验结果如表 10.5 所示。

表 10.5　病例数据集识别结果

数据集	训练规模	测试规模	方法	支持向量	一次匹配时间/s	识别率/(%)	偏差/(%)
Diabetes	+：54 -：100	+：67	KMP	32	0.014	66.67	3.14
			IFKMP	33	0.016	95.45	**2.76**
			PS-IFKMP	**29**	**0.008**	**95.82**	2.97
Wisc	+：60 -：115	+：72	KMP	16	0.012	86.26	3.37
			IFKMP	15	0.014	98.12	3.14
			PS-IFKMP	13	**0.009**	97.92	**3.07**

从表 10.5 中可以看出，传统的核匹配追踪学习机在面对非平衡训练样本集(即两类样本数目差距较大)时，已无法有效对重要弱势样本进行识别。直觉模糊核匹配追踪学习机则有效地解决了这个问题。通过对重要弱势样本的充分学习，直觉模糊核匹配追踪学习机的识别精度仍可以达到令人满意的效果。采用基于粒子群优化的直觉模糊核匹配追踪学习机则在有效降低算法时间复杂度的前提下，仍对重要弱势样本保持了与直觉模糊核匹配追踪学习机相当的高精度识别能力。

2. 人工含噪数据集识别

螺旋双曲线的二维坐标方程为

螺旋线 1

$$\begin{cases} x_1=(k_1\theta+e_1)\cos\theta \\ y_1=(k_1\theta+e_1)\sin\theta \end{cases} \quad (\theta\in U\sim[0,2\pi])$$

螺旋线 2

$$\begin{cases} x_2=(k_2\theta+e_2)\cos\theta \\ y_2=(k_2\theta+e_2)\sin\theta \end{cases} \quad (\theta\in U\sim[0,2\pi]) \tag{10.6}$$

其中，k_1、k_2、e_1及e_2为方程参数，在这里取 $k_1=k_2=4$，$e_1=1$，$e_2=3$。

随机产生两类样本共 12 000 个，样本分布如图 10.3(a)所示。同时采用二维平面上线性不可分的同心圆样本进行测试，采用如下参数方程产生两类交错的同心圆样本。

$$\begin{cases} x=\rho\cdot\cos\theta \\ y=\rho\cdot\sin\theta \end{cases} \quad (\theta\in U\sim[0,2\pi]) \tag{10.7}$$

两类样本的半径参数 ρ 均服从均匀分布，分别为[0, 55]和[45, 100]，随机产生两类样本共 12 000 个，样本分布如图 10.3(b)所示。

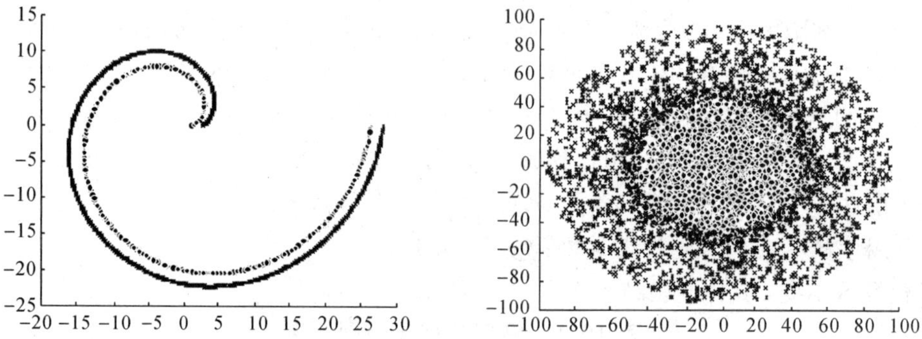

(a) 双螺旋曲线　　(b) 同心圆

图 10.3　人工数据集样本分布图

为了检验本节算法对重要样本的识别效果，令正类 y_1 为指定的重要类别(图 10.3 中用“●”表示)。经过验证，设定高斯核函数 $\sigma=6$，直觉模糊参数 $\omega(y_i)$ 根据算法 10.1 进行选取，此处 $\delta(y_i)=0.8$，则类别 y_1 的直觉模糊参数 $\omega(y_1)=1.5$，样本 y_2(图 10.3 中用“×”表示)的直觉模糊参数 $\omega(y_2)=0.3$，其余参数与实验(1)中数据相同，要求尽可能提高对指定样本类别“●”的识别精度。实验前先对训练数据进行加噪处理，随机改变 10%样本的类别属性，然后任意选取 1000 个样本进行训练，50 次蒙特卡洛仿真实验结果如表 10.6 所示。

表 10.6　人工数据集重要样本类别识别结果

数据集	训练规模	测试规模	方法	支持向量	一次匹配时间/s	识别率/(%)	偏差/(%)
螺旋线	+：500 −：500	+：1000	KMP	24	0.362	87.26	2.43
			IFKMP	18	0.396	**96.16**	2.17
			PS-IFKMP	**15**	**0.047**	96.12	**1.05**
同心圆	+：500 −：500	+：1000	KMP	200	0.453	83.47	1.56
			IFKMP	162	0.470	**98.03**	1.52
			PS-IFKMP	**89**	**0.121**	97.46	**1.22**

表 10.6 的结果说明，在同等规模的训练样本条件下，标准 KMP 算法仅依靠部分随机选取的样本进行训练，对重要样本类别的识别性能大幅度下降；IFKMP 算法通过直觉模糊参数的选取，对重要类别样本进行了充分学习，识别率保持在较高的精度；PS - IFKMP 算法则兼具了 IFKMP 算法和 PSO 算法的优势，在不丢失标准 KMP 稀疏性的前提下，缩短了训练样本的学习时间，并对重要样本类别仍能保持较高的识别精度。

3. 弹道中段目标 RCS 序列识别实验

根据 5.4 节所建的弹头、重诱饵、翻滚诱饵及气球模型，令雷达视线与目标角动量 H 之间的夹角 $\beta=20°\sim30°$，弹头进动角为 $2°\sim4°$，进动周期为 2～4 s；重诱饵进动角为 $4°\sim7°$，进动周期为 4～8 s；翻滚诱饵的翻滚周期为 4～8 s。对每类目标随机产生 200 条 RCS 序列曲线(0 s～10 s)，令采样频率为 10 Hz，取该 RCS 序列的极大值、极小值、均值及方差作为一个样本的聚类特征指标。考虑到直觉模糊核匹配追踪学习机本质上为二分类器，为简单起见，我们将弹头样本定义为指定正类样本，其余重诱饵、翻滚诱饵和气球三类假目标的 RCS 样本统一定义为负类样本。考虑到核参数 σ 的取值对算法的影响，先对 σ 的取值进行验证，令核参数 σ 在[0.1，10]等间隔取样 100 次，σ 对分类识别率的影响如图 10.4 所示。

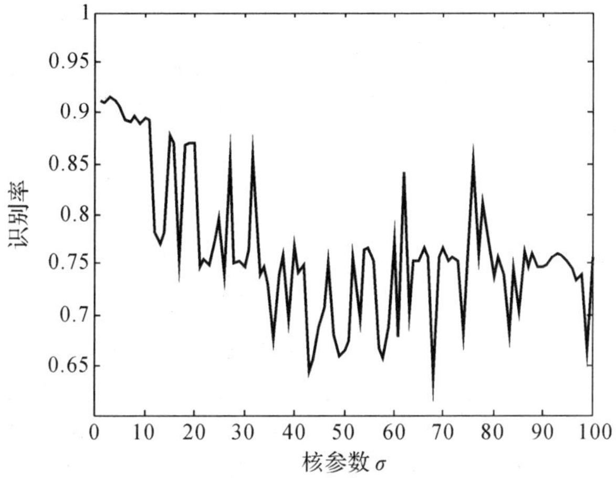

图 10.4　σ 参数对弹道中段目标 RCS 序列数据集识别率的影响

根据验证令核参数 $\sigma=0.9$，直觉模糊参数 $\omega(y_i)$ 根据算法 10.1 进行选取，此处 $\delta(y_i)=0.2$，则指定类别 y_1 的直觉模糊参数 $\omega(y_1)=1.2$，y_2 的直觉模糊参数 $\omega(y_2)=0.9$，其余参数与实验(2)中数据相同，50 次蒙特卡洛仿真实验结果如表 10.7 所示。

表 10.7　弹道中段目标识别结果

数据集	训练规模	测试规模	方法	支持向量	一次匹配时间/s	识别率/(%)	偏差/(%)
弹道中段目标 RCS	400	+：100	KMP	45	0.0064	92.82	1.31
			IFKMP	15	0.0053	97.02	**1.24**
			PS - IFKMP	13	**0.0012**	**97.50**	1.56

由表 10.7 可知，本组实验结果与前两组实验结果基本吻合，可见通过引入粒子群优化

后，PS－IFKMP 算法有效降低了算法的时间复杂度，缩短了训练样本所需的学习时间，并对重要样本类别仍能保持较高的识别精度，甚至有时能够在有限迭代次数内找到比IFKMP更优的解，这是由于采用贪婪机制进行搜索时容易出现产生过拟合的现象。而采用粒子群优化算法进行搜索，则可以利用变异机制避免过拟合，从而在弹道中段目标识别领域取得更好的识别效果。

10.3 基于弱贪婪策略的随机直觉模糊核匹配追踪算法

针对直觉模糊核匹配追踪算法学习时间过长的问题，本节采用另外一种方法——弱贪婪策略对其进行改良，并提出了一种随机直觉模糊核匹配追踪算法(Stochastic Intuitionistic Fuzzy Kernel Matching Pursuit，SIFKMP)，使其能够以可接受的资源代价处理大数据量问题。

10.3.1 弱贪婪策略理论

文献[12]提出了一种能够近似匹配过程的弱贪婪算法(Weak Greedy Algorithms，WGA)。文献[13]分析了 WGA 几种不同的构想，并证明了其在不同条件下的收敛性。与经典贪婪算法不同，WGA 采用式(10.8)来逼近目标函数

$$\tilde{f}_{N+1}=\tilde{f}_N+t_{N+1}\alpha_{N+1}\boldsymbol{g}_{N+1}=\tilde{f}_N+\tilde{\alpha}_{N+1}\boldsymbol{g}_{N+1}\quad t_{N+1}\in[0,1] \tag{10.8}$$

其中 $\tilde{\alpha}_{N+1}=t_{N+1}\alpha_{N+1}$。

当 $t_{N+1}=1$ 时，WGA 算法便等价于经典贪婪算法。序列 $t=\{t_1, t_2, \cdots t_N\}$ 被称衰减序列，若衰减序列 τ 满足 $\exists\,\tilde{t}>0$，则 $\forall\, N\geqslant 1$，$t_N>\tilde{t}$ 时，则 WGA 算法就能保证其收敛性。这意味着在匹配追踪过程中，不需要保证每次迭代过程都能搜索到当前最优值，只需要搜索到一个近似最优值，在连续无穷次迭代后也能保证算法收敛到目标函数。当然，和经典贪婪算法相比，每一次搜索到的近似最优值越接近实际最优值时，弱贪婪算法的性能越接近经典贪婪算法。

10.3.2 随机直觉模糊核匹配追踪算法的实现

通过对直觉模糊核匹配追踪算法的计算步骤进行观察，可以发现该算法计算“瓶颈”在于每一次匹配过程均采用贪婪策略搜索最优基函数，由此带来了巨大的计算量。基于弱贪婪策略原理可知，在直觉模糊核匹配追踪学习机每次匹配过程中，并不需要得到当前最优基函数，只需得到一个近似最优基函数也能保证最后所得的判决函数以给定精度收敛于目标函数。那么我们可以通过从原核字典库中随机抽取一个较小的核字典子集进行搜索的方式来获得近似最优基函数，这样就达到了对直觉模糊核匹配追踪学习机进行改良并减少其训练时间的目的。下面对从概率统计的角度来分析如何确定核字典子集的规模。

设 X_1，…，X_n 为 n 个独立同分布的随机变量，其分布函数为 $F(x)$，令 $\zeta=\max(X_1, \cdots, X_n)$ 表示这 n 个随机变量的极大值，则 ζ 的分布函数[14]为

$$\begin{aligned}\Pr(\zeta \leqslant x) &= \Pr(X_1 \leqslant x, \cdots, X_n \leqslant x) \\ &= \Pr(X_1 \leqslant x)\cdots\Pr(X_n \leqslant x) \\ &= [F(x)]^n \end{aligned} \tag{10.9}$$

若 $X_1, \cdots, X_n$ 为(0, 1)上的均匀分布，则其分布函数为

$$F(x) = \begin{cases} 0 & x < 0 \\ x & 0 \leqslant x < 1 \\ 1 & x \geqslant 1 \end{cases} \tag{10.10}$$

则极值 ζ 的分布函数为

$$[F(\zeta)^n] = \begin{cases} 0 & x < 0 \\ \zeta^n & 0 \leqslant x < 1 \\ 1 & x \geqslant 1 \end{cases} \tag{10.11}$$

分位数是大数据集及数据流上经常使用的一种统计方法，通过分位数查询能够获取的统计信息，以便为决策提供数据支持[15]。若 $x_i (i=1, \cdots, N)$ 是一组递增数列，x_1 为最小的观测值，而 x_N 为最大的观测值。每个观测值 x_i 与一个 $\tau_i (0<\tau_i<1)$ 匹配，指出大约 $100\times\tau_i\%$ 的样本小于或等于 x_i，则 x_i 是相应于 $\tau_i\%$ 的分位数。给出数理统计中分位数的概念如下：

定义 10.1 （分位数[16]）假设实随机变量 X 的分布函数为 $F(x)=P(X\leqslant x)$，则对于任意 $0<\tau<1$，定义满足 $F(x)\geqslant\tau$ 的最小值 x_τ 的 τ 分位数，可表示为

$$x_\tau = \inf\{x: F(x) \geqslant \tau\} \tag{10.12}$$

若最小值满足 $x_\tau=\varepsilon$，极值 ζ 的 τ 分位数可表示为

$$F^{-1}(\tau) = \tau^{1/n} = \varepsilon \tag{10.13}$$

直觉模糊核匹配追踪算法在每次迭代的具体实现过程中，需要采用贪婪算法搜索 $|\langle \boldsymbol{r}, \boldsymbol{\omega}\odot\boldsymbol{g}\rangle|/\|\boldsymbol{\omega}\odot\boldsymbol{g}\|$ 中的极大值，从而获取对应的最优基函数。而基于弱贪婪思想，只需在每次迭代过程中搜索到 $|\langle \boldsymbol{r}, \boldsymbol{\omega}\odot\boldsymbol{g}\rangle|/\|\boldsymbol{\omega}\odot\boldsymbol{g}\|$ 中的近似极大值。但近似极大值只是一个模糊概念，实际操作过程中我们需要根据分位数的概念对其进行精确描述。为了简化计算，在这里我们大胆假设 $|\langle \boldsymbol{r}, \boldsymbol{\omega}\odot\boldsymbol{g}\rangle|/\|\boldsymbol{\omega}\odot\boldsymbol{g}\|$ 的值服从(0, 1)上的均匀分布(在后续的实验部分我们将对该假设进行验证分析)。假如需要取到的 $|\langle \boldsymbol{r}, \boldsymbol{\omega}\odot\boldsymbol{g}\rangle|/\|\boldsymbol{\omega}\odot\boldsymbol{g}\|$ 的近似极大值为 ε，并且满足 ε 为 $|\langle \boldsymbol{r}, \boldsymbol{\omega}\odot\boldsymbol{g}\rangle|/\|\boldsymbol{\omega}\odot\boldsymbol{g}\|$ 的 τ 分位数，则有

$$\begin{aligned} &\tau^{1/n} = \varepsilon \\ \Rightarrow &\frac{1}{n} = \log_\tau \varepsilon \\ \Rightarrow &n = \ln\tau/\ln\varepsilon \end{aligned} \tag{10.14}$$

假设 $|\langle \boldsymbol{r}, \boldsymbol{\omega}\odot\boldsymbol{g}\rangle|/\|\boldsymbol{\omega}\odot\boldsymbol{g}\|$ 满足服从(0, 1)上的均匀分布，则其极大值为 1。若原核字典集中包含 10 000 个样本，需要取到的 $|\langle \boldsymbol{r}, \boldsymbol{\omega}\odot\boldsymbol{g}\rangle|/\|\boldsymbol{\omega}\odot\boldsymbol{g}\|$ 的近似极大值为 $\varepsilon=0.95$ (分位数 $\tau=0.05$)，仅需从 D 中随机选取一个包含 $[\ln 0.05/\ln 0.95]=59$ 个元素的核字典子集带入运算即可满足需求，而算法一次匹配过程的计算量也降低为原来的 0.59%。令 M_t 为第 t 代的核字典子集，其中 M_t 中的样本从原始核字典集 D 中随机选取。这样，随机直觉模糊核匹配追踪算法的具体步骤如下所示：

算法 10.2　随机直觉模糊核匹配追踪算法

输入： 样本数据集 $X=\{(x_1, y_1), \cdots, (x_l, y_l)\}$，核函数 $K(x, y)$ 及其参数，直觉模糊参数 $\omega(y_i)$，后拟合参数 finN，最大迭代次数 $T_{\max}$，迭代停止阈值 η，$|\langle \boldsymbol{r}, \boldsymbol{\omega} \odot \boldsymbol{g}\rangle| / \|\boldsymbol{\omega} \odot \boldsymbol{g}\|$ 的近似极大值 ε 及分位数 τ。

输出： 判决函数 f_N。

Step1：生成核函数字典库：$D=\{g_i=K(\cdot, x_i) i=1, \cdots l\}$。

Step2：初始化残差：$\boldsymbol{r}_1=\boldsymbol{\omega} \odot \boldsymbol{y}$，根据(10.14)式计算子集规模 n 的大小，并令计数器 $t=1$。

Step3：随机从核字典库中选取一个规模为 n 的子集 M_t，并从中搜索当前的近似最优基函数 $g_t=\arg\max\limits_{g \in M_t} |(\langle \boldsymbol{r}_t, \boldsymbol{\omega} \odot \boldsymbol{g}_t\rangle / \|\boldsymbol{\omega} \odot \boldsymbol{g}_t\|)|$。

Step4：根据式(9.26)计算基函数 $\boldsymbol{g}_t$ 对应的系数 α_t。

Step5：根据式(9.27)完成后拟合过程，更新残差 $\boldsymbol{r}_{t+1}=\boldsymbol{\omega} \odot (\boldsymbol{r}_t-\alpha_t \boldsymbol{g}_t)$。

Step6：判断是否达到终止条件，若达到，则停止迭代，输出并输出判决函数 f_N；否则，$t=t+1$，转至 Step3。

此外，通过调节 $|\langle \boldsymbol{r}, \boldsymbol{\omega} \odot \boldsymbol{g}\rangle| / \|\boldsymbol{\omega} \odot \boldsymbol{g}\|$ 近似极大值 ε 及分位数 τ 的值，可以对算法进行控制。近似极大值 ε 及分位数 τ 决定了核字典子集的规模 n 的大小，n 越小，则算法的一次匹配时间越短，但达到预定精度所需的支持向量的数目越多；n 越大，则算法越接近原始 IFKMP 算法。

10.3.3　算法复杂度分析

直觉模糊核匹配追踪算法利用核函数将输入的训练数据从样本空间投影到高维 Hilbert 空间，采用样本间的核函数值代替特征空间内的内积运算，并生成相应的基函数字典。为了寻找最优权系数及对应的基函数，迭代分解的每一步都要采用贪婪算法进行全局搜索，因而这里主要通过算法在一次匹配过程的执行次数来描述算法的时间复杂度。算法的计算量主要与字典集规模及迭代次数有关，若字典集规模为 N，算法迭代次数为 L，则 IFKMP 算法一次匹配需要运行的计算次数为 $N \cdot L$，其算法的时间复杂度为 $O(N \cdot L)$。若设定 $|\langle \boldsymbol{r}, \boldsymbol{\omega} \odot \boldsymbol{g}\rangle| / \|\boldsymbol{\omega} \odot \boldsymbol{g}\|$ 近似极大值为 ε 及分位数为 τ，则 SIFKMP 算法中一次匹配过程的核字典子集规模为 $n=\ln\tau/\ln\varepsilon$，SIFKMP 算法一次匹配需要运行的计算次数为 $n \cdot L$，其算法的时间复杂度为 $O(n \cdot L)$。文中 SIFKMP 算法核字典子集规模 n 仅与近似极大值 ε 及分位数为 τ 有关，与原字典集规模 N 无关。因此，从算法的时间复杂度来看，当字典集规模 N 较小时，IFKMP 算法和 SIFKMP 算法的计算量相差不大；若字典规模 N 较大时，SIFKMP 算法的计算量则远小于 IFKMP 算法的计算量。

10.3.4　实验与分析

实验过程中选取高斯核 $K(x, y)=\exp(-\|x-y\|^2/2\sigma^2)$ 作为核函数，为了验证算法的有效性，在此选取标准核匹配追踪算法(KMP)、直觉模糊核匹配追踪算法(IFKMP)和基于

粒子群优化的直觉模糊核匹配追踪算法(PS－IFKMP)和本节随机直觉模糊核匹配追踪算法(SIFKMP)进行了对比。为了避免随机误差，每次试验分别进行 50 次蒙特卡洛仿真。

1. Shuttle 数据集识别

实验首先选取 UCI 数据集中数据量较大的 Shuttle 数据集进行验证。Shuttle 是一个 9 维的 7类数据集，包含 43 500 个训练样本及 14 500 个测试样本。其中大约 80%的样本为 1 类样本，其余 2～7 类样本约占总样本的 20%，为了方便计算，实验将 1 类样本标记为正类样本，其余 2～7 类样本标记为负类样本(即异常样本)。

为了验证算法在不同训练规模下的性能，分别从原始训练样本中随机选取 2500、5000、7500 和 10 000 个样本作为训练集进行试验。实际应用中，我们更多的是需要对异常样本进行检测，因此对该类样本的识别应该比正类样本具备更高的识别精度，本实验主要检测算法对异常样本的检测概率，因此从 14 500 个测试样本中选取其中全部的负类样本(共 3022 个)作为测试集进行测试。同时，为了研究本节算法在不同核字典子集规模条件下的识别率及运行时间，分别设置 SIFKMP 算法的核字典子集规模为 59($\varepsilon=0.95$，$\tau=0.05$)和 228($\varepsilon=0.99$，$\tau=0.02$)。参数设置：通过实验验证得到核参数 $\sigma=1$，令正类样本 y_1 的直觉模糊参数 $\omega(y_1)=0.9$，负类样本 y_2 的直觉模糊参数 $\omega(y_2)=1.2$。令粒子种群规模分别为 200、400、600、800，最大迭代次数 $L=1000$，迭代误差阈值 $\eta=0.02$。实验结果如表 10.8～10.11所示。

表 10.8　训练规模为 2500 条件下的识别结果

算　法	训练规模	测试规模	支持向量	一次匹配时间/s	训练时间/s	识别率/(%)	偏差/(%)
KMP	2500	－:3022	283	0.0856	61.099	94.48	2.23
IFKMP			527	0.1808	223.45	**98.76**	**1.03**
PS－IFKMP			**45**	0.0129	**49.672**	95.49	1.54
SIFKMP(59)			546	**0.0062**	131.393	98.65	1.57
SIFKMP(228)			542	0.018	140.088	98.57	1.32

表 10.9　训练规模为 5000 条件下的识别结果

算　法	训练规模	测试规模	支持向量	一次匹配时间/s	训练时间/s	识别率/(%)	偏差/(%)
KMP	5000	－:3022	353	0.2642	261.97	94.65	1.64
IFKMP			976	0.5569	702.95	**98.97**	1.13
PS－IFKMP			**72**	0.0428	**187.49**	96.36	1.21
SIFKMP(59)			1000	**0.017**	422.21	98.91	1.48
SIFKMP(228)			999	0.0394	475.43	98.94	**1.05**

表 10.10　训练规模为 7500 条件下的识别结果

算　法	训练规模	测试规模	支持向量	一次匹配时间/s	训练时间/s	识别率/(%)	偏差/(%)
KMP	7500	一:3022	394	0.554	662.05	94.49	1.67
IFKMP			998	1.0111	1328.6	**99.02**	**0.93**
PS-IFKMP			**139**	0.1144	**431.52**	97.73	1.14
SIFKMP(59)			1000	**0.0323**	779.21	98.98	1.27
SIFKMP(228)			1000	0.0639	824.97	99.01	1.12

表 10.11　训练规模为 10 000 条件下的识别结果

算　法	训练规模	测试规模	支持向量	一次匹配时间/s	训练时间/s	识别率/(%)	偏差/(%)
KMP	10 000	一:3022	394	0.881	1015.2	94.22	1.49
IFKMP			998	1.5005	2088.7	98.69	**0.84**
PS-IFKMP			**186**	0.2102	**850.80**	97.92	1.37
SIFKMP(59)			1000	**0.0582**	1223.3	98.78	1.33
SIFKMP(228)			1000	0.0947	1264.8	**98.79**	1.14

各算法的性能参数随训练规模的变化情况如图 10.5 所示。

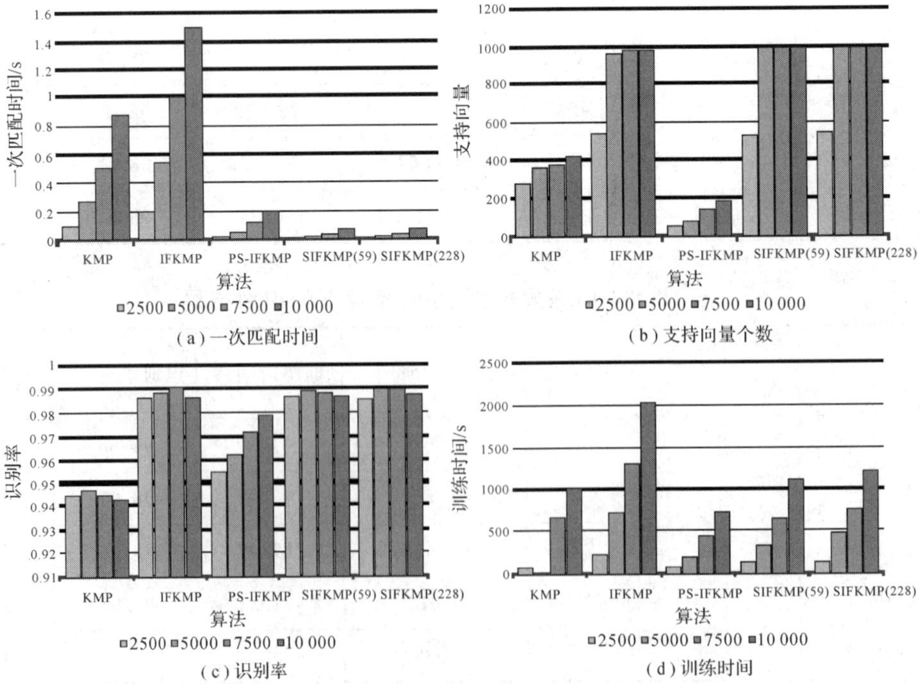

图 10.5　各算法性能随训练规模变化情况

从图 10.5(a)可以看出，对 Shuttle 数据集而言，IFKMP 算法的一次匹配时间最长，KMP 算法次之，PS－IFKMP 算法居中，而 SIFKMP 算法的一次匹配时间最短，且远小于 KMP 及 IFKMP 算法。同时，两种核字典子集规模条件下，SIFKMP(228)算法的一次匹配时间要略大于 SIFKMP(59)算法的一次匹配时间。这是因为 SIFKMP 算法在每次迭代过程中仅从原始核字典集 D 中随机选取一个核字典子集中进行搜索，其一次匹配时间要远远小于 IFKMP 算法的一次匹配时间，且核字典子集规模越大，算法的一次匹配时间越长。

由图 10.5(b)可以看出，PS－IFKMP 算法所需的支持向量数量最少，说明 PS－IFKMP算法具有较快的全局搜索能力，KMP 算法次之，IFKMP 算法及 SIFKMP 算法所需的支持向量数量较多且基本相当。从理论上分析，SIFKMP 在每次匹配过程中只搜索到了近似最优基函数，因此，相同迭代误差阈值下，SIFKMP 算法所需的支持向量个数应该略大于 IFKMP 算法。同时注意到，除训练规模为 2500 外，其他三种情况，SIFKMP 算法的支持向量个数与 IFKMP 算法基本相等，与理论设想情况不符。这是由于这三种训练规模情况下，算法迭代误差还没达到阈值就已达到停机条件(最大迭代次数 $L=1000$)所致。

从图 10.5(c)可以看出，KMP 算法的识别率最差，PS－IFKMP 算法次之，IFKMP 算法的识别效果最好，SIFKMP 算法的总体识别率只是稍逊于 IFKMP 算法，两者基本相当。这是由于传统 KMP 算法在面对非平衡训练样本集(即两类样本数目差距较大)时，对其中重要样本(弱势样本)识别效果不佳。IFKMP 则有效地解决了这个问题，通过对弱势样本的充分学习，其识别率仍可以达到 98%以上。SIFKMP 算法虽然在每次匹配过程中只搜索到了近似最优基函数，但理论上只要有足够多的迭代次数，其识别精度应与 IFKMP 算法基本相当。

由 10.5(d)可以看出，IFKMP 算法训练时间最长，PS－IFKMP 算法训练时间最短，而 KMP 和 SIFKMP 算法的训练时间基本相等。这是由于 IFKMP 算法的一次匹配时间及所需的支持向量个数均要大于传统 KMP 算法，因此其训练时间要远大于其他 KMP 算法。PS－IFKMP算法虽然所需的一次迭代时间要大于 SIFKMP 算法，但由于其局部搜索能力较强，所需的支持向量个数要远小于 SIFKMP 算法，这意味着 PS－IFKMP 算法完成训练所需的迭代次数也要远小于 SIFKMP 算法，因此其总的训练时间最短。而 SIFKMP 算法因其大大缩短了一次匹配时间，其总体训练时间则相对较短。同时训练规模越大，SIFKMP 算法在训练时间上的优化效果也更为明显。可见 SIFKMP 算法在性能与 IFKMP 算法相当的情况下，大大降低了一次匹配时间，其总的训练时间也明显小于 IFKMP 算法。

2. 人工含噪数据集识别

螺旋双曲线的二维坐标方程为

螺旋线 1

$$\begin{cases} x_1 = (k_1\theta + e_1)\cos\theta \\ y_1 = (k_1\theta + e_1)\sin\theta \end{cases} \quad (\theta \in U \sim [0, 6\pi]) \tag{10.15}$$

螺旋线 2

$$\begin{cases} x_2 = (k_2\theta + e_2)\cos\theta \\ y_2 = (k_2\theta + e_2)\sin\theta \end{cases} \quad (\theta \in U \sim [0, 6\pi]) \tag{10.16}$$

其中，k_1、k_2、e_1及e_2为方程参数，在这里取$k_1=k_2=4$，$e_1=1$，$e_2=3$。

随机产生两类样本共12 000个，样本分布如图10.6所示。为了验证算法在不同训练规模下的性能，分别从原始训练样本中随机选取600、1200个样本作为训练集进行试验。为了对算法进行检验，实验将正类样本(即图10.6中的内侧曲线样本)标记为重要样本类别，并从6000个正类样本中随机抽取1000个样本作为测试集进行测试。同时，为了研究本节算法在不同核字典子集规模条件下的识别率及运行时间，分别设置SIFKMP算法的核字典子集规模为77($\varepsilon=0.98$，$\tau=0.05$)和194($\varepsilon=0.98$，$\tau=0.02$)。根据验证，设定高斯核函数$\sigma=8$，正类样本y_1的直觉模糊参数$\omega(y_1)=1.6$，负类样本y_2的直觉模糊参数$\omega(y_2)=0.4$。实验前先对训练数据进行加噪处理，随机改变20%样本的类别属性，然后进行训练。令粒子种群规模分别取60、100，最大迭代次数$L=500$，迭代误差阈值$\eta=0.01$，50次蒙特卡洛仿真实验结果如表10.12～10.13所示。

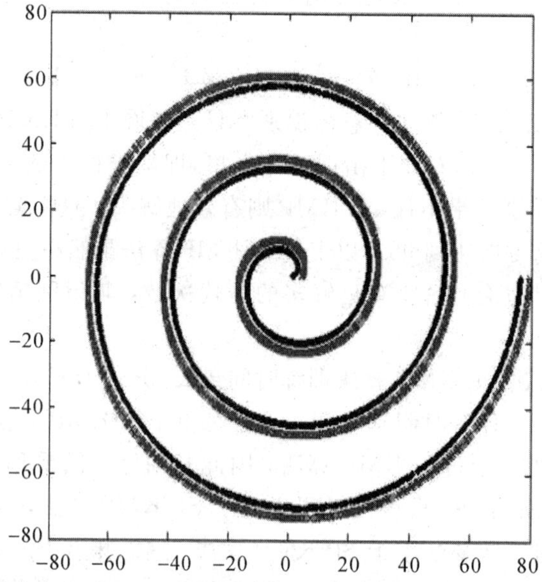

图10.6　双螺旋曲线样本分布图

表10.12　训练规模为600条件下的识别结果

算　法	训练规模	测试规模	支持向量	一次匹配时间/s	训练时间/s	识别率/(%)	偏差/(%)
KMP	600	+:1000	148	0.011	7.56	84.89	2.13
IFKMP			121	0.012	8.05	**95.75**	1.25
PS-IFKMP			48	0.002	**3.15**	94.28	1.18
SIFKMP(77)			199	**0.0018**	3.51	94.09	**1.03**
SIFKMP(194)			175	0.0041	4.55	95.05	1.34

表 10.13　训练规模为 1200 条件下的识别结果

算　法	训练规模	测试规模	支持向量	一次匹配时间/s	训练时间/s	识别率/(%)	偏差/(%)
KMP	1200	+:1000	194	0.0266	21.63	89.51	0.09
IFKMP			167	0.0288	22.64	**98.10**	0.013
PS-IFKMP			**70**	0.0047	**10.84**	97.72	0.011
SIFKMP(77)			275	0.0031	11.52	98.06	**0.001**
SIFKMP(194)			245	0.0065	13.65	97.02	0.002

从表 10.12～10.13 可以看出，PS-IFKMP 和 SIFKMP 算法均能有效地降低原有的 IFKMP 算法一次匹配时间，PS-IFKMP 算法所需的支持向量较少，因此其总体训练时间要优于 SIFKMP 算法，但 SIFKMP 算法的性能更接近 IFKMP 算法。此外，不同核字典子集规模条件下，子集规模越大，所需的支持向量越少，与理论情况相符。基于人工含噪数据集的实验结果与上一组对 Shuttle 数据集的实验结果基本吻合，可见 SIFKMP 算法同样具备较好的抗干扰能力。

3. 弹道中段目标 HRRP 数据集识别

本实验根据 5.4 节生成的弹道中段目标 HRRP 数据进行实验。HRRP 数据角度范围为 0°～180°，间隔为 0.1°，频点为 128 个，则实验数据是样本数目为 7204、维数为 128 维的 HRRP 数据集，四类样本的数目均为 1801。

由于直觉模糊核匹配追踪学习机为二分类器，因此令弹头 HRRP 数据为正类，其余三类目标为负类样本。考虑到核参数 σ 的取值对算法的影响，先对 σ 的取值进行验证，令核参数 σ 在[0.1，3]等间隔取样 30 次，σ 对分类识别率的影响如图 10.7 所示。

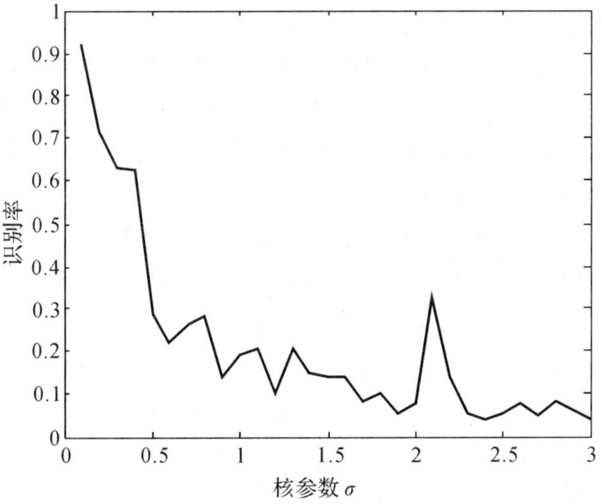

图 10.7　σ 参数对弹道中段目标 HRRP 数据集识别率的影响

根据验证，令核参数 $\sigma=0.1$，类别 y_1 的直觉模糊参数 $\omega(y_1)=1.2$，类别 y_2 的直觉模糊参数 $\omega(y_2)=0.7$，设置 SIFKMP 算法的核字典子集规模为 59($\epsilon=0.95$，$\tau=0.05$)。令粒子

种群规模取 150，最大迭代次数 $L=500$，迭代误差阈值 $\eta=0.02$，50 次蒙特卡洛仿真实验结果如表 10.14 所示。

表 10.14　弹道中段目标 HRRP 数据集的识别结果

算　法	训练规模	测试规模	支持向量	一次匹配时间/s	训练时间/s	识别率/(%)	偏差/(%)
KMP	3000	+:500	139	0.09	107.25	89.76	2.21
IFKMP			99	0.096	112.93	**95.60**	1.23
PS-IFKMP			**39**	0.014	**53.19**	95.40	1.06
SIFKMP(59)			219	**0.007**	62.29	95.15	**1.01**

综合以上三组实验的结果可以发现，传统 KMP 算法无论是面对非平衡 UCI 数据集、人工含噪数据集或是弹道中段目标 HRRP 数据集，均无法对其中重要样本进行高精度识别。而 IFKMP 算法则将传统的 KMP 算法拓展到直觉模糊领域，通过对重要样本进行充分学习，其识别率能够达到令人满意的效果。但 IFKMP 算法仍是采用贪婪策略搜索最优基函数的线性组合，从对 Shuttle 数据集的实验结果来看，当训练样本达到 10 000 时，IFKMP算法的一次训练时间竟然长达 34.8 分钟，因此其训练时间过长的缺陷将限制该算法在大数据量问题上的应用。而 SIFKMP 算法在每次迭代过程中仅从原始核字典集 D 中随机选取一个核字典子集中进行搜索，其一次匹配时间要远远小于 IFKMP 算法的一次匹配时间。虽然每次匹配过程中，SIFKMP 算法仅能搜索到当前近似最优基函数，导致其所需的支持向量个数要多于 IFKMP 算法，但其总体训练时间要仍明显优于 IFKMP 算法，且训练规模越大，迭代次数越多，优化效果越为明显。从识别效果来看，SIFKMP 算法的识别效果与 IFKMP 算法相当，都要明显优于传统的 KMP 算法，这是因为从整个训练过程来看，在算法迭代次数足够多的前提下，SIFKMP 算法能得到与 IFKMP 算法收敛精度相当的判决函数。本章 10.2 节提出的 PS-IFKMP 算法虽然在识别率上稍逊于 IFKMP 算法和 SIFKMP 算法，但 PS-IFKMP 算法的全局搜索能力较强，所需的支持向量数目最少，其时间性能在四种算法里面最好。因此 PS-IFKMP 算法和 SIFKMP 算法均能够较好地应用于需要兼顾识别率与实效性的弹道中段目标识别领域。

此外，虽然本节提出的 SIFKMP 算法大大降低了算法的一次匹配时间，进而有效降低了算法的总体训练时间，但是其总体训练时间下降比例却远达不到一次匹配时间所下降的比例。从实验结果中也可以看出，在 Shuttle 数据识别实验中，当训练样本达到 10 000 时，SIFKMP(59)的一次匹配时间与 IFKMP 算法相比下降了 96.12%，而总体训练时间却只下降了 41.4%。这是由于 SIFKMP 算法仍需要采用核方法生成函数字典库，这仍是一个相当费时的计算过程，因此其总体训练时间的优化程度远不如一次匹配时间明显。

需要说明的是，本节算法的提出基于 $|\langle \boldsymbol{r}, \boldsymbol{\omega}\odot\boldsymbol{g}\rangle|/\|\boldsymbol{\omega}\odot\boldsymbol{g}\|$ 的值服从(0, 1)上的均匀分布这一假设。但在实际实验过程中，通过经验，观察到 $|\langle \boldsymbol{r}, \boldsymbol{\omega}\odot\boldsymbol{g}\rangle|/\|\boldsymbol{\omega}\odot\boldsymbol{g}\|$ 的值实际上近似服从指数分布，而非(0, 1)上的均匀分布。将指数分布函数代入(10.9)式，可得

$$[F(\zeta)^n] = (1-\exp(-\zeta))^n \tag{10.17}$$

因此，最小值满足 $x_\tau=\varepsilon$，极值 ζ 的 τ 分位数可表示为

$$F^{-1}(\tau) = -\ln(1-\tau^{1/n}) \tag{10.18}$$

其中 n 的取值为

$$\begin{aligned} &-\ln(1-\tau^{1/n}) = \varepsilon \\ &\Rightarrow 1-\tau^{1/n} = \exp(-\varepsilon) \\ &\Rightarrow n = 1/\log_\tau(1-\exp(-\varepsilon)) \end{aligned} \tag{10.19}$$

与 10.3.2 节假设中提出的分位数 $\varepsilon^{1/n}$ 相比，$-\ln(1-\tau^{1/n})$ 是一个更为激进的分位数(例如，在 $\varepsilon=0.95$、$\tau=0.05$ 的条件下，n 的取值仅为 7)，可见本章 10.3.2 节提出 $|\langle \boldsymbol{r}, \boldsymbol{\omega}\odot\boldsymbol{g}\rangle|/\|\boldsymbol{\omega}\odot\boldsymbol{g}\|$ 的值服从(0，1)上的均匀分布这一假设实际上是一保守假设(或悲观假设)，这也与实验中发现 SIFKMP 的识别效果要比预计得更好这一情况吻合。

本章小结

本章针对现有直觉模糊核匹配追踪算法采用贪婪算法搜索最优基函数而导致学习时间过长的问题进行分析研究，分别提出了基于粒子群优化的直觉模糊核匹配追踪算法和基于弱贪婪策略的直觉模糊核匹配追踪算法，具体内容有：

(1) 将粒子群算法与直觉模糊核匹配追踪算法进行有效结合，利用 PSO 算法全局搜索能力强、收敛速度快的优点，对 IFKMP 算法的一次匹配过程进行优化，从而克服了原有匹配追踪算法计算量大、耗时长的缺陷，获得了较好的识别效果。实验结果表明，与传统方法相比，该方法在识别率相当的情况下可有效降低算法的时间复杂度，且字典集规模越大，优化效果越为明显。

(2) 由弱贪婪理论可知，每次迭代过程只需要搜索到一个近似最优值，在足够多的迭代次数后也能保证算法以给定精度收敛到目标函数。基于该思想，本章 4.4 节根据分位数的概念对指定条件下的核字典子集规模进行求解，并通过在原始核字典集 D 中随机选取指定规模的核字典子集进行搜索的方法，提出了一种随机直觉模糊核匹配追踪算法。

从对 UCI 数据集、人工含噪数据集以及弹道中段目标数据集的实验结果来看，本章提出的两种算法均达到了减少训练时间的目的。PS - IFKMP 算法具有更强的全局搜索能力，所需支持向量较少，算法的时间性能更加优越；而 SIFKMP 算法则具有更好地识别性能。这两种算法均能够较好地应用于需要兼顾识别率与实效性的弹道中段目标识别领域。

参考文献

[1] Vincent P, Bengio Y. Kernel matching pursuit[J]. Machine Learning, 2002(48): 165 - 187.

[2] 李青，焦李成，周伟达. 基于模糊核匹配追寻的特征模式识别[J]. 计算机学报，2009，32(8)：1687 - 1694.

[3] 雷阳，雷英杰，周创明，等. 基于直觉模糊核匹配追踪的目标识别方法[J]. 电子学报，2011，39(6)：1441 - 1446.

[4] 陈世敏. 大数据分析与高速数据更新[J]. 计算机研究与发展，2015，52(2)：333 - 342.

[5] 黄刘生，田苗苗，黄河. 大数据隐私保护密码技术研究综述[J]. 软件学报，2015，26(4)：945 - 959.

[6] 王国富，张海如，张法全，等. 基于改进遗传算法的正交匹配追踪信号重建方法[J]. 系统工程与电

子技术，2011，33(5)：974－977.
[7] 李恒建，尹忠科，王建英. 基于量子遗传优化算法的图像稀疏分解[J]. 西南交通大学学报，2007，42(1)：19－23.
[8] 雷阳，孔韦韦，雷英杰. 基于直觉模糊 c 均值聚类核匹配追踪的弹道中段目标识别方法[J]. 通信学报，2012，33(11)：136－143.
[9] Sun J，Palade V，Wu X J，et al. Solving the power economic dispatch problem with generator constraints by random drift particle swarm optimization[J]. IEEE Transactions on Industrial Informatics，2014，10(1)：222－232.
[10] Leticia C，Marcelo E，Diego I，et al. An efficient particle swarm optimization approach to cluster short texts[J]. Information Sciences，2014(265)：36－49.
[11] Kostas K，Stathes H. On the use of particle swarm optimization and kernel density estimator in concurrent negotiations[J]. Information Sciences，2014(262)：99－116.
[12] Temlyakov V. Weak greedy algorithms[J]. Advances in Computational Mathematics，2000，12(2)：213－227.
[13] Sil'nichenko A V. On the convergence of order-preserving weak greedy algorithms[J]. Mathematical Notes，2008，84(5)：741－747.
[14] 王惠文，王圣帅，黄乐乐，王成. 基于经验分布的区间数据分析方法[J]. 北京航空航天大学学报，2015，41(2)：193－197.
[15] Yu T，Chang C L. Applying bayesian model averaging for quantile estimation in accelerated life tests [J]. IEEE Transactions on Reliability，2012，61(1)：74－83.
[16] 徐志科，平根建. 非参数方法估计分位数模型的研究综述[J]. 数学的实践与认识，2014，44(1)：151－156.

第 11 章　基于直觉模糊 c 均值聚类核匹配追踪弹道中段目标识别方法

为了克服核匹配追踪算法的全局最优搜索导致学习时间过长这一缺陷，汲取 IFCM 算法优势，提出一种基于直觉模糊 c 均值聚类的核匹配追踪(Intuitionistic Fuzzy c - means Kernel Matching Pursuit，IFCM - KMP)算法。FCM、KMP、IFCM - KMP 算法的四组实际样本测试充分表明了 IFCM - KMP 算法的有效性及优越性。进而选取高分辨距离像(High Resolution Range Profile，HRRP)这一特征属性，对其进行特征提取获得子像，并分别采用 FCM、KMP、IFCM - KMP 三种算法对真弹头进行目标识别仿真实验及结果对比分析，充分表明了 IFCM - KMP 算法用于弹道中段目标识别较之 FCM、KMP 的有效性及优越性。

11.1 引　言

弹道导弹自问世以来，以其射程远、威力大、精度高和生存能力强等优点成为战争中的“杀手锏”。作为对立面，弹道导弹防御系统应运而生，其功能是为己方基础设施、军事要点及部队等提供全方位和多层次的防御，免遭弹道导弹袭击。纵观弹道导弹防御技术发展史，从 20 世纪 60 年代起，研究热点几经调整，从集中于再入段“大气过滤”拦截的研究，到天基助推段拦截的研究，直至近年来对大气层外中段拦截的研究，而如何解决目标识别一直是其核心难题之一[1]。

由第 4 章可知，KMP 算法是一种新型核函数分类器，其识别算法在形式上和 SVM 相同，但却采用了不同的训练方法。KMP 较之 SVM，其识别性能相当，但识别运算量却比 SVM 要小，且具有良好的推广能力。因此，虽然核匹配追踪已较成功地服务于目标识别，但在处理大量数据集时，KMP 为了在高度冗余函数字典中选取最佳匹配的数据结构，每一步搜索过程都需进行全局最优搜索，因而 KMP 的学习时间是相当长的。而基于目标函数的 IFCM[2]这一局部最优的动态聚类算法，可通过多次修正聚类中心、直觉模糊划分隶属矩阵和直觉模糊划分非隶属矩阵进行动态迭代，可将粗糙的数据集分割成几个小型的字典空间进行局部搜索，从而减少了学习时间，降低了计算复杂度。

鉴于此，本章提出一种基于目标函数的直觉模糊 c 均值聚类核匹配追踪算法，这种算法汲取 IFCM 算法的优势，尝试将 KMP 算法中的核函数字典划分成若干个小型字典，从而进行局部搜索，克服全局最优搜索所致学习时间过长的缺陷。为验证该算法的实际分类效果及有效性，选取四组实际样本数据，将其从低维数据到高维数据依次进行仿真实验。结果表明，该算法是有效的，分类效果较之 KMP 算法具有明显优势。

本章研究的最终目的是探索如何将 IFCM - KMP 算法有效应用于弹道中段目标识别。在弹道导弹防御系统中段，目标飞行过程较之助推段、再入段，具有较长的识别及拦截时间。因此，弹道中段被认为是导弹防御的关键阶段，而中段识别的难点主要在于有效特征的提取。进攻方往往通过 RCS 缩减、有源干扰等手段，使真假目标的雷达特性十分相似。而这些对抗手段使得通过 RCS、一维像、二维像等途径提取有效的真实目标特征变得更为困难。

高分辨一维距离像是目标散射点子回波在雷达射线上投影的向量和，可提供目标散射点的强度和位置信息，反映目标的形状和结构等特征[3]。相对于雷达目标像，HRRP 更容易获取。因而本章选取 HRRP 这一弹道中段的常用特征属性，并对其进行特征子像提取，将所获得的数据用于进行目标识别。最后采用 FCM，KMP，IFCM - KMP 三种算法分别对真弹头进行目标识别仿真实验及结果对比分析，充分表明了 IFCM - KMP 算法用于弹道中段目标识别较之 FCM、KMP 算法的优越性。

11.2 基于目标函数的直觉模糊 c 均值聚类算法

常见的直觉模糊聚类算法主要包括直觉模糊熵的聚类算法[4]、直觉模糊相似度及直觉模糊等价矩阵的聚类算法[5]、基于目标函数(聚类原型)的直觉模糊数的聚类算法[2]三类。下面简单介绍一种基于目标函数的直觉模糊 c 均值聚类算法，它是一种直觉模糊数的聚类算法。

给定数据集 $X=\{x_1, x_2, \cdots, x_n\}\subset R^s$ 为模式空间中 n 个模式的一组有限观测样本集，$\boldsymbol{x}_j=(\langle x\mu_{j1}, x\gamma_{j1}, x\pi_{j1}\rangle, \langle x\mu_{j2}, x\gamma_{j2}, x\pi_{j2}\rangle, \cdots, \langle x\mu_{js}, x\gamma_{js}, x\pi_{js}\rangle)^{\mathrm{T}}$ 为观测样本的特征矢量，各维特征的赋值 $\langle x\mu_{jk}, x\gamma_{jk}, x\pi_{jk}\rangle$ 均为一个直觉模糊数。$\boldsymbol{P}=\{p_1, p_2, \cdots, p_c\}$ 是 c 个聚类原型，c 为聚类类别数，$\boldsymbol{p}_i$ 表示第 i 类的聚类原型矢量，$\boldsymbol{p}_i=\{\langle p\mu_{i1}, p\gamma_{i1}, p\pi_{i1}\rangle, \langle p\mu_{i2}, p\gamma_{i2}, p\pi_{i2}\rangle, \cdots, \langle p\mu_{is}, p\gamma_{is}, p\pi_{is}\rangle\}$，$\boldsymbol{p}_i$ 在第 k 维特征上的赋值 $\boldsymbol{p}_{ik}=\langle p\mu_{ik}, p\gamma_{ik}, p\pi_{ik}\rangle$ 也为直觉模糊数。

直觉模糊 c 均值聚类方法的描述形式为

$$J_m(\boldsymbol{U}_\mu, \boldsymbol{U}_\gamma, \boldsymbol{P}) = \sum_{j=1}^{n}\sum_{i=1}^{c}\left(\frac{(\mu_{ij})^m}{2}+\frac{(1-\gamma_{ik})^m}{2}\right)D_w(\boldsymbol{x}_j, \boldsymbol{p}_i)^2,\ m\in[1,\infty),\ \boldsymbol{U}_\mu、\boldsymbol{U}_\gamma\in \boldsymbol{M}_{\mathrm{IFC}} \tag{11.1}$$

其中，$D_w(\boldsymbol{x}_j, \boldsymbol{p}_i)$表示样本 $\boldsymbol{x}_j$ 与聚类原型 $\boldsymbol{p}_i$ 之间的距离；m 称作平滑参数；$\boldsymbol{U}_\mu$ 为直觉模糊划分隶属矩阵；$\boldsymbol{U}_\gamma$ 为直觉模糊划分非隶属矩阵；$\boldsymbol{M}_{\mathrm{IFC}}=\{\boldsymbol{U}_\mu\in R^{cn}, \boldsymbol{U}_\gamma\in R^{cn} \mid \mu_{ik}\in[0,1], \gamma_{ik}\in[0,1], 0<\sum_{k=1}^{n}\mu_{ik}<n, 0<\sum_{k=1}^{n}\gamma_{ik}<n, \forall i, \forall k\}$，而且 $\mu_{ij}+\gamma_{ij}+\pi_{ij}=1$，$\sum_{i=1}^{c}\mu_{ik}=1$。由拉格朗日定理可得目标函数为

$$F=\sum_{i=1}^{c}\left(\frac{(\mu_{ij})^m}{2}+\frac{(1-\gamma_{ik})^m}{2}\right)D_w(\boldsymbol{x}_j, \boldsymbol{p}_i)^2-\lambda\left(\sum_{i=1}^{c}\mu_{ij}-1\right)-\beta(\mu_{ij}+\gamma_{ij}+\pi_{ij}-1) \tag{11.2}$$

算法 11.1 基于目标函数的 **IFCM** 算法

输入： 样本数据集 X，平滑参数 m，聚类类别数 $2\leqslant c\leqslant n$，权重系数矩阵 $\boldsymbol{W}$。

输出： 划分隶属矩阵 $\boldsymbol{U}_\mu$，划分非隶属矩阵 $\boldsymbol{U}_\gamma$，聚类原型 $\boldsymbol{P}$，迭代次数 b，目标函数值 E。

Step1：初始化。计算样本数据个数 n，设定迭代停止阈值 ε，初始化聚类原型模式 $\boldsymbol{P}^{(0)}$，设置迭代计数器 $b=0$。

Step2：计算、更新划分隶属矩阵 $\boldsymbol{U}_{\mu}$，划分非隶属矩阵 $\boldsymbol{U}_{\gamma}$。对于 $\forall i$，j，如果 $D_w(\boldsymbol{x}_j, \boldsymbol{p}_k)^{(b)}>0$，则有

$$\begin{cases} \mu_{ij}{}^{(b)} = \left\{ \sum_{k=1}^{c} \left(\dfrac{D_w(\boldsymbol{x}_j, \boldsymbol{p}_i)^{(b)}}{D_w(\boldsymbol{x}_j, \boldsymbol{p}_k)^{(b)}} \right)^{\frac{2}{m-1}} \right\}^{-1} \\ \gamma_{ij} = 1 - \pi_{ij} - \left\{ \sum_{k=1}^{c} \left(\dfrac{D_w(\boldsymbol{x}_j, \boldsymbol{p}_i)^{(b)}}{D_w(\boldsymbol{x}_j, \boldsymbol{p}_k)^{(b)}} \right)^{\frac{2}{m-1}} \right\}^{-1} \end{cases} \tag{11.3}$$

如果 $\exists k$，使得 $D_w(\boldsymbol{x}_j, \boldsymbol{p}_k)^{(b)}=0$，则有

$$\begin{cases} \mu_{ij} = 1, \gamma_{ij} = 0, i = k \\ \mu_{ij} = 0, \gamma_{ij} = 1, i \neq k \end{cases} \tag{11.4}$$

Step3：更新聚类原型模式矩阵 $\boldsymbol{p}_i{}^{(b+1)}$，分别求得 $p\mu_i{}^{(b+1)}$、$p\gamma_i{}^{(b+1)}$ 和 $p\pi_i{}^{(b+1)}$。

Step4：如果 $\| p^{(b)} - p^{(b+1)} \| > \varepsilon$，则令 $b=b+1$，转向步 Step1；否则，由式(11.3)和式(11.4)输出直觉模糊划分隶属矩阵 $\boldsymbol{U}_{\mu}$、直觉模糊划分非隶属矩阵 $\boldsymbol{U}_{\gamma}$ 和聚类原型 $\boldsymbol{P}$，算法结束。其中 $\| \cdot \|$ 为某种合适的矩阵范数。

该算法运算主要与样本数据个数和维数有关，时间复杂度为 $O(n^2)$，通过选取最终划分矩阵中每行元素所在列隶属度最大、非隶属度最小的元素分为一类。

11.3　基于目标函数的直觉模糊 c 均值聚类核匹配追踪算法

核匹配追踪是一种利用核函数集进行寻优的匹配追踪方法，在 BMP 算法的基础上，给定具体的核函数来代替函数 g，进而寻找权系数 ω_i 和基函数数据 x_i，从而得到有效的分类器，再利用训练得到的分类器对目标进行分类识别。

假设 $L=\{(x_1, y_1), \cdots, (x_l, y_l)\}$ 是一个含有 l 个输入输出，从一个未知的分布 $P(X, Y)(X \in I_R^d, Y \in I_R)$ 中独立采样出的数据对，基于训练数据的核函数集 $D=\{K(\cdot, x_i) | i=1, \cdots, l\}$，且考虑到常数项，则逼近函数可表示为

$$f_N(x) = \sum_{i=1}^{n} \omega_i K(x, x_i) + \omega_0 \tag{11.5}$$

其中，x_i 是分类器基函数数据；训练过程是以 $L=\{(x_1, y_1), \cdots, (x_l, y_l)\}$ 为训练集的有限维数据空间。

在处理大量数据集时，KMP 为了在高度冗余的函数字典中选取最佳匹配的数据结构，每一步搜索过程都需要进行全局最优搜索，因此 KMP 的学习时间是相当长的。因而结合基于目标函数的 IFCM 这一局部最优的动态聚类算法，通过多次修正聚类中心、直觉模糊划分隶属矩阵及直觉模糊划分非隶属矩阵进行动态迭代，可将核函数字典分割成几个小型的字典空间进行局部搜索，减少计算时间，降低计算复杂度。

算法 11.2　基于目标函数的 IFCM－KMP 算法

输入：样本数据集 $L=\{(x_1, y_1), \cdots, (x_l, y_l)\}$，平滑参数 $m(1<m<\infty)$，核参数 σ ($\sigma \geqslant 0$)，聚类类别数 c ($2 \leqslant c \leqslant n$)。

输出：划分隶属矩阵 $\boldsymbol{U}_\mu$，划分非隶属矩阵 $\boldsymbol{U}_\gamma$，聚类原型 $\boldsymbol{P}$，迭代次数 b、N，多个小型函数字典 $D=\{d_1, \cdots, d_c\}$，最优权系数 ω_j 和基函数数据 $\overline{x}_j$，判决函数 f_t。

Step1：初始化。核函数为 K，此处选取高斯核函数 $K(x, x_i)=\exp(-\|x-x_i\|^2/2\sigma^2)$，设定核参数为直觉模糊聚类区间 C 的个数。计算样本数据个数 n，设定迭代停止阈值 ε、η_t，初始化聚类原型模式 $\boldsymbol{P}^{(0)}$，设置迭代计数器 $b=0$。

Step2：对于数据集 $X=\{x_1, \cdots, x_l\}$，利用算法 11.1 计算更新聚类原型模式矩阵 $\boldsymbol{p}_i^{(b+1)}$，由于该聚类原型矢量 $\boldsymbol{p}_i^{(b+1)}$ 各维特征的赋值是一直觉模糊数，需分别进行最优化从而得到其划分直觉模糊隶属矩阵 $\boldsymbol{U}_\mu$ 和划分直觉模糊非隶属矩阵 $\boldsymbol{U}_\gamma$ 的迭代公式(11.6)、(11.7)，并求得 $p\mu_i^{(b+1)}$ 和 $p\gamma_i^{(b+1)}$。在直觉模糊集中，已知隶属度与非隶属度可易得犹豫度，因此其迭代公式可通过公式(11.6)(11.7)易得，如公式(11.8)所示，并求得 $p\pi_i^{(b+1)}$。

$$p\mu_i = \frac{\sum_{j=1}^{n}[(\mu_{ij})^m/2+(1-\gamma_{ik})^m/2]x\mu_j}{\sum_{j=1}^{n}[(\mu_{ij})^m/2+(1-\gamma_{ik})^m/2]} \tag{11.6}$$

$$p\gamma_i = \frac{\sum_{j=1}^{n}[(\mu_{ij})^m/2+(1-\gamma_{ik})^m/2]x\gamma_j}{\sum_{j=1}^{n}[(\mu_{ij})^m/2+(1-\gamma_{ik})^m/2]} \tag{11.7}$$

$$p\pi_i = 1-p\mu_i-p\gamma_i \tag{11.8}$$

Step3：如果 $\|p^{(b)}-p^{(b+1)}\|>\varepsilon$，则令 $b=b+1$，转向 Step1；否则，由式(11.3)和式(11.4)输出划分隶属矩阵 $\boldsymbol{U}_\mu$、划分非隶属矩阵 $\boldsymbol{U}_\gamma$ 和聚类原型 $\boldsymbol{P}$，反复迭代得到的 $\boldsymbol{U}_\mu$、$\boldsymbol{U}_\gamma$ 及 $\boldsymbol{P}$ 为被分割的多个小型函数字典 $D=\{d_1, \cdots, d_c\}$。

Step4：确定最优权系数 ω_j 和基函数数据 $\overline{x}_j$。从训练数据集中选 $x_i=x_1$，求出 $y_1(x)=K(x, x_1)$，利用极小值 $\min\limits_{\omega}\|y-\omega_1 y_{(1)}(x)\|$ 准则求出 $\omega_1=y_{(1)}^{\mathrm{T}}(x)\cdot y/\|y_{(1)}(x)\|^2$（本质上是一个求解最小二乘解问题），然后求出 $\Delta y_1=\|y-\omega_1 y_{(1)}(x)\|$。依次选 $x_i=x_2, \cdots, x_l$，求出 $\Delta y_2, \cdots, \Delta y_l$，取 $\Delta y_1, \cdots, \Delta y_l$ 中最小的所对应的 x_i 作为第一个基函数数据 $\overline{x}_1$。

Step5：假设已求出 L 个权系数和基函数数据，利用 KMP 思想，则第 $L+1$ 个求法如下：令 $y_L=y-\sum_{j=1}^{L}\omega_j K(x, \overline{x}_j)$，采用 Step4 中方法确定第 $L+1$ 个基函数数据，进而对 y_L 进行一次后拟合：$\omega_j=y_j^{\mathrm{T}}\cdot K(x, \overline{x}_j)/\|K(x, \overline{x}_j)\|^2$，$j=1, 2, \cdots, L+1$，其中 $y_j=y-\sum_{i=1, i\neq j}^{L+1}\omega_i\cdot K(x, \overline{x}_i)$。

Step6：按照 Step4、Step5 依次计算 $D=\{d_1, \cdots, d_c\}$ 中每个小型函数字典 $d_j(j=1, \cdots, c)$ 的 ω_j 和 $\overline{x}_j$，从核函数集中选取最小 Δy_j 所对应的 ω_j 和 $\overline{x}_j$。

Step7：按照式(11.9)计算判决函数

$$f_t(\omega_j, x_j) = \sum_{t=1}^{L} \omega_j^t g_j^t(x), \ j = 1, \cdots, l \tag{11.9}$$

Step8：令 $y=y-f_t$，若 $\|y\| \leqslant \eta_t$，则返回 Step4，且每一个 d_j 的迭代次数 N 增大，直至算法收敛。

最后得到分类器 f_t 后，目标可通过式(11.10)进行分类获得

$$f_N(x) = \text{sgn}\left(\sum_{i=1}^{N} \alpha_i g_i(x)\right) = \text{sgn}\left(\sum_{i=\{sp\}} \alpha_i K(x, x_i)\right) \tag{11.10}$$

其中 $\{sp\}$ 表示核匹配追踪算法得到的支撑模式。

该算法涉及平滑因子参数 m 的数值选取。从数学角度看，参数 m 的存在并不自然且没有必要，但是对于从硬聚类准则函数推广得到的目标函数模糊聚类准则函数，如果不给隶属度赋一个权重，这种推广则是无效的。因而参数 m 又称为加权指数，控制着样本在模糊类间的分享程度。因此，要实现模糊聚类就必须涉及 m 的数值选取，然而最佳 m 的选取目前尚缺乏理论指导。参数 m 的取值范围大都来自实验及经验，均为启发式的，缺乏系统性，更无具体的优选算法可循，还缺乏最优 m 的检验方法。这一系列的开放问题，都值得进一步的探索，以便奠定 m 优选的理论基础。通常情况下选取 $m=2$。

该算法也涉及核函数参数 σ 的选取。解决方法是先将数据集分为 3 组，分别是训练数据集、验证数据集和测试数据集。其中，训练数据集用来训练分类器，测试数据集用来评估分类器的分类性能，而验证数据集则是用来确定核参数 σ 的。实验验证一般是对给定的一组数据，将其分为两组，一组作为验证数据，一组作为测试数据，而训练数据是从验证数据中提取平均距离像得到的，由于平均距离像具有较好的目标方向变化稳定性，可以保证识别器有良好的推广能力。

该算法输入的样本数据集 $L=\{(x_1, y_1), \cdots, (x_l, y_l)\}$，$Y \in \{-1, +1\}$ 是一个两类分类问题，当样本数据集为多类分类问题时，通常有两种解决方法：第一种方法把 N 类分类问题化为 N 个两类分类问题，其中第 i 个问题是把属于第 i 类与不属于第 i 类的分开，这种方法需要 N 个分类器；第 2 种方法是直接把这 N 类进行两两判决，即每两类就需要一个分类器进行一对一判决，这种方法需要 $N(N-1)/2$ 个分类器。为了减少计算复杂度，以下仿真实验均采用第一种方法通过训练 N 个分类器来联合进行分类。

11.4　实验结果与分析

选取 UCI 数据库(http://www.ics.uci.edu/～mlearn/MLRepository.html)中三组实际样本数据 Iris，Wine，Breast Cancer Wisconsin(简化为 Wisc 表示)和 UCI 库外的一组常用数据 Motorcycle。选取以上四组实际数据是由于该数据通常被用来检验聚类算法、分类算法的性能及有效性。实验中将从低维数据集(Iris，Motorcycle)到高维数据集(Wine，Breast Cancer Wisconsin)依次进行样本测试。Iris 数据是由 4 维空间的 150 个样本组成，每一个样本的四个分量分别表示 Iris 数据的 petal length、petal width、sepal length、sepal width。该数据共有三个种类 setosa、versicolor、virginica，每一个种类均有 50 个样本。Wine 数据是由 13 维空间的 178 个样本组成，共分为三个种类，其样本数分别是 59、71、48。每一个样本均基于 13 个特征属性，分别为 alcohol、malic acid、ash、alcalinity of ash、magnesium、total phenols、flavanoids、nonflavanoid phenols、proanthocyanins、color intensity、hue、OD280/OD315 of diluted wines、proline。Breast Cancer Wisconsin 数据共由 32 维空间的 569 个样本组成，30 个连续型变量，特征属性共有 32 个，其中 10 个重要属性为 radius、texture、perimeter、area、smoothness、compactness、concavity、concave points、symmetry、fractal dimension。每个样本均可被划分为恶性或良性，分别包括 357 个良性样本，212 个恶性样本。Motorcycle 为一组实际生活中低维简单数据，共有 134 个样本数据，每个样本具有三个不同特征属性。基于以上四组数据分别对 FCM、KMP、IFCM - KMP 算法的分类性能进行仿真实验。

11.4.1 Iris 样本的 IFCM - KMP 分类实验

选取 Iris 数据对算法 11.2 进行仿真实验。实验中选取高斯核函数 $K(x, x_i)=\exp(-\|x-x_i\|^2/2\sigma^2)$，且设定核参数 $\sigma^2=0.03$，平滑参数 $m=2$，聚类类别数(即样本种类数) $c=3$，样本数据个数 $n=150$，迭代停止阈值 $\varepsilon=10^{-5}$、$\eta_t=0.2$，设置迭代计数器 $b=0$。Iris 数据是由三个不同种类 150 个样本组成，且每个样本是基于 4 个连续属性的，其原始样

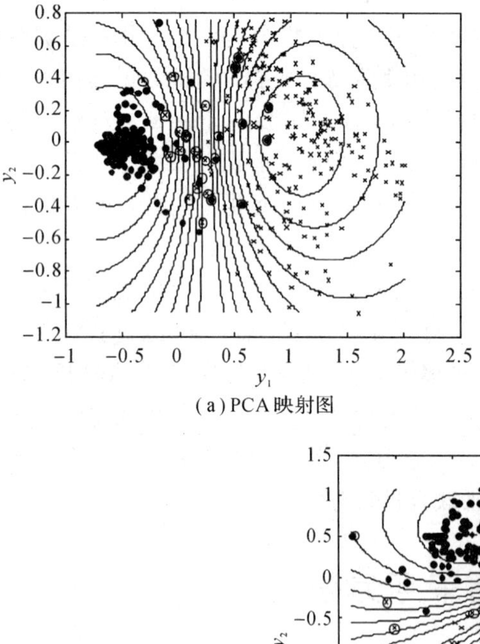

(a) PCA 映射图

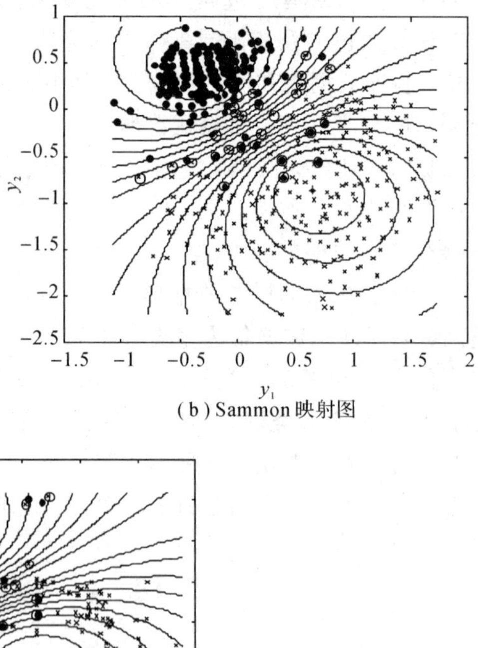

(b) Sammon 映射图

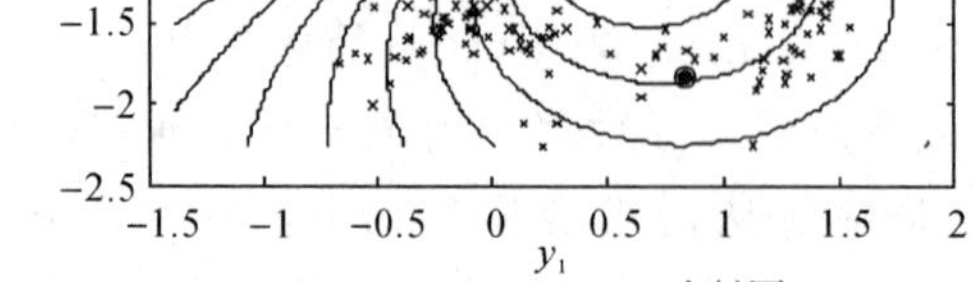

(c) Fuzzy Sammon 映射图

图 11.1 Iris 数据的 IFCM - KMP 二维空间分类效果图

本分布情况为第一个种类与其他两类完全分离，第二个种类与第三个种类之间有交叉。三个种类的样本在图 11.1(a)、图 11.1(b)、图 11.1(c)中分别由“·”、“○”和“×”表示。采用算法 11.2 进行分类时，由于 Iris 数据样本均是分布在 4 维空间中的，其分类效果通过 3 维或 4 维空间都不易观察，因此将其映射到 2 维空间，根据映射方法的不同分别产生 PCA 图、Sammon 图和 Fuzzy Sammon 图对其分类样本的分布效果进行展示，如图 11.1(a)、图 11.1(b)、图 11.1(c)所示。由图清晰可见 IFCM - KMP 算法将三类样本明晰地分离开来，使得 Iris 样本中任两类样本数据几乎没有交叉分布。

由于各参数设置不同，分类后的样本分布及错分误差也会不同，因而该算法的平均错分误差仅为 $\varepsilon_1 = 0.0311$。同时采用 FCM、KMP、IFCM - KMP 算法分别对 Iris、Wine、Breast Cancer Wisconsin、Motorcycle 四组数据进行仿真实验，其错分误差见表 11.1。由表可知 IFCM - KMP 算法的分类识别效果最好，KMP 算法分类识别效果次之，FCM 算法较之其他两种分类效果最差。

表 11.1　三种算法的平均错分误差值

平均错分误差值 ε	FCM	KMP	IFCM - KMP
Iris	0.0721	0.0539	0.0311
Wine	0.0652	0.0484	0.0312
Wisconsin	0.0744	0.0458	0.0323
Motorcycle	0.0689	0.0504	0.0288

11.4.2　IFCM - KMP 算法有效性测试

选取 Motorcycle 样本数据对该算法进行有效性测试。在处理 Motorcycle 的 134 个样本数据时，首先采用 IFCM 算法将核函数分割成几个小型的字典空间并进行局部搜索，同时通过多次不断地修正聚类中心、划分直觉模糊隶属矩阵及划分直觉模糊非隶属矩阵进行动态迭代，经过数次迭代得到不同的局部最优动态聚类点，最后一次迭代得到的局部最优动态聚类点分布如图 11.2 所示，“·”和“*”分别表示样本数据和局部最优动态聚类点，此外，每次迭代会产生不同的 7 项有效性指标值：Partition Coefficient(PC)、Classification Entropy(CE)、Partition Index(SC)、Separation Index(S)、Xie and Beni's Index(XB)、Dunn's Index(DI)、Alternative Dunn Index(ADI)，其各自所形成的曲线如图 11.3 所示，其中 7 项指标值所形成的曲线均较为平滑，因此算法 11.2 是有效的。

为比较 FCM、KMP 和 IFCM - KMP 算法的有效性能指标，三个算法均选取 Motorcycle 样本数据进行实验，分别取最后一次迭代所得的 7 项性能指标值如表 11.2 所示。由表 11.2 中各项数据可知，该算法的 PC 值略大于 FCM、KMP 的 PC 值，说明该算法具有比其他两个算法更好的划分性能；FCM、IFCM - KMP 算法的 CE 值均较为接近各 PC 值，说明它们均具有较好的模糊聚类划分性能。而 KMP 算法的 CE 值与其 PC 值相差较大，说明 KMP 算法模糊聚类划分性能较弱。该算法的 SC 值略低于 FCM、KMP 的 SC 值，说明该算法划分得到的聚类比 FCM、KMP 划分得到的聚类更具紧密性；相反，该算法的 S 值则略高于

FCM、KMP 的 S 值，说明被 FCM 和 KMP 划分后的聚类数据样本之间的分离度大于 IFCM-KMP 划分后的聚类数据样本；该算法的 XB 值略小于 FCM、KMP 算法的 XB 值，说明其局部搜索、动态聚类的性能较强；该算法的 DI 值略大于 FCM、KMP 算法的 DI 值，说明其兼顾紧密性与分离度的能力更好。ADI 指标的作用是对 DI 指标进行修正，用更简单的计算方式将其值增大，三个算法均达到了增大各 DI 值的效果。

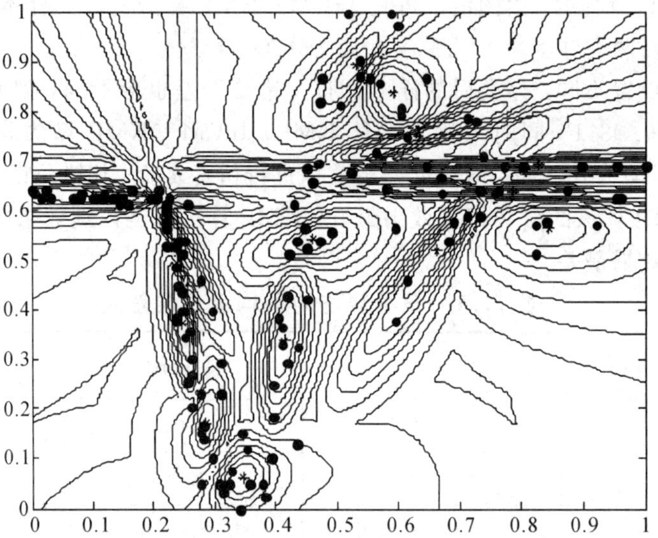

图 11.2　局部最优动态聚类中心点分布图

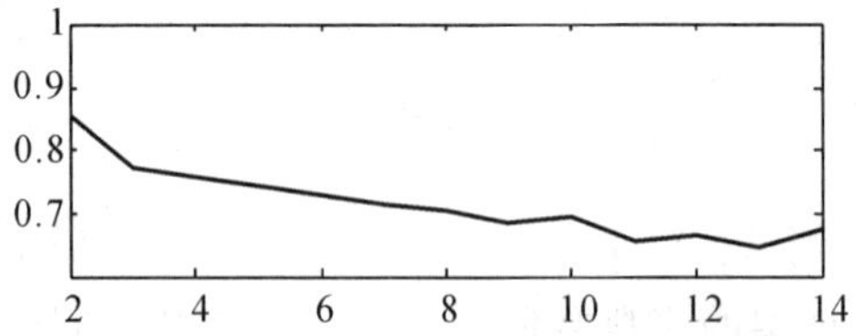

(a) Partition Coefficient(PC)

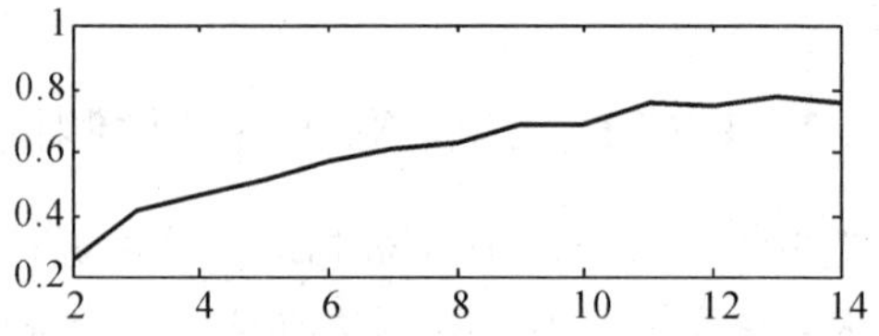

(b) Classification Entropy(CE)

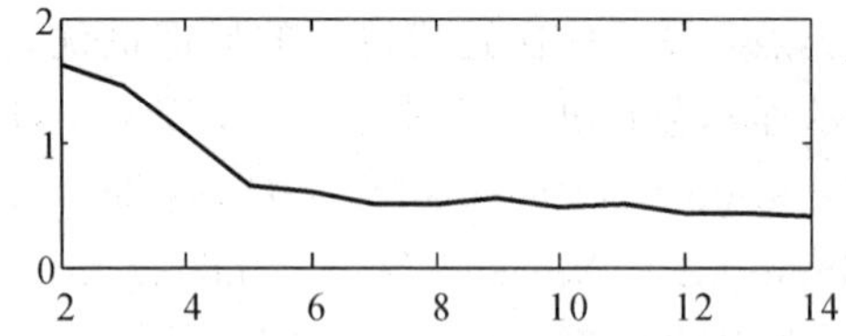

(c) Partition Index(SC)

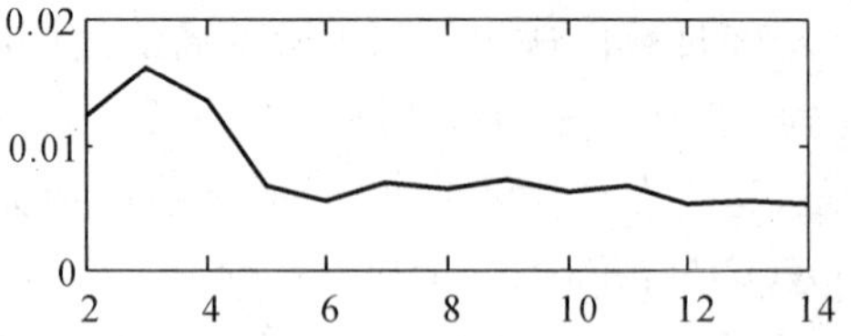

(d) Separation Index(S)

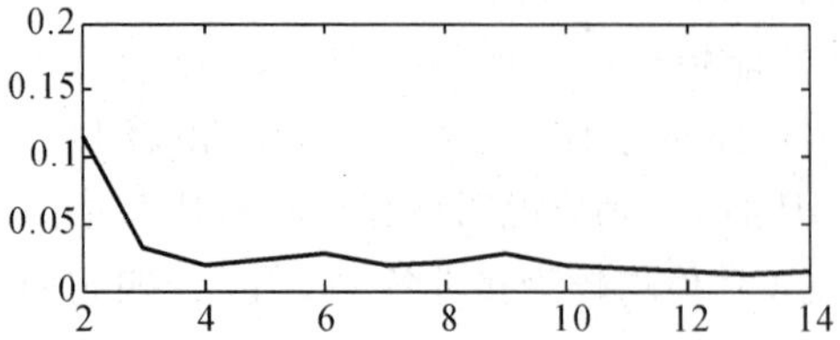

(e) Xie and Beni's Index(XB)

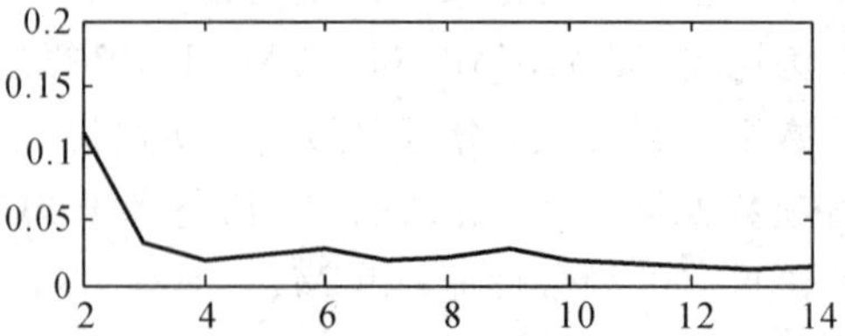

(f) Dunn's Index(DI)

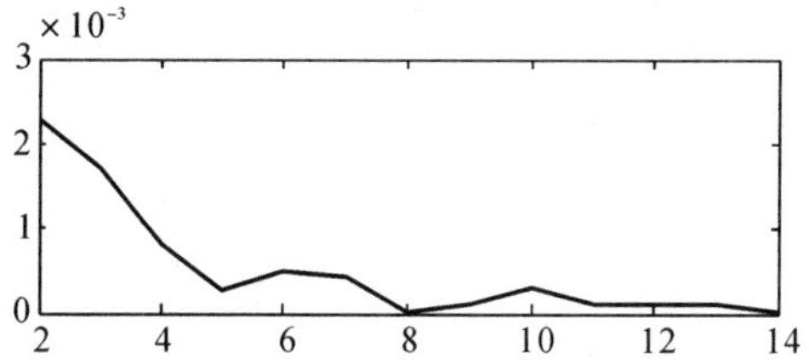

(g) Alternative Dunn Index(ADI)

图 11.3　Motorcycle 数据的 IFCM－KMP 算法有效性指标动态曲线图

表 11.2　Motorcycle 样本数据的三个算法有效性指标数值表

性能指标	FCM	KMP	IFCM－KMP
PC	0.6478	0.7891	0.8520
CE	0.6433	0.3324	0.8510
SC	1.8970	1.6666	1.5750
S	0.0077	0.0101	0.0131
XB	3.1110	2.8412	2.1101
DI	0.0330	0.0122	0.0480
ADI	0.0351	0.0133	0.0496

11.4.3　IFCM－KMP 算法时间复杂度

由 FCM、KMP、IFCM－KMP 算法的循环次数可知三种算法的时间复杂度均是 $O(n^2)$。表 11.3 给出了基于 Iris、Wine、Wisc、Motorcycle 样本数据分别进行 FCM、KMP、IFCM－KMP 算法的运行时间。由表可知，该算法的运行时间较之 FCM 略高，且在可承受的代价之内，但该算法较之 FCM 在分类性能上的明显优势，是经典 FCM 算法无法比拟的。而该算法的运行时间是远远小于 KMP 算法运行时间的，可见该算法划分小函数字典进行局部搜索这一优势，确实有效克服了全局搜索导致时间过长的缺陷。因此，较之 KMP 算法，该算法无论在时间复杂度及分类性能上都具有较大优势。算法的时间复杂性与输入样本数据的规模也有关，由于以上实验中三种算法每次输入相同的样本数据，因而可忽略这一点。若通过计算步数的统计对两种算法确定其时间复杂度，显然，时间复杂度从小到大依次为 FCM、KMP、IFCM－KMP 算法。综上所述，IFCM－KMP 算法的时间复杂度略大，执行时间略长，但由于三者时间复杂度表达式中的高阶项常数因子是相同的，说明在该算法大大提高分类性能的前提下运行时间的增加是在可承受的代价之内的，可见该算法是有效的。

该算法的空间复杂度为 $S_A=c+S(n)$，其中，c 是程序代码、常数等固定部分，$S(n)$ 是与输入规模有关的部分。本章实验的存储空间，包含该算法的程序代码、常数、输入数据以及程序运行所需的工作空间与额外空间均是在一个合理的存储范围内进行的。

表 11.3　三种算法的运行时间

运行时间/μs	FCM	KMP	IFCM - KMP
Iris	230	200	489
Wine	240	258	501
Wisc	337	320	554
Motorcycle	198	231	452

11.5　基于快速核最优变换与聚类中心特征提取方法

特征提取是弹道中段雷达一维高分辨距离像识别的重要环节。本章采用文献[6]所提出的一种非线性鉴别特征提取算法——快速核最优变换与聚类中心算法(Fast Kernel Optimal Transformation and Cluster Centers，FKOT - CC)——对特征属性子像进行提取。FKOT - CC 算法通过非线性变换，将数据映射到高维核空间，然后进行最优变换，且选取最优聚类中心，实现原空间数据的非线性特征提取。此外，利用训练集在核空间中所张成子空间的一组基线性地表示最优变换矩阵，可显著提高特征子像提取速度。实际计算过程是借助“核函数”，即非线性变换的内积，保留在原空间进行，而复杂的非线性变换的具体形式则无需明确表示。

每类聚类样本经最优变换后，子像分别聚集于各自的聚类中心，减少了同类的差异性。而各聚类中心之间分离(距离)越大，则异类子像间的分离亦越大，即选取最优聚类中心可加大异类的差异性。最优聚类中心 u_i 应满足(详细推导过程见文献[6])

$$\begin{cases} \sum_{i=1}^{g} \boldsymbol{u}_i = 0 \\ \langle \boldsymbol{u}_i, \boldsymbol{u}_j \rangle = \dfrac{-1}{g-1}, \quad i \neq j \\ \|\boldsymbol{u}_i\| = 1 \end{cases} \tag{11.11}$$

根据式(11.11)，最优聚类中心可按下列步骤选取：

Step1：$\boldsymbol{u}_1=(1, 0, \cdots, 0)^{\mathrm{T}}$。

Step2：$\boldsymbol{u}_2=(a_{21}, a_{22}, 0, \cdots, 0)^{\mathrm{T}}$，其中 a_{21} 和 a_{22} 由条件 $\|\boldsymbol{u}_2\|=1$，$\langle \boldsymbol{u}_1, \boldsymbol{u}_2\rangle= -1/(g-1)$ 确定。

Step3：$\boldsymbol{u}_3=(a_{31}, a_{32}, a_{33}, 0, \cdots, 0)^{\mathrm{T}}$，其中 a_{31}，a_{32}，a_{33} 由条件 $\|\boldsymbol{u}_3\|=1$，$\langle \boldsymbol{u}_1, \boldsymbol{u}_3\rangle=\langle \boldsymbol{u}_2, \boldsymbol{u}_3\rangle= -1/(g-1)$ 确定。

Step4：重复以上过程直到求得 $\boldsymbol{u}_{g-1}=(a_{g-1,1}, a_{g-1,2}, \cdots, a_{g-1,g-1})^{\mathrm{T}}$。

Step5：$\boldsymbol{u}_g$ 可由 $\sum_{i=1}^{g}\boldsymbol{u}_i = 0$ 得到。

随着类别数 g 的增加，由式(11.11)可知，最优聚类中心之间的夹角逐渐逼近于 90°。综上所述，对于 g 类目标，按上述步骤为各类选定最优聚类中心，进而可依据各类数据在最优变换下的子像为特征，最终采用一定的方法进行目标识别。

在核空间中，所有训练样本 $\phi(x_i)$ $(1\leqslant i\leqslant n)$ 都参与变换矩阵 W 的表达。对于任意输入数据 x，最优变换为

$$\boldsymbol{y}=\widetilde{\boldsymbol{B}}\widetilde{\boldsymbol{k}}_x+\widetilde{\boldsymbol{b}} \tag{11.12}$$

其中 $\widetilde{\boldsymbol{k}}_x=[k(x_{b1},\ x),\ k(x_{b2},\ x),\ \cdots,\ k(x_{br},\ x)]^{\mathrm{T}}$；$\widetilde{\boldsymbol{B}}$ 和 $\widetilde{\boldsymbol{b}}$ 分别满足

$$\begin{cases}\widetilde{\boldsymbol{B}}=\overline{\boldsymbol{K}}_{\mathrm{VW}}\overline{\boldsymbol{K}}_{\mathrm{WW}}^{-1}\\ \widetilde{\boldsymbol{b}}=\overline{\boldsymbol{u}}-\widetilde{\boldsymbol{B}}\widetilde{\boldsymbol{k}}\end{cases} \tag{11.13}$$

式中

$$\begin{cases}\overline{\boldsymbol{u}}=\dfrac{1}{n_1+n_2+\cdots+n_g}\sum\limits_{i=1}^{g}n_i\boldsymbol{u}_i\\ \widetilde{\boldsymbol{k}}=\dfrac{1}{n_1+n_2+\cdots+n_g}\sum\limits_{i=1}^{g}\sum\limits_{j=1}^{n_i}\widetilde{\boldsymbol{k}}_{ij}\\ \overline{\boldsymbol{K}}_{\mathrm{VW}}=\sum\limits_{i=1}^{g}\sum\limits_{j=1}^{n_i}(\boldsymbol{u}_i-\overline{\boldsymbol{u}})(\widetilde{\boldsymbol{k}}_{ij}-\widetilde{\boldsymbol{k}})^{\mathrm{T}}\\ \overline{\boldsymbol{K}}_{\mathrm{WW}}=\sum\limits_{i=1}^{g}\sum\limits_{j=1}^{n_i}(\widetilde{\boldsymbol{k}}_{ij}-\widetilde{\boldsymbol{k}})(\widetilde{\boldsymbol{k}}_{ij}-\widetilde{\boldsymbol{k}})^{\mathrm{T}}\\ \widetilde{\boldsymbol{k}}_{ij}=[k(x_{b1},\ x_{ij}),\ k(x_{b1},\ x_{ij}),\ \cdots,\ k(x_{br},\ x_{ij})]^{\mathrm{T}}\end{cases} \tag{11.14}$$

由于非线性变换 ϕ 是以隐式形式出现的，因而$\{\phi(x_i)\}_{1\leqslant i\leqslant M}$的基不能显式地给出。本章从向量间线性相关性理论考虑，给出子空间$\{\phi(x_i)\}_{1\leqslant i\leqslant M}$的一组基 $\phi(x_{b1})$，$\phi(x_{b2})$，…，$\phi(x_{br})$的确定方法。具体算法步骤如下：

Step1：初始化。在训练集 $X=\{x_1,\ x_2,\ \cdots,\ x_n\}$中任选一样本 x，满足 $K(x,\ x)\neq 0$。令 $S=\{x\}$，$D=\{x\}$，$G=1/k(x,\ x)$，$t=1$。

Step2：如果 $t=N$，则输出 D，终止程序；否则进入下一步。

Step3：在 $S=X-S$ 中任选一样本 x^*，令 $S=S\cup\{x^*\}$，$t=t+1$，并验证式(11.15)是否成立

$$k_{\mathrm{tt}}-\boldsymbol{k}_{\mathrm{st}}^{\mathrm{T}}G k_{\mathrm{st}}=0 \tag{11.15}$$

其中 $\overline{x}_i\in D$；$(k_{\mathrm{st}})_i=k(\overline{x}_i,\ x^*)$；$k_{\mathrm{tt}}=k(x^*,\ x^*)$。

Step4：若式(11.15)成立，则返回 Step2；否则令 $D=D\cup\{x^*\}$

$$G=\frac{1}{k_{\mathrm{tt}}-k_{\mathrm{st}}^{\mathrm{T}}Gk_{\mathrm{st}}}\begin{bmatrix}(k_{\mathrm{tt}}-k_{\mathrm{st}}^{\mathrm{T}}Gk_{\mathrm{st}})G+Gk_{\mathrm{st}}k_{\mathrm{st}}^{\mathrm{T}}G-Gk_{\mathrm{st}}\\ -k_{\mathrm{st}}^{\mathrm{T}}G \qquad\qquad 1\end{bmatrix}$$，返回 Step2。

程序终止时，集合 D 中的向量经非线性变换 ϕ 后，即为子空间$\{\phi(x_i)\}_{1\leqslant i\leqslant M}$的一组基。需说明的是，考虑到实际的计算误差，采用式(11.15)进行线性无关性判别时，采用 $k_{\mathrm{tt}}-\boldsymbol{k}_{\mathrm{st}}^{\mathrm{T}}Gk_{\mathrm{st}}\leqslant\varepsilon$ 取代式(11.15)，其中 ε 是一个小的正数，此处取 $\varepsilon=0.01$。

算法 11.3　FKOT－CC 算法

Step1：确定核函数 $k(x_i,\ x_j)=\langle\phi(x_i),\ \phi(x_j)\rangle$及相应的参数。

Step2：按照以上最优聚类中心算法步骤确定最优聚类中心。

Step3：根据以上子空间一组基的确定方法选择子空间$\{\phi(x_i)\}_{1\leqslant i\leqslant M}$的一组基。

Step4：根据式(11.13)求解最优变换矩阵 $\widetilde{\boldsymbol{B}}$ 和 $\widetilde{\boldsymbol{b}}$。

Step5：对于输入样本 x，由式(11.12)得到其对应的核空间的子像。

FKOT－CC 算法通过非线性变换，将数据映射到核空间，在核空间执行最优变换与聚类中心算法，从而为高分辨一维距离像弹道中段目标识别提取了稳健的非线性鉴别特征子像 y。

11.6 基于 IFCM－KMP 弹道中段目标识别的仿真实验及分析

为了较好地实现 IFCM－KMP 的目标识别，算法 11.3 的输入样本数据集 $L=\{(x_1, y_1), \cdots, (x_l, y_l)\}$，核函数 K 及核参数 $\sigma(\sigma\geqslant 0)$ 的选取均与算法 11.2 相一致。在仿真实验中，首先采用算法 11.3 进行特征提取，将所得到的子像作为识别对象，最后分别采用 FCM、KMP、IFCM－KMP 算法进行目标分类，分析比较各自性能。

弹道中段目标识别是在各种轻重诱饵（假目标）、末级运载火箭碎片及其他干扰物中识别真弹头。本章以锥球体所代表的弹头目标为例进行仿真实验，采用的数据（真弹头、假目标、碎片、干扰物）均是在微波暗室中对各类目标的缩比模型测量得到的。目标具体参数如下：总长为 60 mm，直径为 140 mm，锥角为 13.4°；雷达采用步进扫频测量方式，工作频率范围为 8.75～10.75 GHz，步长为 20 MHz；目标横滚角和俯仰角均为 0°，方位角范围是0°～180°，平均方位角采样间隔为 0.47°。该数据是 121 维的，各类样本数分别为65、77、58、50。实验中，采用等间隔从每类中选取一半作为训练数据，其余作为测试数据。

仿真实验中，先提取数据特征子像。图 11.4 为弹道中段 4 类测试数据子像的空间散布图，其中，“○”、“□”、“◇”、“＊”分别表示假目标、碎片、干扰物、真弹头的子像。由图 11.4 可知，各类子像间存在个别混叠现象，说明 FKOT－CC 算法能提取可分性较强的鉴别特征，其中微小的差别主要是由计算误差引起的。

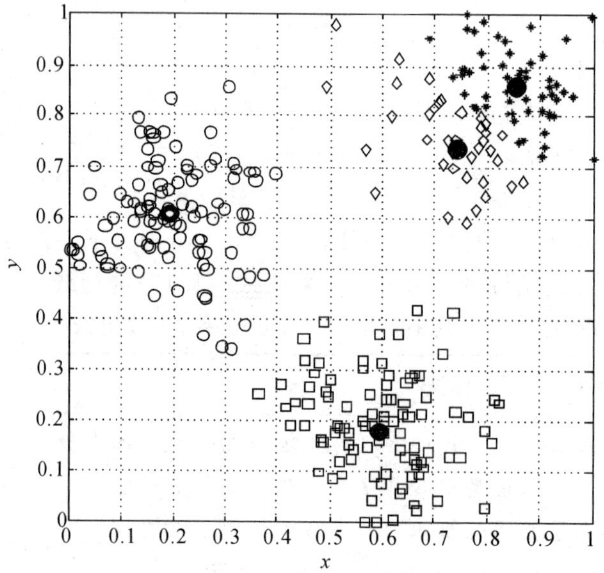

图 11.4 微波暗室数据的子像散布图

针对以上各类子像进行 IFCM－KMP 分类仿真实验。选取高斯核函数 $K(x, x_i)=\exp(-\|x-x_i\|^2/2\sigma^2)$，且设定核参数 $\sigma^2=0.03$，平滑参数 $m=2$，聚类类别数(即样本种类数)$c=4$，样本数据个数 $n=250$，迭代停止阈值 $\varepsilon=10^{-5}$、$\eta_t=0.2$，设置迭代计数器 $b=0$。图 11.5 为采用 IFCM－KMP 算法进行分类仿真实验且将其映射到二维空间的 PCA 结果分布图。针对各类子像分别采用 FCM、KMP 算法进行分类仿真实验，同样得到图 11.6、图 11.7的二维映射结果展示图。图 11.5、图 11.6、图 11.7 中，"⊕"、"⊗"、"●"和"×"分别表示假目标、碎片、干扰物、真弹头。显然，IFCM－KMP 的分类效果最好，真弹头有效地被分离开来，其他三类样本也均聚集在各自聚类中心周围，错分误差为 $\varepsilon_1=0.233$。KMP 的分类效果较之 IFCM－KMP 次之，错分误差为 $\varepsilon_2=0.373$。而 FCM 的分类效果最差，真弹头与假目标混叠样本较多，没有达到分离真弹头的效果，错分误差为 $\varepsilon_3=0.741$。

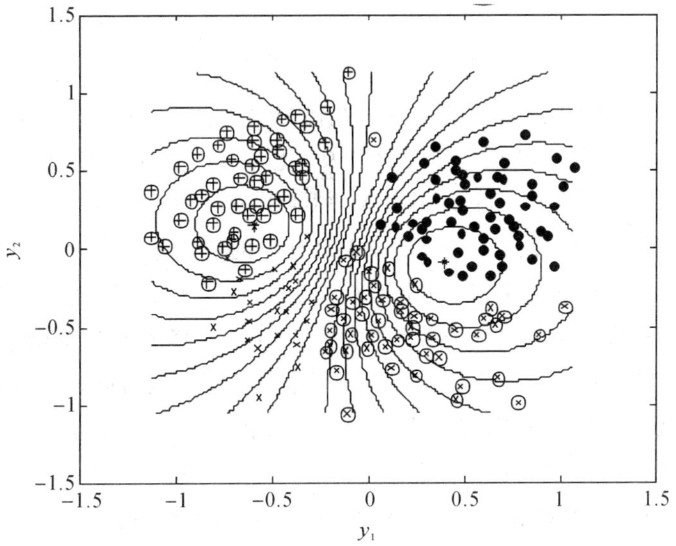

图 11.5　各类子像的 IFCM－KMP 二维空间 PCA 映射图

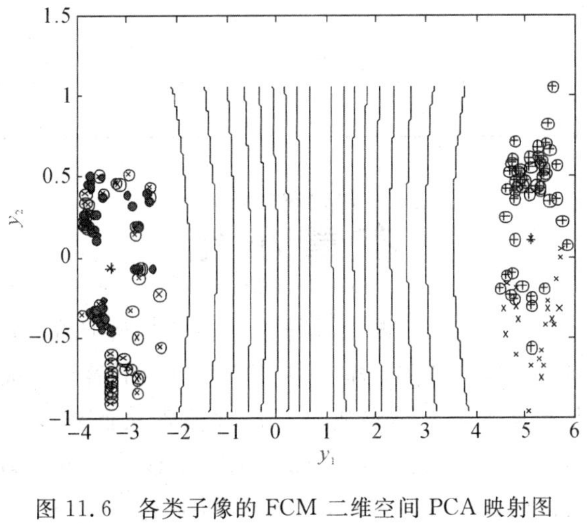

图 11.6　各类子像的 FCM 二维空间 PCA 映射图

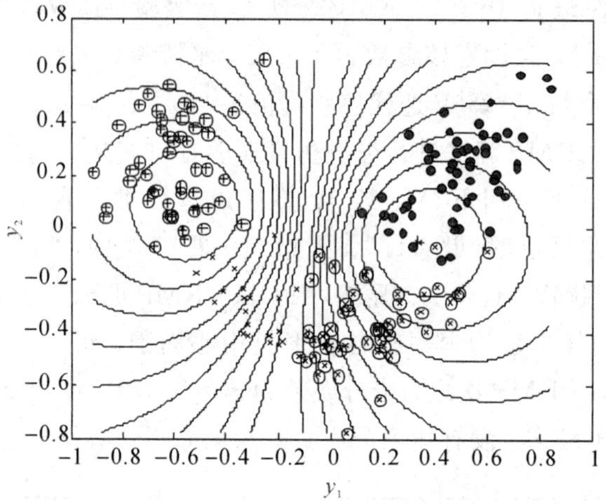

图 11.7　各类子像的 KMP 二维空间 PCA 映射图

根据各参数设置的变化，各类样本分布及错分误差也会有所不同。表 11.4 给出 FCM、KMP、IFCM－KMP 三种算法在相同实验平台下选取 100 次不同参数的平均错分误差及真弹头的平均识别率。由表 11.4 可知，IFCM－KMP 对于真弹头的平均识别率较高，KMP 次之，而 FCM 平均识别率最低。IFCM－KMP 算法的运行速度较之 FCM 较慢，且在可承受的代价之内，但该算法较之 FCM 在分类性能上的明显优势，是经典 FCM 算法无法比拟的。该算法的运行速度是远远高于 KMP 算法的，可见该算法划分小函数字典进行局部搜索跳出 KMP 算法的全局搜索，确实有效克服了全局搜索导致时间过长的缺陷。因此，较之 KMP 算法，该算法无论在时间复杂度及分类性能上都具有较大优势。综上所述，对于需兼顾识别效果及速度的弹道中段目标识别，IFCM－KMP 算法不失为一种较好的选择。

表 11.4　三种算法的平均错分误差值、平均识别率及平均识别速度

真弹头	FCM	KMP	IFCM－KMP
平均错分误差 ε'	0.755	0.381	0.241
平均识别率 η	0.481	0.773	0.867
平均识别速度 μs	468	487	848

本章小结

本章对直觉模糊 c 均值聚类核匹配追踪算法进行了分析研究，针对 KMP 算法的全局最优搜索导致学习时间过长这一缺陷，提出了 IFCM－KMP 算法。汲取 IFCM 这一动态聚类算法优势，将核字典划分成若干小字典进行局部搜索从而减少学习时间。通过分别对 FCM、KMP、IFCM－KMP 算法实际样本测试，验证了该算法的有效性及优越性。针对弹道导弹防御系统的中段目标识别这一难题，选取 HRRP 这一特征属性，并采用 FKOT－CC 进行特征提取获得子像。最后分别采用 FCM、KMP、IFCM－KMP 三种算法对真假弹头进行目标识别仿真实验，表明了该算法对于需兼顾识别率及时效性的弹道导弹中段目标识别，具有较好的应用价值。

因此，该算法改进优化了 KMP 算法的学习过程，大大降低了复杂度，得到了更好的分类识别效果，为模式识别提供了一次有效的新尝试。但仍有一些需改进和完善的地方，如平滑因子 m、核参数 σ、停止阈值 η_t 的确定方法，以及在真实弹道中段复杂环境下(非仿真环境下)采用该算法对真弹头进行目标识别的分类效果均是下一步亟待探究的问题。

参考文献

[1] 边肇祺，张学工. 模式识别[M]. 北京：清华大学出版社，2000.

[2] 申晓勇，雷英杰，李进，等. 基于目标函数的直觉模糊集合数据的聚类方法[J]. 系统工程与电子技术，2009，(31)11：2732-2735.

[3] 赵峰，张军英，刘俊. 基于核最优变换与聚类中心的雷达目标识别[J]. 控制与决策，2008，23(7)：735-740.

[4] 徐小来，雷英杰，赵学军. 基于直觉模糊熵的直觉模糊聚类[J]. 空军工程大学：自然科学版，2008，9(2)：80-83.

[5] 蔡茹，雷英杰，申晓勇等. 基于直觉模糊等价相异矩阵的聚类方法[J]. 计算机应用，2009，1(29)：123-126.

[6] 周代英，沈晓峰，杨万麟. 基于最优变换和聚类中心的雷达目标识别[J]. 电波科学学报，2002，17(3)：233-236.

第12章 基于直觉模糊核匹配追踪集成的弹道目标识别方法

本章对基于直觉模糊核匹配追踪集成的弹道目标识别方法进行了研究。首先对集成学习方法的原理进行了研究，从理论上分析了建立直觉模糊核匹配追踪集成学习机的可行性，并按照一定策略建立了具体的直觉模糊核匹配追踪集成学习机，通过仿真实例验证了该方法的有效性。其次，为了从分类器集成系统中选择出一组差异性大的子分类器，从而进一步提高集成系统的泛化能力，提出了一种基于混合选择策略的直觉模糊核匹配追踪集成算法。实验结果表明，与其他常用的分类器选择方法相比，该方法灵活高效，具有更好的识别效果和泛化能力，能够有效运用于需要兼顾识别率及时效性的弹道中段目标识别领域。

12.1 引　言

直觉模糊核匹配追踪学习机通过将直觉模糊参数有效地赋值给不同的目标样本，解决了对特殊样本进行高精度识别这一难题，在处理模式识别问题上具有非常突出的优势。但是面对大规模样本数据时，直觉模糊核匹配追踪学习机仍然只是选取部分样本进行训练，同时由于在优化过程中使用停机(终止)条件，因此该学习机泛化性能下降的问题并没有得到解决[1]。

由于外界条件的限制及自身存在的各种缺陷，单一学习机的泛化能力往往难以满足实际应用的需求。1990年Hansen和Salamon[2]提出了神经网络集成，显著地提高了系统的泛化能力，从而将研究者带入了集成学习这一重要领域。特别是Schapire[3]对多个弱分类器可集成为一个强分类器进行了证明，从而奠定了集成学习的理论基础。近年来，集成学习的研究已成为机器学习领域的一个热门方向[4-6]。鉴于此，本章12.2节尝试在对现有直觉模糊核匹配追踪算法和集成学习方法研究的基础上，从理论上分析了建立直觉模糊核匹配追踪集成学习机的可行性，并依此构建了直觉模糊核匹配追踪集成学习机，提出了一种基于直觉模糊核匹配追踪集成(Intuitionistic Fuzzy Kernel Matching Pursuit Ensemble, IFKMPE)的目标识别算法，并给出实验描述和结果分析。

2002年，Zhou等指出：通过选择部分分类器构建的集成学习系统的性能或许要优于使用全体分类器构建的集成学习系统，并提出了选择性集成的概念[7]。分类器的选择方法也已逐渐代替集成方法成为集成学习领域的主流研究方向[8,9]。

从目前来看，选择性集成方法可主要分成四大类：基于聚类的选择方法，基于顺序的选择方法，基于优化的选择方法以及其他方法[10]。文献[11]首先对候选分类器进行聚类，然后从每个类别中选出一个分类器进行集成。文献[12]按顺序将那些无法提高集成性能的分类器从集合中删除。文献[13]采用进化算法对分类器进行选择集成。文献[14]将基分类器的选择问题转换为对事务数据库的处理问题进行处理。文献[15]基于不同分类器模型之间的互补性，提出了一种分类器的动态选择与循环集成方法。文献[16]将混淆矩阵提供的识别率作为衡量各分类器识别能力的度量准则，并提出了一种基于 Bagging 和混淆矩阵的自适应选择性集成方法。文献[17]～[18]对多种分类器差异性度量方法进行了总结，并验证了这些方法的有效性。此外，大量的分类器选择标准也相继被提出和使用，如集成精度、分类器差异性度量等。

但上述研究工作基本上都只是对某一种选择性集成策略进行研究或改进，因此或多或少都存在其局限性，例如聚类方法的不稳定性会导致集成系统性能的不稳定，而顺序选择方法则需要大量的时间及存储空间来训练分类器，而优化选择方法需要经过大量的尝试才能找到最优解[5]。此外，这些方法基本上系统结构都相对固定，缺乏足够的灵活性[6]。事实上，通过采用混合策略来提升系统性能也是机器学习领域的一种有效手段[19, 20]。基于此，本章 12.3 节结合 Bagging 集成方法、k 均值聚类算法以及动态选择和循环集成算法这三种策略的优势，提出了一种基于混合选择策略的直觉模糊核匹配追踪集成方法(Intuitionistic Fuzzy Kernel Matching Pursuit Classifier Ensemble Based Hybrid Selection Strategy, HSS－IFKMPE)，并将其运用于导弹中段目标识别领域。

12.2　直觉模糊核匹配追踪集成算法

针对现有直觉模糊核匹配追踪算法采用部分样本进行训练和停机策略而导致学习机泛化能力下降的缺陷，本节结合集成学习的思想，提出了一种基于直觉模糊核匹配追踪集成的目标识别方法。

12.2.1　集成学习系统

所谓集成学习，就是通过训练多个子学习机对同一问题进行学习并将其结果按一定策略进行融合输出[21]。集成学习系统的示意图如图 12.1 所示。

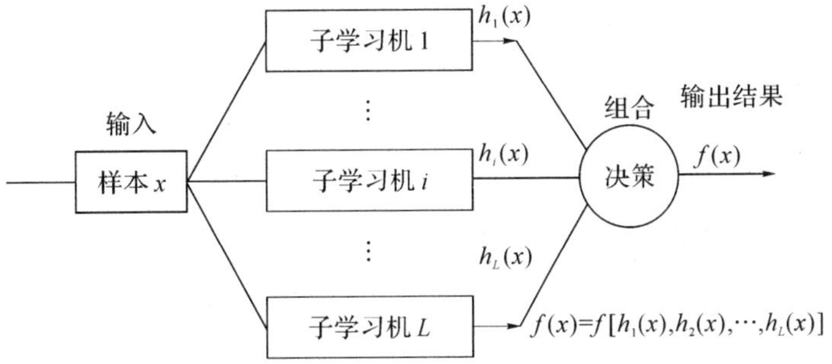

图 12.1　集成学习系统示意图

构造差异性大的子学习机是提升集成泛化性能的有效途径。目前子学习机的生成方法主要包括扰动训练样本集、扰动特征空间、扰动模型参数以及以上方法的混合。扰动训练样本集的方法通常又被称为基于数据划分的方法，是指把训练集划分成多个训练子集，然后分别在各个训练子集上进行训练产生相应的子学习机；扰动特征空间的方法又可称为基于特征划分的方法，该类方法是通过改变子学习机训练样本的特征分布来提高各子学习机间的差异性；扰动模型参数的方法则是通过改变子学习机模型参数或结构来提高各子学习机之间的差异性。

有效的集成结论生成方法对集成系统泛化性能的提高有一定的促进作用，目前常见的集成结论生成方法主要包括投票法、平均法和加权平均法。投票法对各子学习机的判决结果进行投票，得票最多的判决结果将被视为系统识别结果进行输出；平均法对各子学习机的判决结果进行归一化并求取平均值，该平均值将作为系统的最终判决结果进行输出；而加权平均法对各子学习机的输出结果求平均值时，通过某种加权策略来反映各子学习机之间重要程度的不同。

12.2.2 集成直觉模糊核匹配追踪学习机的理论分析

理论上，相比决策树、神经网络等传统的学习机，直觉模糊核匹配追踪学习机的性能更加稳定，其判决能力与支持向量机相当，却具有更为稀疏的解。但是直觉模糊核匹配追踪学习机在实际应用上仍然存在以下两个问题：

(1) 泛化性能问题。

当面对大规模训练样本时，算法所需的存储空间和训练时间会成倍增加，此时，直觉模糊核匹配追踪学习机通常只随机选择部分样本进行训练。这样虽然减少了训练规模，解决了计算量和存储量过大的问题，但是由于训练集没有包含整个样本集信息，其最终泛化性能必然会下降。

(2) 计算误差问题。

直觉模糊核匹配追踪学习机在搜索过程中实际采用的是贪婪算法，并且给出了迭代误差阈值。但是该算法往往设置了最大迭代次数，这样虽然加快了算法的训练速度，但是所求的判决函数往往达不到最优，使得学习机的性能进一步下降。

正是因为直觉模糊核匹配追踪学习机存在以上缺点，难以达到预期的分类效果。所以有学者考虑将集成学习方法和直觉模糊核匹配追踪学习机进行有效结合，从而达到提高分类性能的目的。Kim 针对多个弱分类器集成为一个强分类器，提出了如下优越性条件定理：

定理 12.1(优越性条件)[22] 若要使集成学习机的错分误差减小，须满足如下条件：

(1) 集成学习机中的各子学习机互异；

(2) 集成学习机中的各子学习机的错分误差均小于 1/2。

下面对集成学习方法能否解决直觉模糊核匹配追踪学习机存在的两个问题分别进行分析。

1. 泛化性能的角度

直觉模糊核匹配追踪学习机只随机选择部分样本进行训练时，所得到的判决函数性能会下降。因为训练集只包含了全部样本集的部分信息，所以该直觉模糊核匹配追踪学习机所得的判决域只是真正判决域的一个近似。但采用集成学习方式时，每个学习机尽可能选取不同的样本进行训练，则直觉模糊核匹配追踪集成学习机的判决域将会得到扩展。

图 12.2 中，$\boldsymbol{U}$ 表示整个训练样本空间，$\boldsymbol{T}_i$ 为集成学习系统中第 i 个直觉模糊核匹配追踪学习机 h_i 的训练集空间，$\boldsymbol{G}_i$ 为第 i 个学习机的判决区域。假设集成学习系统由 $h_1(x)$、$h_2(x)$、$h_3(x)$三个不相关的学习机组成，那么若子学习机 $h_1(x)$错分时，$h_2(x)$、$h_3(x)$却有可能正确，这样在决策阶段采用多数投票法就可以消除子学习机 $h_1(x)$错分的影响，从而做出正确的判决结果。

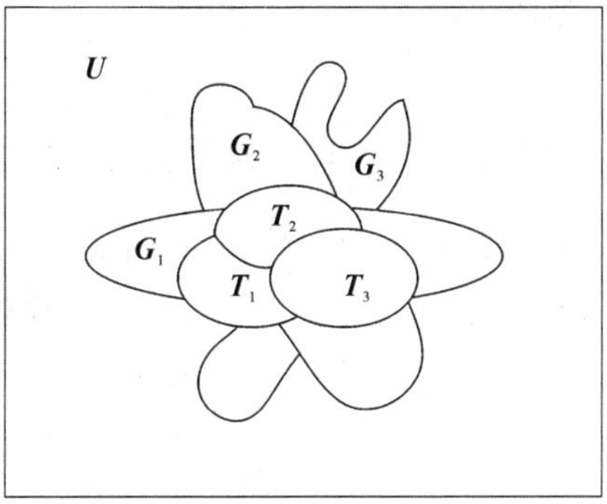

图 12.2　直觉模糊核匹配追踪集成学习机的扩展判决域

假设有 l 个相互独立的子学习机，每个子学习机的错分误差均为 p，如果采用投票策略，则整个集成学习系统的错分误差可表示为

$$\tilde{p}=\sum_{k=[1/2]}^{l}C_l^{[l/k]}p^k(1-p)^{(l-k)} \tag{12.1}$$

可得 $\tilde{p}$ 为一个二项分布。当 $p<1/2$ 时，满足

$$\tilde{p}<\sum_{k=[1/2]}^{l}\left(\frac{1}{2}\right)^l \tag{12.2}$$

从式(12.2)可以看出，只要满足 $p<1/2$，随着子学习机个数 l 的增加，集成学习机的错分误差 $\tilde{p}$ 会越来越小，直至趋近于 0。因此，只要满足优越性条件，应用集成学习方法，就可有效地解决直觉模糊核匹配追踪学习机存在的泛化性能问题。当然，实际应用中，集成学习机的错分误差 $\tilde{p}$ 也不可能无限降低，训练样本是有限的，随着子学习机数目的增加，子训练集之间的相关性也会随之增加，从而导致子学习机之间的互异性减弱。由定理 12.1 可知，这也会导致集成学习机错分误差增加，但相对单个学习机而言，集成学习机仍可以在一定程度上提高泛化性能。

2. 计算补偿的角度

由本书第 10 章可知，直觉模糊核匹配追踪学习机采用贪婪算法来搜索一种基函数的线性组合以匹配观测值。但实际应用过程中，这组基函数的线性组合只能无限逼近观测值，却不能等价于观测值。因此采用下述两种方式作为停机条件：

(1) 设置残差阈值，在每次迭代后计算残差，判断残差是否达到阈值，若达到则终止训练并输出当前结果；

(2) 设置最大迭代次数 N，当迭代次数达到 N 时，算法停止训练。

这样虽然加快了训练速度，但所求的解往往只是最优解的一个近似值，从而降低了学习机的判决性能。

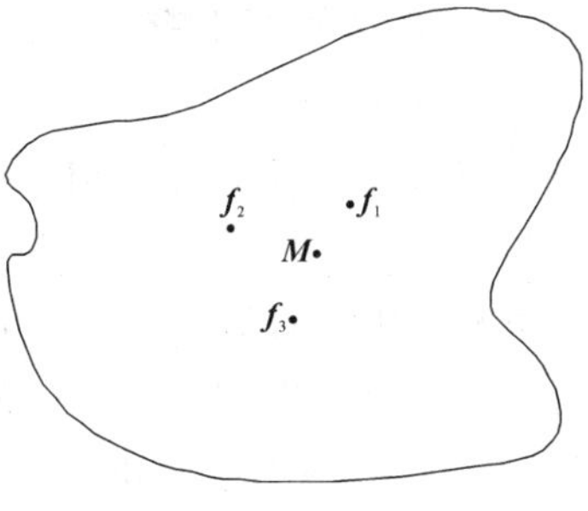

图 12.3　计算补偿图示

如图 12.3 所示，$\boldsymbol{M}$ 是理论最优值，f_1、f_2和 f_3分别是单个直觉模糊核匹配追踪学习机的最优解。虽然 f_1、f_2和 f_3距离理论最优值 $\boldsymbol{M}$ 很近，但均距最优值有一定差距。因此采用 f_1、f_2和 f_3分别进行预测，其识别误差必然大于期

望误差。而采用集成学习方法则可以平均单个学习机的识别误差，并将其进一步逼近期望误差。

12.2.3 基于直觉模糊核匹配追踪集成学习机的实现

12.2.2 节对集成直觉模糊核匹配追踪学习机的可行性进行了分析，本节详细叙述如何构建直觉模糊核匹配追踪集成学习机。图 12.4 给出了直觉模糊核匹配追踪集成学习机的结构。

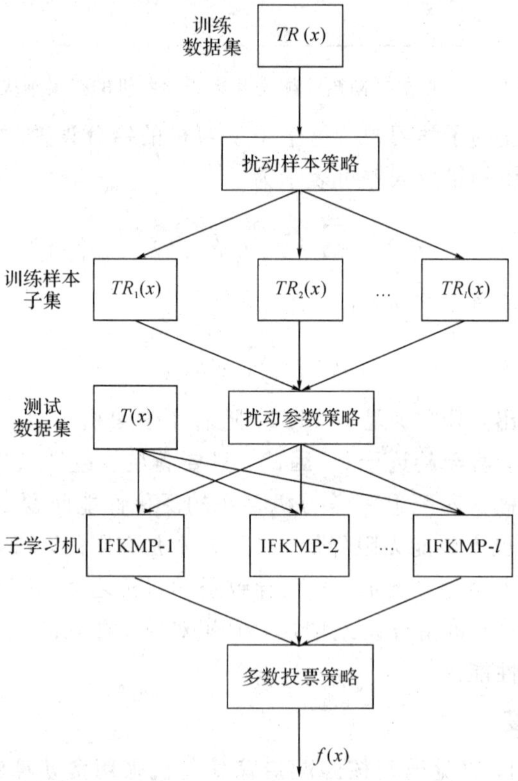

图 12.4 直觉模糊核匹配追踪集成学习机的结构

在训练阶段，需要尽可能按一定策略，从原始训练数据集中选出 l 组互异的数据集作为各子学习机的训练样本。针对如何生成子训练集可以采用如下二重扰动策略：

1. 扰动样本策略

Bagging 算法[23]是目前最流行的一种扰动样本策略，也被称为随机采样策略。假设原始训练样本集包含 N 个训练样本，Bagging 算法运行一次就随机从原始训练样本集选取 m 个样本，反复运行 l 次由该算法就得到 l 个子训练集。但是，由于采用的是随机策略，原始训练样本集中的部分样本有可能被采样多次，而另外部分样本则可能不会被采样。为了避免这种情况，也可以采取另外一种采样策略——等间距采样策略(Equidistance Sampling, ES)[1]，即按照设定好的间距，按顺序从原始训练样本集中选取子训练集。为了表示方便，分别把基于随机采样和等间距采样的直觉模糊核匹配追踪集成算法表示为 Bagging - IFKMPE算法和 ES - IFKMPE 算法。

2. 扰动参数策略

基于扰动样本策略的各个子训练集所带来的数据扰动必然导致最优核参数的扰动。各个子训练集的最优核参数可以通过自动模型选择法搜索获得，但计算量较大[24]。而将各子训练集的标准差作为核参数，也可以实现较高的分类精度[25]。因此本节将各子学习机训练样本集的标准差设置为该子学习机的核参数。

在测试阶段，将测试数据集输入 l 个训练好的子学习机，得到 l 个判决结果，再根据设定好的集成策略将 l 个判决结果进行融合，作出最终判决结果进行输出。本节采用最常用的集成策略——多数投票法。

若 h_1，h_2，…，h_l（$h_i \in \{-1, 1\}$）为各个子直觉模糊核匹配追踪学习机的判决结果，则集成学习机的最终判决结果为

$$h_{\text{ensemble}} = \operatorname{sgn}\left(\sum_{i=1}^{l} h_i\right) \tag{12.3}$$

具体的直觉模糊核匹配追踪集成算法描述如下：

算法 12.1　直觉模糊核匹配追踪集成算法

输入：样本数据集 $X=\{(x_1, y_1), \cdots, (x_l, y_l)\}$，测试样本集 D，核函数 $K(x, y)$，直觉模糊参数 $\omega(y_i)$，后拟合参数 fit$N$，最大迭代次数 $T_{\max}$，迭代停止阈值 ε，集成规模 T，子训练集样本规模 L。

输出：最终判决结果 h_{ensemble}。

Step1：按照随机采样策略或等间距采样策略从原始训练样本集中选取 N 组训练子集 $\{d_1, d_2, \cdots, d_N\}$。

Step2：计算各训练子集的标准差，并将其设置为各子学习机的核参数 σ。

Step3：根据直觉模糊核匹配算法对每个子学习机进行训练，满足停机条件后输出判决函数。

Step4：输入测试样本集 D 对每个子学习机进行测试，得到 N 组判决结果$\{h_1, h_2, \cdots, h_N\}$。

Step5：按照多数投票法对 N 组判决结果进行融合，输出最终判决结果 h_{ensemble}。

12.2.4　算法复杂度分析

直觉模糊核匹配追踪集成算法的复杂度主要与直觉模糊核匹配追踪算法的复杂度、集成规模和运行方式有关。令直觉模糊核匹配追踪算法的时间复杂度为 $O(M)$，空间复杂度为 $S(P)$，集成规模为 N，若算法运行方式为串行计算，则直觉模糊核匹配追踪集成算法的时间复杂度为 $O(N \cdot M)$，空间复杂度为 $S(P)$；若算法运行方式为并行计算，则直觉模糊核匹配追踪集成算法的时间复杂度为 $O(M)$，空间复杂度为 $S(N \cdot P)$。

12.2.5　实验与分析

实验过程中选取高斯核作为核函数。为了验证算法的有效性，在此将标准核匹配追踪算法(KMP)、直觉模糊核匹配追踪算法(IFKMP)和直觉模糊核匹配追踪集成算法

(IFKMPE)进行了对比，其中直觉模糊核匹配追踪集成算法采用串行计算方式。为了对算法性能进行验证，选择不同的样本集合进行试验。为了避免随机误差，每次试验分别进行50次蒙特卡洛仿真，并给出了实验偏差。

1. Musk 数据集识别

实验首先选取UCI中的Musk数据集进行验证，Musk是描述麝香分子的数据集，具有166个特征属性，6598个样本包含1017个正类样本和5581个负类样本。从数据集样本的组成来看，正类样本在数量上处于弱势地位，因此将正类样本类别设定为指定类别样本。实验从全体数据集中随机选取300个样本作为训练集，并从1017个正类样本中随机抽取200个样本为测试集。

为了扰动参数，将训练样本集的标准差设置为核参数σ，设置后拟合参数fit$N$=10，最大迭代次数T_{max}=500，迭代误差阈值ε=0.02，正类样本y_1的直觉模糊参数$\omega(y_1)$=1，负类样本y_2的直觉模糊参数$\omega(y_2)$=0.9。直觉模糊核匹配追踪集成学习机的参数设置为：采用两种样本扰动策略，随机采样策略和等间隔采样策略各生成15个子训练集，每个子训练集有300个样本数据。实验结果如表12.1所示。

表12.1 Musk数据集识别结果

算 法	训练规模	测试规模	集成规模	训练时间/s	识别率/(%)	偏差/(%)
KMP	400	+:500	1	**2.863**	75.58	2.21
IFKMP			1	4.443	90.24	2.17
Bagging-IFKMPE			15	68.199	94.92	0.28
ES-IFKMPE			15	65.692	**95.52**	**0.07**

为了验证集成规模对算法的影响，其他参数不变，令子训练集样本规模分别为L=200和L=400，集成规模T在1～15之间对算法进行验证，具体实验结果如图12.5所示。

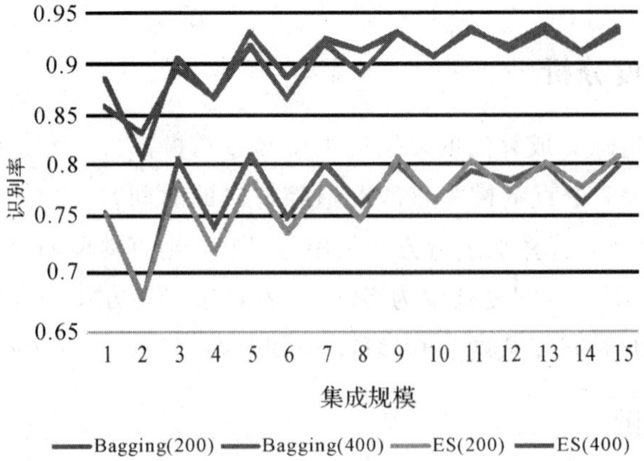

(a) 识别率

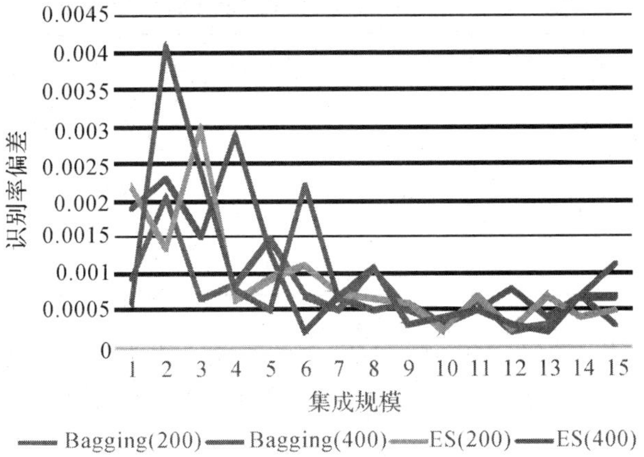

(b) 偏差

图 12.5　集成算法性能随集成规模变化情况

从表 12.1 可以看出，KMP 算法由于其平等对待所有训练样本的特点，对弱势样本类别识别效果不好，无法达到提高对重要样本类别的识别精度的要求。直觉模糊核匹配追踪学习机通过对重要类别样本进行充分学习，对次要类别样本进行粗略学习，改善了对指定样本类别的识别效果，但其识别精度和泛化性能还有待于进一步提升。而集成策略的采用，不论是随机采样集成还是等间采样均有效地提高了直觉模糊核匹配追踪学习机的识别性能和泛化能力。

由图 12.5 可知，随着集成规模的增大，算法性能呈锯齿状上升趋势，且识别率波谷正好处于偶数集成规模状态。这是因为当集成规模为偶数时，有可能出现判决错误和判决正确的子分类器数目相等的情况，从而导致识别率下降。算法稳定状态的性能与训练子集规模相关，子集规模越大，则集成学习系统在稳定状态的性能越好。此外，在同等条件下，ES - IFKMPE算法在识别率和稳定性方面可能要略优于 Bagging - IFKMPE 算法，其原因在于采用随机策略，训练样本集中的部分样本有可能被采样多次而另外部分样本则可能不会被采样，从而导致各子学习机间的互异性减弱，致使集成学习机性能下降。而 ES -IFKMPE算法虽然其各子学习机的互异性较强，但其集成规模则会因为样本规模的限制而无法大规模增加。

2. Waveform 数据集识别

实验选取公共数据集 UCI 中的 Waveform 进行验证。Waveform 数据集是由波形信号发生器产生的波形数据，包含 21 个特征属性共计 5000 个样本。Waveform 是一个三类数据集，取其中原本的 0 类数据和 2 类数据，共计 3347 个样本作为实验数据，从中随机选取 300 个样本作为训练集，另选 500 个样本作为测试集。

选取高斯核作为核函数，并将训练样本集的标准差设置为核参数 σ，设置最大迭代次数 $T_{\max}=500$，迭代误差阈值 $\varepsilon=0.02$。由于对样本类别重要性没有特别的要求，此处令 $\omega(y_1)=\omega(y_2)=1$，IFKMP 算法则等价于标准 KMP 算法。直觉模糊核匹配追踪集成学习机参数设置为：采用两种样本扰动策略，随机采样策略和等间隔采样策略，各生成 15 个子训练集，每个子训练集 200 个样本数据。实验结果如表 12.2 所示。

表 12.2 Waveform 数据集识别结果比较

算　法	训练规模	测试规模	集成规模	训练时间/s	识别率/(%)	偏差/(%)
KMP	500	500	1	4.335	89.16	1.59
Bagging - IFKMPE	200		15	9.143	92.80	1.02
ES - IFKMPE			15	9.204	92.74	0.67

为了验证子训练集规模和集成规模对算法的影响，其他参数不变，令子训练集规模分别为$L=100$、$L=150$，集成规模 T 在 1～20 之间对算法进行验证，具体实验结果如图 12.6 所示。

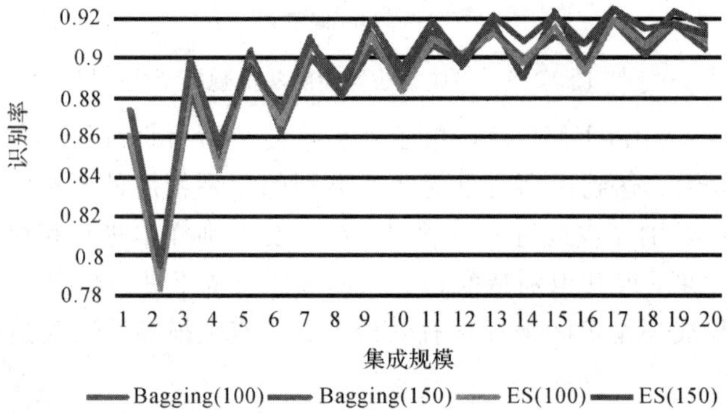

(a) 识别率

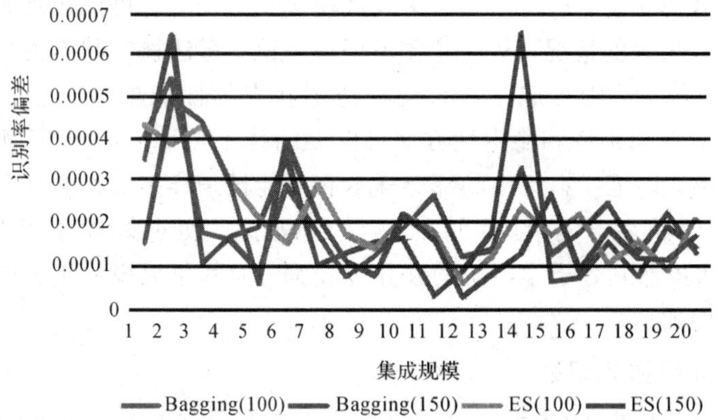

(b) 偏差

图 12.6　集成算法性能随集成规模变化情况

从表 12.2 可以看出，直觉模糊核匹配追踪集成学习机相对单一学习机而言，具有更好的识别效果和泛化能力。由图 12.6 可知，当训练子集规模相近时，集成算法间的性能亦较为接近。总体而言，基于 Waveform 数据集与上一组 Musk 数据集的实验结果是较为吻合的。

3. 人工含噪数据集识别

实验选取三维空间内线性不可分的同心球样本进行测试，采用式(12.4)参数方程产生两类交错的同心球样本。

$$\begin{cases} x = \rho \cdot \cos\theta \cdot \sin\varphi \\ y = \rho \cdot \sin\theta \cdot \sin\varphi \quad (\theta \in U \sim [0, 2\pi];\ \varphi \in U \sim [0, \pi]) \\ z = \rho \cdot \cos\varphi \end{cases} \tag{12.4}$$

两类样本的半径参数 ρ 均服从均匀分布，分别为[0，60]和[40，100]，随机产生两类样本共 12 000 个，样本分布如图 12.7 所示。

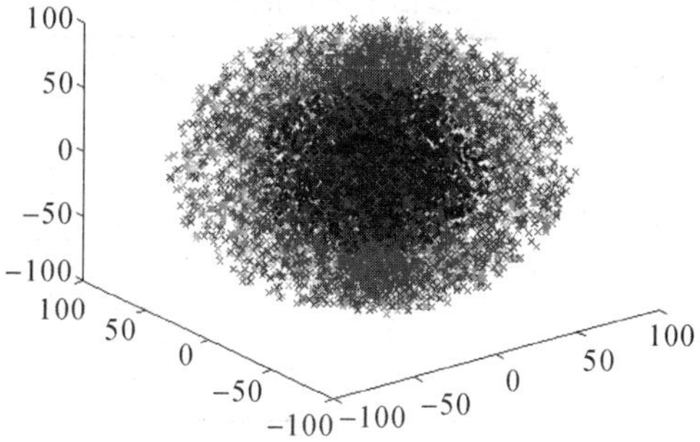

图 12.7　同心球样本分布图

将训练样本集的标准差设置为核参数 σ，设置最大迭代次数 $T_{\max}=300$，迭代误差阈值 $\varepsilon=0.02$，指定样本类别 y_1(图 12.7 中由“·”表示)的直觉模糊参数 $\omega(y_1)=1.3$，样本 y_2(图 12.7 中由“×”表示)的直觉模糊参数 $\omega(y_2)=0.8$，要求尽可能提高对指定样本类别 y_1 的识别精度。直觉模糊核匹配追踪集成学习机的参数设置为：采用两种样本扰动策略，随机采样策略和等间隔采样策略，各生成 25 个子训练集，每个子训练集有 300 个样本数据。训练前先对数据进行加噪处理，即随机改变 20%样本的类别属性，然后进行训练。进行 50 次蒙特卡洛仿真实验，结果如表 12.3 所示。

表 12.3　人工含噪数据集识别结果比较

算　法	训练规模	测试规模	集成规模	训练时间/s	识别率/(%)	偏差/(%)
KMP	500	+:500	1	**5.825**	85.42	1.11
IFKMP			1	6.474	93.36	1.02
Bagging - IFKMPE	200		15	31.994	**97.72**	**0.34**
ES - IFKMPE			15	31.238	97.50	0.38

从表 12.3 可以看出，在训练样本含噪声的情况下，本节提出的直觉模糊核匹配追踪集成学习机对指定的重要样本仍能保持 97%以上的识别率，其识别性能和泛化能力明显优于传统的单一学习机。

4. 性能/时间代价测试

通过对上述实验结果的分析，采用集成策略后，直觉模糊核匹配追踪学习机的识别性能和泛化能力确实得到了提升，但是随之训练时间也大幅度增加。这是否说明，直觉模糊核匹配追踪集成学习机的优越性能是以牺牲训练时间换取的呢？鉴于此，本组实验拟对本节算法的性能/时间代价进行测试，令 KMP 及 IFKMP 算法选择较多的样本进行充分学习，而 IFKMPE 算法的各子分类器则选择较少的样本进行粗略学习，使得集成学习机的训练时间小于 KMP 及 IFKMP 算法时，对三者的性能进行对比。

实验选取第三组中的同心球样本数据进行实验，其他参数设置不变，令 KMP 及 IFKMP算法的训练规模为 1000，IFKMPE 算法的子训练集样本规模 $L=100$，集成规模 $T=15$，训练前先对数据进行加噪处理，即随机改变 20%样本的类别属性，然后进行训练。50 次蒙特卡洛仿真实验结果如表 12.4 所示。

表 12.4　算法性能/时间代价测试

算　法	训练规模	测试规模	集成规模	训练时间/s	识别率/(%)	偏差/(%)
KMP	1000	十:500	**1**	16.493	88.86	1.32
IFKMP			1	17.099	96.98	1.18
Bagging - IFKMPE	100		15	**14.195**	**98.94**	1.09
ES - IFKMPE			15	14.574	98.89	**0.70**

实验结果表明，通过参数设置，使核匹配追踪学习机及直觉模糊核匹配追踪学习机所耗费的训练时间超过直觉模糊核匹配追踪集成学习机时，集成学习机的识别性能和泛化能力仍明显优于经典的单一学习机，这就说明了直觉模糊核匹配追踪集成学习机的优越性能并不是以牺牲训练时间换取的。

12.3　基于混合选择策略的直觉模糊核匹配追踪集成算法

2002 年，Zhou 等提出了“选择性集成”的概念[7]，并指出通过有目的地选择部分差异性更大的子分类器进行集成能有效改进集成系统的性能。为了进一步提升直觉模糊核匹配追踪集成学习机的性能，结合“选择性集成”的思想，本节给出了一种基于混合选择策略的直觉模糊核匹配追踪集成算法。

12.3.1　算法设计

针对如何选择差异性大的分类器的问题，文献[26]提出了一种“overproduce and choose”的筛选策略，即先产生大量的冗余分类器，然后从中选择差异度较大的个体形成一个子集。该策略允许同时采用多种方法对分类器进行选择，以增加子分类器间的差异性。基于这个思想，本节尝试结合 Bagging 方法、k 均值聚类以及动态选择和循环集成这三种集成策略来对分类器进行选择，并提出一种基于混合选择策略的直觉模糊核匹配追踪集成方法。

该算法包含三个阶段：第一阶段是子分类器生成阶段，采用基于 Bagging 框架的双重扰动策略生成一定数量的子训练集，然后通过直觉模糊核匹配追踪学习算法训练出相应的子分类器。第二阶段则采用 k 均值聚类算法对训练所得的多个子分类器进行聚类，然后从每个类别中选出一个分类器进入到第三阶段候选，目的是在保持分类器多样性的同时，删去一些冗余的分类器。第三阶段则采用动态选择和循环集成策略对已获得的子分类器进行二次选择，先基于集成系统的差异度对候选分类器进行排序，然后动态选择出对实际测试目标有较好识别结果的分类器组合，使参与集成的分类器的个数能够随识别问题的复杂程度而自适应变化。若候选分类器都参与集成仍无法达到识别要求，则通过降低预期识别精度来实现分类器的循环集成。整个算法流程如图 12.8 所示。

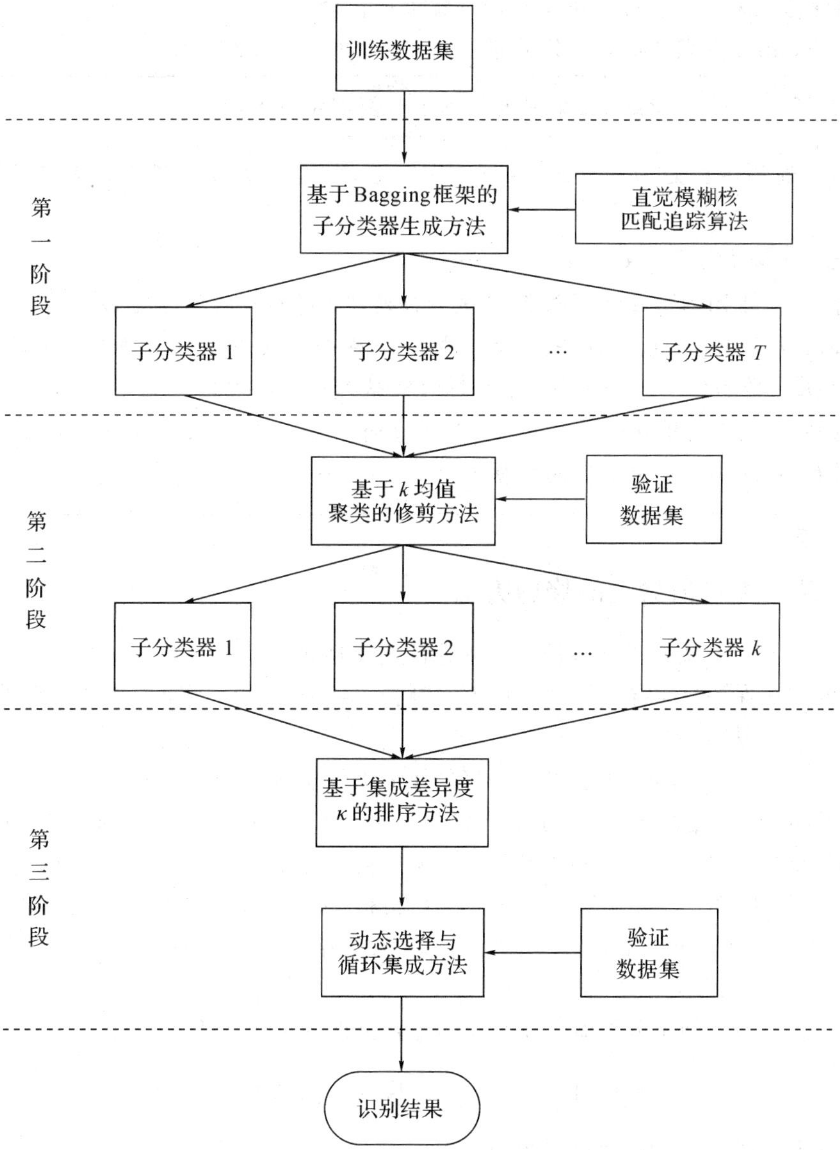

图 12.8　基于混合选择策略的直觉模糊核匹配追踪集成学习机结构

12.3.2　子分类器的生成

第一阶段是子分类器的生成阶段。为了降低训练样本中冗余特征及噪声数据对子分类器性能的影响，首先对训练样本进行预处理。偏最小二乘[27] (Partial Least Squares，PLS)是近年来提出的一种基于主成分分析(Principal Component Analysis，PCA)的多元数据处理方法，它可以同时实现降维及两组特征变量间的相关性分析，具有广泛的适用性[28, 29]。PLS 方法目前已被证明能较好地解决高维样本问题及变量间的多重相关性，且其算法复杂度要低于 PCA 算法，因此本节使用 PLS 方法对数据进行预处理。此外，仅依靠扰动训练集的 Bagging 重采样策略难以保证子分类器之间的差异性。而通过对特征子空间进行随机选取，使不同子分类器更加倾向于问题域的不同侧面，能更加有效地增加分类器之间的差异性[23]。因此这里采用二重扰动机制对训练集进行扰动。

基于 Bagging 集成框架的子分类器生成方法如算法 12.2 所示。

算法 12.2 基于 Bagging 集成框架的子分类器生成方法

输入：训练样本集 $D=\{(x_1, y_1), \cdots, (x_l, y_l)\}$，集成规模 T，子训练集样本规模 L。

输出：子分类器集合 $C=\{c_1, c_2, \cdots, c_T\}$。

Step1：采用 PLS 方法对训练集 D 进行预处理，得到新的训练集 D'。

Step2：采用 Bagging 方法在 D' 上生成 T 个样本规模为 L 的数据集，同时在每个数据集上随机选择 r 个特征，得到 T 个 r 维的数据集 $D_i=(i=1, \cdots, T)$。

Step3：根据直觉模糊核匹配追踪算法对 T 个数据集 $D_i=(i=1, \cdots, T)$ 进行训练。

Step4：输出 T 个子分类器的集合 $C=\{c_1, c_2, \cdots, c_T\}$。

12.3.3 基于 k 均值聚类的修剪方法

第二阶段是子分类器的剪枝阶段。在进行选择性集成前，通常对分类器集合进行剪枝处理，目的是在保持分类器多样性的同时，删去一些冗余的分类器。本节主要对基于 k 均值聚类的修剪方法进行介绍。

设 $C=\{c_1, c_2, \cdots, c_T\}$ 为已经训练好的子分类器集合，$S=\{(x_1, y_1), \cdots, (x_N, y_N)\}$ 为一组规模为 N 的验证样本集。让子分类器 c_i 对全部验证样本进行识别，并将其判决结果与验证样本的实际类别标签进行对比，若子分类器 c_i 对样本 (x_j, y_j) 识别正确，则输出结果 $c_i(x_j, y_j)=1$，反之 $c_i(x_j, y_j)=0$。因此，分类器 c_i 对整个验证样本集的输出结果可以用向量 $\boldsymbol{h}_i=\{h_{i1}, h_{i2}, \cdots, h_{iN}\}$ 表示，其中 $h_{ij}\in\{0, 1\}$。若分类器 c_i 和 c_j 的输出结果分别为 $\boldsymbol{h}_i=\{h_{i1}, h_{i2}, \cdots, h_{iN}\}$ 和 $\boldsymbol{h}_j=\{h_{j1}, h_{j2}, \cdots, h_{jN}\}$。当且仅当 h_{ik} 和 h_{jk} 同时为零时，令 $h_{ik}h_{jk}=1$，其余情况 $h_{ik}h_{jk}=0$，则子分类器 c_i 和 c_j 间的重合错误率可定义为[30]

$$\text{Prob}(c_i\text{fails}, c_j\text{ fails}) = \frac{1}{N}\sum_{k=1}^{N} h_{ik}h_{jk} \tag{12.5}$$

则分类器 c_i 和 c_j 的之间的距离度量可定义为

$$D(c_i, c_j) = 1 - \text{Prob}(c_i\text{fails}, c_j\text{ fails}) \tag{12.6}$$

采用 k 均值聚类法将分类器集合 $C=\{c_1, c_2, \cdots, c_T\}$ 分成 k 类，通过寻找到 k 个聚类中心点，$\{M_j\}_{j=1}$ 令目标函数

$$J = \sum_{i=1}^{T} \min_j D(c_i, M_j) \tag{12.7}$$

达到最小。

此外，由于 k 均值聚类的聚类数目 k 需要预先给出，这里通过逐步递增分类数目 k 直至目标函数值 J 升高的方法来获得最佳分类数 k。基于 k 均值聚类的修剪方法如算法 12.3 所示。

算法 12.3　基于 k 均值聚类的修剪方法

输入： T 个分类器的集合 $C=\{c_1, c_2, \cdots, c_T\}$。

输出： k 个分类器的集合 $C'=\{c_1, c_2, \cdots, c_k\}$。

Step1： 确定最佳分类数目 k，初始化 k 个聚类中心点。

Step2： 根据式(12.6)计算每个分类器与聚类中心的距离，并将其归为聚类最近的类。

Step3： 计算每个类的中心点，并将最接近中心点的子分类器设为新的聚类中心。

Step4： 重复 step2 和 step3，直至聚类中心不再变化。

Step5： 输出 k 个中心点作为新的子分类器集合 $C'=\{c_1, c_2, \cdots, c_k\}$。

12.3.4　子分类器的动态选择与循环集成

大量研究表明，只有当子分类器之间的错误不相关时，集成学习才有意义[10]。因此，选择或者生成更具差异性的子分类器是选择性集成系统能取得成功的关键之处。目前，虽然大量文献对子分类器之间的差异性度量进行了研究，但至今仍没有形成统一的标准。这些差异性度量大致可以分为成对的(pairwise)和非成对的(non-pairwise)两类。成对的差异性度量只计算每一对子分类器之间的差异性，而非成对的差异性度量则直接计算整个集成系统的差异性[18]。

假设已获得训练好的 k 个子分类器，c_i 和 c_j 为其中两个不同的分类器，$N^{11}(N^{00})$ 为分类器 c_i 和 c_j 中都分类正确(错误)的样本数目，$N^{10}(N^{01})$ 则为分类器 $c_i(c_j)$ 对其分类正确而分类 $c_j(c_i)$ 对其分类错误的样本数目，因此总的测试样本数目为 $N= N^{11}+N^{00}+N^{10}+N^{01}$，具体见表 12.5 所示。

表 12.5　两组子分类器结果组合

	c_j 分类正确	c_j 分类错误
c_i 分类正确	N^{11}	N^{10}
c_i 分类错误	N^{01}	N^{00}

不一致度量 Dis 主要反映了分类器之间不一致的程度。c_i 和 c_j 之间的不一致度量 Dis_{ij} 定义为[17]

$$\mathrm{Dis}_{ij} = \frac{N^{10}+N^{01}}{N} \tag{12.8}$$

$\mathrm{Dis}_{\mathrm{av}}$ 则为整个集成系统的不一致度量平均值，即

$$\mathrm{Dis}_{\mathrm{av}} = \frac{1}{k(k-1)} \sum_{i=1}^{k} \sum_{\substack{j=1 \\ i \neq j}}^{k} \mathrm{Dis}_{i,j} \tag{12.9}$$

本节在这里使用文献[31]定义的差异性度量 κ，其定义为

$$\kappa = 1 - \frac{1}{2\bar{p}(1-\bar{p})} \mathrm{Dis}_{\mathrm{av}} \tag{12.10}$$

其中 $\bar{p}$ 为子分类器集合的平均分类精度，有

$$\bar{p}=\frac{1}{Nk}\sum_{j=1}^{K}\sum_{i}^{k}c_i(x_j,y_j) \tag{12.11}$$

根据集成差异性度量 κ 的定义，本节先给出一种分类器排序方法，其核心思想是根据集成差异度 κ，按照集成前序选择法对 k 个子分类器进行排序。具体算法步骤如算法 12.4 所示。

算法 12.4 基于集成差异度 κ 的排序算法

输入： k 个分类器的集合 $C'=\{c_1, c_2, \cdots, c_k\}$。

输出： 分类器序列 P。

Step1：初始化，令 $i=1$，$P[0]=k$。

Step2：从集合 C 中选择当前识别率最高的分类器 c_i，令 $P[i]=c_i$，并在 C 中删除分类器 c_i。

Step3：i++，从集合 C 中选择分类器 c_j 使得当前系统集成差异度 κ 最大，令 $P[i]=c_j$，并在 C 中删除分类器 c_j。

Step4：重复 Step3，直至 $i=k$。

Step5：输出分类器序列 P。

按照排序算法对分类器完成排序之后，就可以根据实际识别精度需求对子分类器进行动态选择与循环集成。分类器的动态选择与循环集成方法如算法 12.5 所示。

算法 12.5 分类器的动态选择与循环集成方法

输入： 分类器序列 P，测试样本集 Test$=\{(x_1, y_1), \cdots, (x_m, y_m)\}$，阈值步长为$\Delta\lambda$。

输出： 识别结果 R。

Step1：初始识别精度阈值 λ，$i=1$。

Step2：从分类器序列 P 中选择前 i 个分类器对测试集 Test 进行测试，并得到识别结果 R。

Step3：判断，若识别结果 $R\geqslant\lambda$，则中断算法并输出识别结果 R；否则跳转至 Step4。

Step4：判断，若 $i<k$ 则 i++并跳转至 Step2，若 $i\geqslant k$ 则跳转至 Step5。

Step5：令识别精度阈值 $\lambda=\lambda-\Delta\lambda$，$i=1$，并跳转至 Step2。

当少数分类器集成能满足识别需求时，则无需再集成其他子分类器；若达不到预期识别需求则按顺序添加其他分类器，并进行循环集成。其过程为：首先设置初始识别精度阈值及其步长，然后在分类器序列中选择第一个分类器对测试集进行识别，若识别结果满足识别要求则终止并输出识别结果；否则按序列顺序依次添加其他子分类器进行集成直至满足识别需求。若集成了所有子分类器仍不能满足识别需求，则按照设置的步长降低识别精度阈值。重复以上过程，直至满足识别需求并输出识别结果。

显然，若初始识别精度阈值 λ 越大，阈值步长$\Delta\lambda$ 越小，则集成系统的整体识别效果较好，但算法的循环次数也会因此增加，识别所需时间也相对较长。因此在实际应用中，应根

据识别目标的复杂程度及实际识别需求来对初始精度阈值及步长取值，以兼顾识别精度及时效性。

12.3.5　实验与分析

为了验证算法的有效性，在此将本节给出的算法（HSS - IFKMPE）与 12.2 节提出的基于 Bagging 的直觉模糊核匹配追踪集成算法（Bagging - IFKMPE）[31]、基于遗传选择的直觉模糊核匹配追踪集成算法（GASEN - IFKMPE）[7] 以及基于前向顺序选择的直觉模糊核匹配追踪集成算法（SFS - IFKMPE）[12] 进行对比。其中，Bagging 方法是传统的集成方法，即直接对所有子分类器的识别结果进行多数投票组合，GASEN 和 SFS 方法则是两种相对典型的选择性集成算法。需要说明的是，12.2 节还提出了基于等间距采样的 ES - IFKMPE 算法，但该算法的集成规模容易受到样本规模的限制，因此本实验并没有与该算法进行对比。实验过程中选取高斯核作为基分类器的核函数。其中，GASEN 采用二进制编码，为了对算法性能进行验证，实验选择不同的样本集合进行试验。为了避免随机误差，每次试验分别进行 50 次 Monte Carlo 仿真。

1. Satimage 数据集识别

实验首先选取 UCI 数据集中的 Satimage 数据集进行验证。Satimage 是采集自澳大利亚土壤的卫星遥感数据，是一个 36 维的 6 类数据集，包含 4435 个训练样本及 2000 个测试样本。为了方便计算，将第 2 类样本（共 479 个）标记为正类样本，其余类别样本标记为负类样本。我们将把训练样本随机分为 2 份，其中 4000 个样本做为训练集，用于子分类器的生成；将剩余 435 个样本作为验证集，用于对子分类器进行修剪及排序。令正类样本 y_1 为指定重要样本类别，为了验证算法对重要样本的识别性能，从 2000 个测试样本中选取其中全部的正类样本（共 479 个）作为测试集进行测试。

正类样本 y_1 的直觉模糊参数 $\omega(y_1)=1.3$，负类样本 y_2 的直觉模糊参数 $\omega(y_2)=0.8$，子训练集样本规模 $L=200$；初始集成规模 $T=100$，初始识别精度为 0.98，阈值步长 $\Delta\lambda=0.005$。采用 GASEN 选择时，令交叉概率为 0.7，变异概率为 0.05。实验结果见表 12.6，其结果为 50 次 Monte Carlo 仿真的均值。这里需要说明的是，由于 Bagging 方法为直接集成法，故无需对子分类器进行搜索选择，其初始集成规模即为最终集成规模。

表 12.6　Satimage 数据集识别结果

算　法	训练集	验证集	测试集	集成规模	子集搜索时间/s	识别率/(%)	偏差/(%)
Bagging - IFKMPE	400	500	+:461	100	—	92.08	0.91
SFS - IFKMPE				21.8	40.59	94.65	0.35
GASEN - IFKMPE				15.7	88.82	94.88	0.23
HSS - IFKMPE				11.3	**9.75**	**95.92**	**0.12**

表 12.6 中，从集成规模及子集搜索时间来看，本节方法集成所需的子分类器数目和子集搜索时间相对其他方法明显减少，SFS - IFKMPE 方法及 GASEN - IFKMPE 方法相对直接集成方法所需的子分类器数目分别下降了 78.2% 和 84.3%，而本节方法则下降了88.7%，同时

本节方法所需的子集搜索时间也相对 SFS - IFKMPE 方法及 GASEN - IFKMPE 方法分别下降了 66.1%和 84.5%。这是由于该方法先采用 k 均值聚类对大量的冗余分类器进行了剔除，因此在后期集成过程中所需的子分类器数目及子集搜索时间相对于没有采用剪枝的集成选择策略均有明显下降。

综合实验结果可得，本节方法不仅具有更好的识别率，同时也具备更好的泛化性能。这是由于其他集成选择策略往往是针对某一验证集选定子分类器，且选定后就不再改变。而测试集则往往不同于验证数据集，这使得其他一些有可能对测试集识别效果更好的子分类器无法入选，致使整个集成系统缺乏足够的灵活性，同时也影响了识别效果及泛化性能。而本节采取的分类器动态选择和循环集成策略则有效地避免了上述问题，该策略能够根据测试集的情况动态选择出所需子分类器并进行循环集成，不仅使系统结构更为灵活，也大大增加了集成系统的泛化能力和效率。

2. 人工含噪数据集识别

实验选择 10.2.5 节中的螺旋双曲线数据集进行测试。从样本集中随机地选取 10 000 个样本作为训练集，用于子分类器的生成；将剩余的 2000 个样本作为验证集，用于对子分类器进行修剪及排序。为了检验算法对重要目标的识别效果，实验将其中的正类样本标记为重要样本类别，并从 6000 个正类样本中随机抽取 1000 个样本作为测试集进行测试。

令正类样本的直觉模糊参数 $\omega(y_1)=1.6$，负类样本的直觉模糊参数 $\omega(y_2)=0.4$；子训练集样本规模 $L=500$；初始集成规模 $T=100$，初始识别精度为 0.99，阈值步长 $\Delta\lambda=0.005$。采用 GASEN 选择时，令交叉概率为 0.7，变异概率为 0.05。实验训练前先对训练数据进行加噪处理，随机改变 20%样本的类别属性，然后进行训练，实验结果如表 12.7 所示。

表 12.7 人工含噪数据集识别结果

算法	训练集	验证集	测试集	集成规模	子集搜索时间/s	识别率/(%)	偏差/(%)
Bagging - IFKMPE	10 000	2000	+:1000	100	—	96.28	0.63
SFS - IFKMPE				16.3	791.9	97.33	0.31
GASEN - IFKMPE				26.6	1115.9	97.65	0.26
HSS - IFKMPE				8.4	**163.5**	**98.23**	**0.06**

表 12.7 的实验结果表明，在训练样本含噪声的情况下，本节方法也能对指定的重要样本保持较高的识别精度，且其识别效率、识别性能及泛化能力均明显优于传统的集成方法和其他两种集成选择策略，这也与 Satimage 数据集的实验结果相吻合。同时还注意到三种选择集成方法的搜索时间均较长，这是因为搜索过程中各子分类器还需要对验证数据集进行识别，而本例中选取的验证集规模较大，导致其子集搜索时间较长。

3. 弹道中段目标 HRRP 数据集识别

实验选择 10.3.4 节中的弹道中段目标 HRRP 数据集进行测试。从样本集中随机选取 6000 个样本作为训练集，用于子分类器的生成；将剩余的 1204 个样本作为验证集，用于对子分类器进行修剪及排序。未来防空反导作战中，弹头的威胁程度明显要比其他来袭目标威胁程度更大，因此本实验将弹头设为重要识别目标类别，并从 1801 个正类样本中随机抽取 1000 个样本作为测试集进行测试，以此来检验本节算法应用于弹道目标识别领域的效果。

令正类样本的直觉模糊参数 $\omega(y_1)=1.4$，负类样本的直觉模糊参数 $\omega(y_2)=0.7$；核函数通过交叉验证得到，$\sigma=0.4$；令子训练集样本规模 $L=300$；初始集成规模 $T=100$，初始识别精度为 1，阈值步长 $\Delta\lambda=0.005$。采用 GASEN 选择时，令交叉概率为 0.85，变异概率为 0.1。实验结果如表 12.8 所示。

表 12.8　弹道中段目标 HRRP 数据集识别结果

算　法	训练集	验证集	测试集	集成规模	子集搜索时间/s	识别率(%)	偏差/(%)
Bagging - IFKMPE	6000	1204	+:1000	100	—	96.28	0.63
SFS - IFKMPE				18.9	204.2	97.33	0.21
GASEN - IFKMPE				29.6	428.6	97.65	0.16
HSS - IFKMPE				**9.2**	**38.5**	**98.23**	**0.09**

表 12.8 的实验结果表明，针对复杂的弹道目标识别问题，采用混合选择策略的集成方法后，相比较其他三种方法而言，识别性能得到了提升，且经过剪枝后集成系统所包含的候选 IFKMP 学习机数量明显减少，这意味着后期采用动态选择和循环集成策略时，对测试样本的识别速度将有较大的提高。此外，还可以根据需求对初始精度阈值及步长进行调节，以兼顾效率与精度的平衡。因此，对于需要兼顾识别率及时效性的弹道目标识别领域，相对其他集成选择方法，本节提出的 HSS - IFKMPE 方法将不失为一种较好的选择。

本章小结

本章针对直觉模糊核匹配追踪算法选取部分样本训练以及使用停机条件导致泛化性能下降的问题，引入集成学习的思想对直觉模糊核匹配追踪学习机进行改进，具体内容有：

(1) 首先对集成学习方法的原理进行了研究，从理论上分析了建立直觉模糊核匹配追踪集成学习机的可行性，并按照 Bagging 策略以及等间距采样策略建立了具体的直觉模糊核匹配追踪集成学习机，从而克服了原有学习机在面对大规模数据样本时，仅采用部分样本进行训练和停机条件而导致泛化能力下降的缺陷。实验结果表明，直觉模糊核匹配追踪集成学习机相对单一学习机而言，具有更好的识别效果和泛化能力。

(2) 为了从子分类器集合中选择一组差异性大的子分类器，从而进一步改进集成学习系统的性能，提出了一种基于混合选择策略的直觉模糊核匹配追踪集成算法。该方法首先采用训练集和特征空间双重扰动的方式生成子分类器集合；然后采用 k 均值聚类进行修剪，删除冗余的子分类器；最后采用动态选择和循环集成策略对候选子分类器进行二次选择，使参与集成的分类器的个数不仅能够随识别问题的复杂程度而自适应变化，而且还可以根据识别精度的要求进行循环集成，从而实现识别精度和识别效率的折衷。公共数据集与弹道中段目标 HRRP 数据集的识别结果表明，与传统选择性集成方法相比，该方法不仅具有更好的识别效果和泛化能力，同时系统结构也更为灵活，效率更高，不失为一种较好的弹道中段目标识别算法。

参考文献

[1] 焦李成，周伟达. 智能目标识别与分类[M]. 北京：科学出版社，2010.

[2] Hansen L K, Salamon P. Neural network ensemble[J]. IEEE Transactions on Pattern Analysis and Machine Intelligence, 1990, 12(10): 993-1001.

[3] Schapire R E. The Strength of weak learn ability[J]. Machine Learning, 1990, 5(2): 197-227.

[4] Chen W P, Gao Y S. Face recognition using ensemble string matching[J]. IEEE Transactions on Image Processing, 2013, 22(12): 4798-4808.

[5] Bartosz K, Michał W, Bogusław C. Clustering-based ensembles for one-class classification[J]. Information Sciences, 2014, 264(4): 182-195.

[6] Monther A, Wang D H. Fast decorrelated neural network ensembles with random weights[J]. Information Sciences, 2014, 264(6): 104-117.

[7] Zhou Z H, Wu J X, Tang W. Ensembling neural networks: many could be better than all[J]. Artificial Intelligence, 2002, 137 (1～2): 239-263.

[8] Elaheh R, Abdolreza M. A hierarchical clusterer ensemble method based on boosting theory[J]. Knowledge-Based Systems, 2013, 45(3): 83-93.

[9] Scheme E, Englehart K B. Validation of a selective ensemble-based classification scheme for myoelectric control using a three-dimensional fitts' law test[J]. IEEE Transactions on Neural Systems and Rehabilitation Engineering, 2013, 21(4): 616-623.

[10] 张春霞，张讲社. 选择性集成学习算法综述[J]. 计算机学报，2011，34(8)：1399-1410.

[11] Kang Q, Liu S Y, Zhou M C, et al. A weight-incorporated similarity-based clustering ensemble method based on swarm intelligence[J]. Knowledge-Based Systems, 2016, 104(c): 156-164.

[12] Robert B, Ricardo G O, Francis Q. Attribute bagging: improving accuracy of classier ensembles by using random feature subsets[J]. Pattern Recognition, 2003, 36(6): 1291-1302.

[13] 缑水平，焦李成，张向荣. 基于免疫克隆的核匹配追踪集成图像识别算法[J]. 模式识别与人工智能，2009，22(1)：79-85.

[14] 赵强利，蒋艳凰，徐明. 基于 FP-Tree 的快速选择性集成算法[J]. 软件学报，2011，22(4)：709-721.

[15] 郝红卫，王志彬，殷绪成，等. 分类器的动态选择与循环集成方法[J]. 自动化学报，2011，37(11)：1290-1295.

[16] 毕凯，王晓丹，姚旭，等. 一种基于 Bagging 和混淆矩阵的自适应选择性集成[J]. 电子学报，2014，42(4)：711-716.

[17] 杨春，殷绪成，郝红卫，等. 基于差异性的分类器集成：有效性分析及优化集成[J]. 自动化学报，2014，40(4)：660-674.

[18] 孙博，王建东，陈海燕，等. 集成学习中的多样性度量[J]. 控制与决策，2014，29(3)：387-395.

[19] Chen L, Wen Q C, Cheng Q, et al. LibD3C: Ensemble classifiers with a clustering and dynamic selection strategy[J]. Neurocomputing, 2014, 123(1): 424-435.

[20] Cheng L, Wang Y P, Hou Z G, et al. Sampled-data based average consensus of second-order integral multi-agent systems: switching topologies and communication noises[J]. Automatica, 2013, 49(5): 1458-1464.

[21] Brzezinski D, Stefanowski J. Reacting to different types of concept drift: the accuracy updated ensemble algorithm[J]. IEEE Transactions on Neural Networks and Learning Systems, 2014, 25(1): 81-94.

[22] Kim H C, Pan S N. Constructing support vector machine ensemble[J]. Pattern Recognition, 2003, 36(12): 2757-2767.

[23] Mordelet F, Vert J P. A bagging SVM to learn from positive and unlabeled examples[J]. Pattern Recognition Letters, 2014, 37(1): 201-209.

[24] Yang K H, Zhao L L. A new optimizing parameter approach of LSSVM multiclass classification model[J]. Neural Computing & Applications, 2012, 21(5): 954-955.

[25] 王晓丹，孙东延，郑春颖，等. 一种基于 AdaBoost 的 SVM 分类器[J]. 空军工程大学学报：自然科学版，2006，7(6)：54-57.

[26] Giacinto G, Fabio R. An approach to the automatic design of multiple classifier system[J]. Pattern Recognition Letters, 2001, 22(1): 25-33.

[27] 王惠文. 偏最小二乘回归方法及其应用[M]. 北京：国防工业出版社，2000.

[28] Song K, Li L, Li S, et al. Using partial least squares-artificial neural network for inversion of inland water chlorophyll-a[J]. IEEE Transactions on Geoscience and Remote Sensing, 2014, 52(2): 1502-1517.

[29] Shan R F, Cai W S, Shao X G. Variable selection based on locally linear embedding mapping for near-infrared spectral analysis[J]. Chemometrics and Intelligent Laboratory Systems, 2014, 131(3): 31-36.

[30] Zhou Z H, Tang W. Clusterer ensemble[J]. Knowledge-Based Systems, 2006, 19(1): 77-83.

[31] Kuncheva L I, Whitaker C J. Measuves of diversity in classfier ensembles and their relationship with the ensemble accuracy [J]. Machine Learming, 2003, 51(2):181-207.

[32] Breiman L. Bagging predictors[J]. Machine Learning, 1996, 24(2): 123-140.

第13章　基于ECOC核匹配追踪的弹道目标识别方法

本章对基于ECOC核匹配追踪的弹道目标方法进行了深入研究。针对核匹配追踪方法只能解决二类分类问题的缺陷，引入ECOC的思想，分别给出了一种基于Hadamard纠错码的核匹配追踪多类分类方法以及一种基于免疫克隆选择编码的核匹配追踪多类分类方法，旨在通过ECOC分类框架将核匹配追踪算法推广到多类分类领域，并利用纠错码本身具备的纠错能力进一步提高分类器的分类性能，并将其应用于弹道中段目标识别领域。

13.1　引　　言

核匹配追踪算法是一种新兴的核机器学习机，因其优越的性能而在许多领域得到了广泛应用。但基本的核匹配追踪算法只能解决二类分类问题，而实际应用领域中面临更多却是多类分类问题。因此，如何把仅适用于二类分类的核匹配追踪算法拓展到多类分类领域，已成为本领域的一个重要的研究课题。

目前常见的思路是，建立一种分解模型把多类分类问题转化为多个二类分类问题，而后采用传统的二类分类方法加以解决，该思路充分利用了已有二类分类领域的成果并大大简化了原问题的复杂性，现已成为处理多类分类问题的首选方案。基于这种思想出现了多种多类分类策略，Vapnik[1]提出了“一对多”(One vs. All，OVA)方法，即把 N 类中的某一类视为一类，其他 $N-1$ 类视为另一类，则 N 类分类问题则分解为 N 个二类分类问题，但该策略会由于两类样本数量的差距过大而影响判决性能。KreBel[2]提出“一对一”(One vs. One，OVO)方法，其解决方案是对 N 类样本进行两两组合，构造 $C_N^2=N(N-1)/2$ 个分类器。该方法的缺陷在于当类别数目过大时，训练时间和测试时间相对OVA策略都明显增加。在此基础上，Nicolás[3]结合OVA及OVO方法的优点，提出了一种“多和一”(All and One，A&O)方法，取得了较好的分类效果，但是该策略在训练时需要构造 $N(N+1)/2$ 个分类器，测试时需要测试 $N+1$ 个分类器，其训练及测试时间均要高于经典的OVA及OVO策略。Dietterich等[4]首次提出了采用ECOC策略解决多类分类问题，其思想源自于通信领域的信号传输模型，即将多类问题分解为二类问题的过程视为信源对待传输信号的编码过程。Allwein[5]总结了以往所有的多类分解框架，提出了一种更为通用的ECOC框架——三元纠错输出编码(Ternary ECOC)，该框架几乎能统一所有现有的多类分解方法(包括经典的OAR和OAO方法)，使其都成为该类型编码的特例。ECOC策略由于其简化了多类分类问题的复杂性，并且继承了纠错码特有的纠错性能，对二分类器的错误具有一定的纠错能力，因而一出现就受到众多学者的关注，目前已成为模式识别领域的一个热门方向[6~8]。

这里需要指出的是，本文前期主要研究的直觉模糊核匹配追踪学习机是一类特殊的二分类器，通过对重要类别样本进行充分训练，使其能够提高对重要类别样本的识别精度，而基于 ECOC 方法则需要将多类样本分成平等的两类样本进行训练，因而直觉模糊核匹配追踪学习机很难和 ECOC 方法结合实现多类分类，本章仅对基于经典核匹配追踪学习机的多类分类方法进行研究。

文献[9]将 ECOC 思想同支持向量机相结合，提出了一种 Hadamard 纠错码结合支持向量机的多类分类方法。文献[10]通过把每一个二分器的输出作为证据之一进行融合，并讨论在两种编码类型下证据融合的不同策略，提出了一种基于证据理论的纠错输出编码方法。文献[11]利用混淆矩阵计算多类问题中各类别的相关性，提出了一种基于混淆矩阵的自适应纠错输出编码多类分类方法。但以上这些多类分类方法均是基于 SVM 构造的，而核匹配追踪学习机作为一种性能与 SVM 相当，稀疏性却更好的新型核学习机，如何将其拓展到多类分类领域目前尚缺乏相关的研究。鉴于此，本章 13.2 节提出了一种基于 Hadamard 纠错码的核匹配追踪（Hadamard ECOC based Kernel Matching Pursuit，HECOC - KMP)多类分类算法，并给出实验描述和结果分析。

与传统的“一对一”、“一对多”相似，本章 13.2 节提出的基于 Hadamard 纠错码核匹配追踪的多类分类算法仍然属于事前编码方法，其编码框架无法反映样本数据本身分布特点。目前，随着 ECCO 理论的逐步发展，基于 ECOC 的多类分类研究已经从最开始注重分解框架纠错能力的提高，逐步转移到如何构造符合问题域的编码矩阵。文献[12]证明了对给定问题构造一个最优的纠错编码矩阵是一个 NP - Complete 问题，而进化算法在解决 NP - Complete问题上具有先天性的优势。为了构造与分类样本最匹配的编码矩阵，文献[13]～[16]引入遗传算法进行搜索，但遗传算法存在早熟问题，算法的稳定性难以保证。鉴于此，本章 13.3 节提出一种基于免疫克隆选择编码的核匹配追踪多类分类算法，该算法通过引入抗原、抗体、克隆及其相应算子，使得该算法兼顾了全局最优和局部快速搜索，从而能够更快速有效地得到符合问题域的编码矩阵。

13.2　基于 Hadamard 纠错码的核匹配追踪多类分类算法

虽然核匹配追踪学习机已经初步在模式识别领域取得了成功应用，但二分类器的本质却严重限制了其在多类分类领域的应用。因此本节在对 ECOC 原理研究的基础上，对 OVO、OVA 及 ECOC 三种多类分类方法进行对比分析，从理论上分析建立 ECOC 框架下核匹配追踪学习机的可行性，并依此构建了基于 Hadamard 纠错码的核匹配追踪多类分类学习机。

13.2.1　纠错输出编码思想

ECOC 框架的基本思想源于通信领域的信号传输模型，同样也包含编码和解码两个部分。在编码阶段通过构建一个 ECOC 编码矩阵 $\boldsymbol{M}_{N\times n}\in\{-1,+1,0\}$把一个 N 类分类问题分解为 n 个两类分类问题，矩阵 $\boldsymbol{M}$ 的 N 行分别表示 N 类样本的码元$\{y^1,\cdots,y^N\}$，矩阵 $\boldsymbol{M}$ 的 n 列$\{d^1,\cdots,d^N\}$则表示 n 个二分类器$\{h^1,\cdots,h^N\}$，其中“-1”代表二类中的一类，“$+1$”代表二类中的另一类，“0”表示该类别样本不参与该列对应的二分类器的训练。图 13.1 给出了四种常见的 ECOC 分类系统示意图，解码阶段同时利用这 n 个二分类器对输入

样本 s 进行测试，得到样本 s 的预测码元 $x(s)\in R^n$，而后依据某种距离度量将该预测码元 $x(s)$ 分别与 N 类样本的码元进行对比，即可得到最终判决结果。最常用的解码策略为最小汉明距离策略，即计算所得预测码元与各类别码元间的汉明距离，最小距离对应码字所代表的类即为最终判决结果。

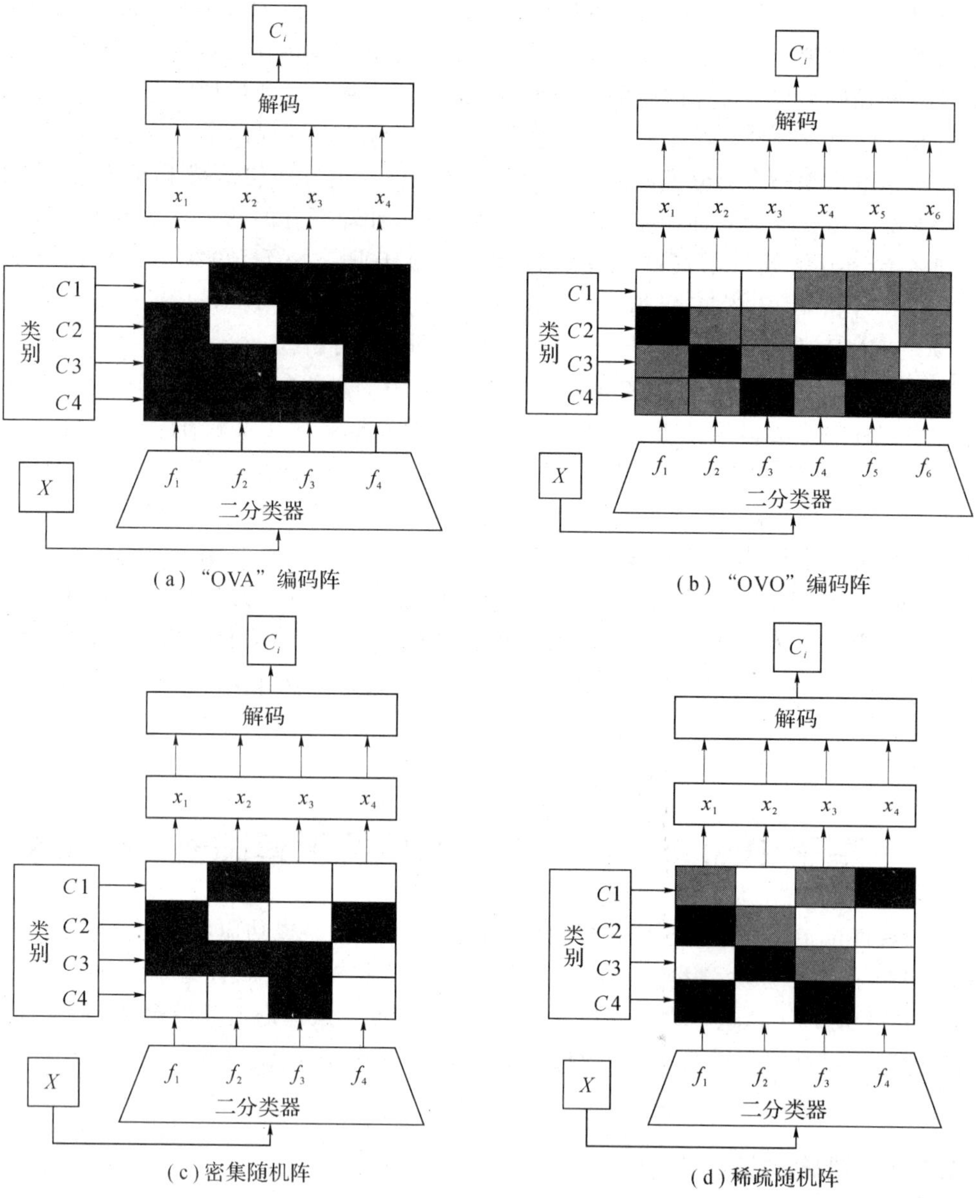

(a)“OVA”编码阵

(b)“OVO”编码阵

(c)密集随机阵

(d)稀疏随机阵

图 13.1　四种常见的 ECOC 示意图

以一个 5 类样本分类问题的编码解码过程为例，图 13.2(a)所示为样本特征空间及二分类的训练边界；图 13.2(b)为相应的编码矩阵 $\boldsymbol{M}$，其中“-1”、“$+1$”和“0”三种码元分别用白色、黑色和灰色表示；图 13.2(c)所示为解码过程，将样本 s 输入各二分类器进行测试，得到的预测码元 $x(s)$ 分别与各类别码元$\{y_1, \cdots, y_N\}$进行比较，最小码距对应码字所代表的类即为样本 s 的类别。

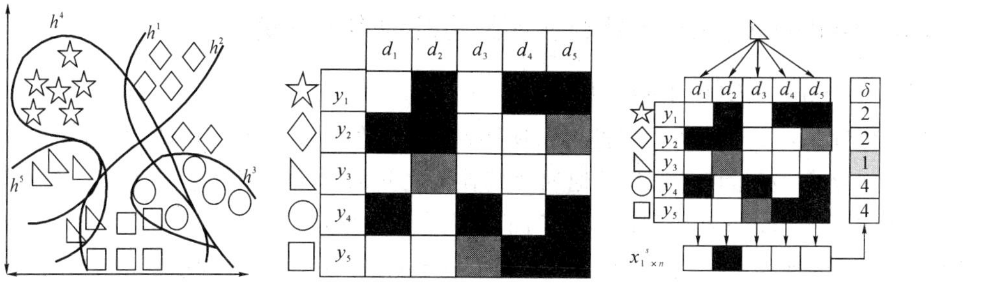

(a) 特征空间及训练边界　　(b) 编码矩阵　　(c) 解码过程

图 13.2　5 类分类问题的编码解码过程

13.2.2　基于 ECOC 框架的核匹配追踪学习机的理论分析

本小节拟对 OVA、OVO 及 ECOC 三种方法的优缺点进行对比，在理论上分析建立 ECOC 框架下核匹配追踪多类分类学习机的可行性。

OVA 方法的优点在于对 N 类分类问题只需构造 N 个子分类器，分类速度较快。但该方法训练每个子分类器时都需要输入全部训练样本，训练用时较长。此外 OVA 方法所产生的二类问题通常是极不对称的，致使子分类器误差增大，甚至产生不可分区域(即测试样本同时属于多类或不属于任何一类的区域)。如图 13.3 所示，三类问题中，H_1、H_2、H_3 为子分类器，所产生的判决区域中 G_1、G_2、G_3、G_4 区域为不可分区域。

OVO 方法应用于 N 类分类问题时，需要构造 $C_N^2=N(N-1)/2$ 个分类器，分类器数量的增加也会导致训练时间的相应增长。此外，采用 OVO 方法也有可能产生不可分区域。如图 13.4 所示，三类问题中，H_1、H_2、H_3 为子分类器，所产生的判决区域中 G 为不可分区域，若测试样本位于该区域，则该样本属于类 1、类 2、类 3 的投票数均为 1，因而无法决策该测试样本的类别。

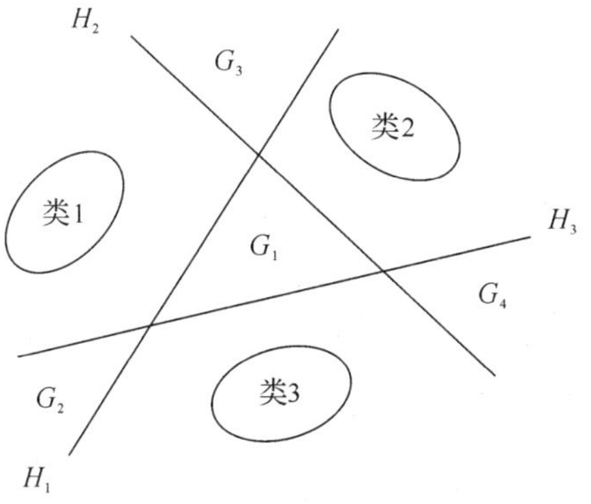

图 13.3　OVA 策略的不可分区域

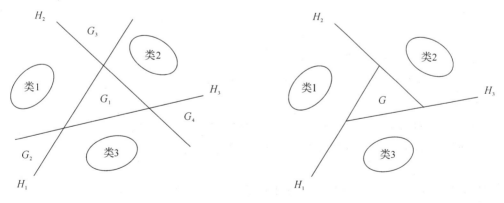

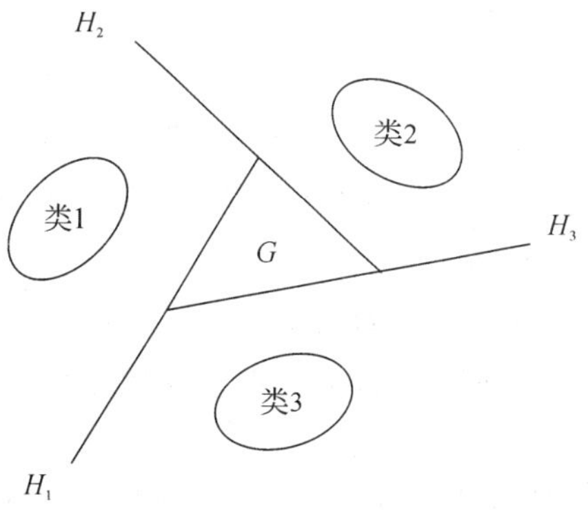

图 13.4　OVO 策略的不可分区域

ECOC 方法优点在于：ECOC 本身只是一个框架，在这个框架下允许使用不同的编码方法、分类器和距离判决函数。此外 ECOC 还继承了纠错码特有的纠错性能，通过设计合理的编码、解码策略，对二分类器的错误具有一定的纠错能力。正是 ECOC 所具备的良好兼容性及纠错能力使其能够在理论上与核匹配追踪方法完美结合，从而实现对多类分类问题的求解。

13.2.3 Hadamard 纠错码结合核匹配追踪的多类分类算法

设计一个好的 ECOC 有以下原则：

(1) 行分离，尽量使每行之间的汉明距离最大，使纠错码的纠错能力更强。

(2) 列分离，尽量使各列与其他列及其补集之间的汉明距离最大，使各基分类器之间的差异性更大。Dietterich 和 Bakiri 给出了四种不同类别的 ECOC 方法，即详尽码($3 \leqslant N \leqslant 7$)、取列详尽码($8 \leqslant k \leqslant 11$)、登山码($k \geqslant 7$)、BCH 码($k \geqslant 7$)。但是上述这些方法实现复杂且所得码长较长，给实际应用带来了很大麻烦，而采用 Hadamard 矩阵[9]构建 ECOC 则能有效地解决上述问题。

Hadamard 矩阵是二元码矩阵，其阶数只能按照 $P=2^i$($i=1, 2, \cdots$)的规律递增，二阶的 Hadamard 矩阵形式为

$$\boldsymbol{H}_2 = \begin{bmatrix} -1 & -1 \\ -1 & 1 \end{bmatrix} \tag{13.1}$$

高阶的 Hadamard 矩阵则可以由低阶 Hadamard 矩阵递推而得

$$\boldsymbol{H}_P = \begin{bmatrix} \boldsymbol{H}_{P/2} & \boldsymbol{H}_{P/2} \\ \boldsymbol{H}_{P/2} & -\boldsymbol{H}_{P/2} \end{bmatrix} \tag{13.2}$$

其中 $-\boldsymbol{H}_{P/2}$ 表示对 $\boldsymbol{H}_{P/2}$ 的元素取补，即元素“-1”和“1”互换。

Hadamard 矩阵最大的特点在于其任意两行或两列都正交。对 P 阶的 Hadamard 矩阵，其行列间的汉明距离均为 $P/2$，因此，Hadamard 矩阵具有良好的区分性能，完全满足多类分类问题对纠错码阵的要求。但是，由于其第一行全为“-1”且阶数只能为 $P=2^i$($i=1, 2, \cdots$)，在实际应用中还需对 Hadamard 矩阵进行改造，才能得到满意的 Hadamard 纠错码。具体 Hadamard 纠错码生成算法描述如下：

算法 13.1 Hadamard 纠错码生成算法

输入：类别数 N。

输出：Hadamard 纠错码 M_N。

Step1：判断哈达玛矩阵的阶数，若 $2^{i-1} < N \leqslant 2^i$，则矩阵阶数为 2^i。

Step2：按照式(13.2)生成 2^i 阶的 Hadamard 矩阵 $\boldsymbol{H}_{2^i}$。

Step3：将 $\boldsymbol{H}_{2^i}$ 全为“-1”的第一列删除，得到一个 $2^i \times (2^i - 1)$ 的矩阵。

Step4：根据类别数 N 取所得矩阵的前 N 行，得所需的 $N \times (2^i - 1)$ 纠错码阵 M_N。

任意类别的多类分类问题都可以通过上述方法生成相应的纠错码阵，简单快捷，且码字长度较短(如 7 类问题只需要 7 个基分类器，而采用详尽码方法则需要 63 个基分类器)，降低了存储量且提高了运行效率。图 13.5 给出了 7 类分类问题的 Hadamard 纠错码阵及其相应的 ECOC 分类系统示意图。

本节将 Hadamard 纠错码的思想引入核匹配追踪分类器中，从而实现对多类分类问题的求解。当结合核匹配追踪分类器时，上文所述的 Hadamard 纠错码阵的每一列就对应一个核匹配追踪分类器。到训练阶段，将纠错码矩阵的每一列都看作对样本的一种二元划分。

如图 13.5 中的第 2 个核匹配追踪分类器则是将 1、2、5、6 类样本被划分为“－1”类样本，

$$
\begin{bmatrix}
-1 & -1 & -1 & -1 & -1 & -1 & -1 \\
1 & -1 & 1 & -1 & 1 & -1 & 1 \\
-1 & 1 & 1 & -1 & -1 & 1 & 1 \\
1 & 1 & -1 & -1 & 1 & 1 & -1 \\
-1 & -1 & -1 & 1 & 1 & 1 & 1 \\
1 & -1 & 1 & 1 & -1 & 1 & -1 \\
-1 & 1 & 1 & 1 & 1 & -1 & -1
\end{bmatrix}
$$

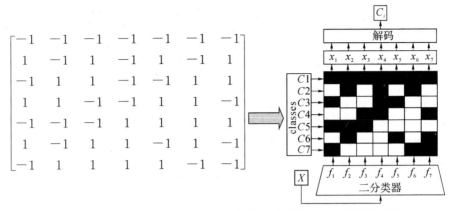

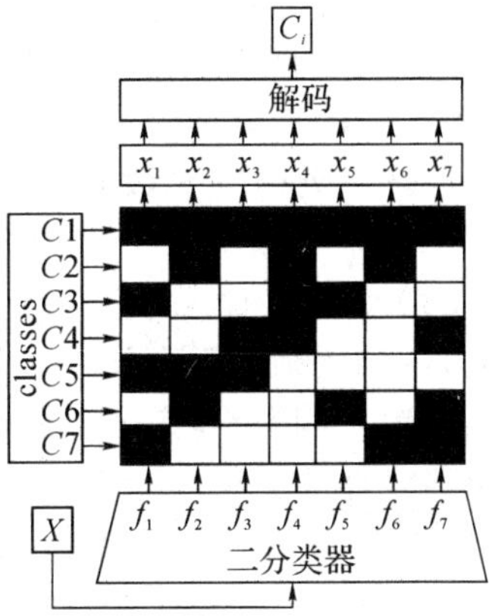

图 13.5　7 类分类问题的 Hadamard 纠错码阵及其 ECOC 分类示意图

其余 3、4、7 类样本被划分为“1”类样本并进行训练。测试阶段，将测试数据 X 输入 l 个训练好的核匹配追踪分类器中进行判别，各个核匹配追踪分类器的判别结果组成了一组码字向量 $\boldsymbol{f}(X)=(x_1, x_2, \cdots, x_l)$，对这组码字向量和各类样本的码字(即纠错码矩阵的每一行元素)做距离运算，即

$$d_i = D(\boldsymbol{f}(X), C_i) \tag{13.3}$$

其中，D 为距离运算；C_i 为第 i 类样本的码字。

取距离最小的 d_i 所对应的 C_i 为预测的输出，可得

$$C_i = \arg\min(d_i) = \underset{C_i \in \{C_1, C_2, \cdots, C_k\}}{\arg\min} [D(f(X), C_i)] \tag{13.4}$$

基于 Hadamard 纠错码的核匹配追踪多类分类算法具体描述如下：

算法 13.2　基于 Hadamard 纠错码的核匹配追踪多类分类算法

输入：训练样本集 $D=\{(x_1, C_l), \cdots, (x_l, C_l)\}$，测试样本集 $X=\{(x_1, C_l), \cdots, (x_l, C_l)\}$，样本集类别数 N，核匹配追踪分类器参数。

输出：最终判决结果 C_i。

Step1：根据算法 13.1 生成相应的 $(N\times l)$ 阶的哈达玛纠错码 M_N。

Step2：根据纠错码表将多类样本集划分为 l 个的二类样本集，并将其设为核匹配追踪学习机的训练样本。

Step3：对 l 个核匹配追踪学习机进行训练，满足停机条件后输出判决函数。

Step4：输入测试样本集 X 对每个子学习机进行测试，得到一组码字向量 $(x_1, x_2, \cdots, x_l)$。

Step5：根据式(13.4)，将该码字向量与各类样本的码字进行比较，输出最终判决结果 C_i。

13.2.4　算法复杂度分析

单个核匹配追踪学习机的训练时间通常与训练集规模 n 的 r 次方成正比，因此其算法的

时间复杂度为$O(c \cdot n^r)$，其中c为常数，r约为2。基于核匹配追踪学习机的N类分类方法的训练时间主要由子学习机的个数决定。OVA策略需要构造N个子学习机，且每个子学习机均要求所有样本参与训练，因此OVA方法的时间复杂度为$O(N \cdot c \cdot n^r)$，约为$O(N \cdot c \cdot n^2)$。OVO策略需要构造$N(N-1)/2$个子学习机，每个子学习机只需要所有样本中的两类样本参与训练。假设每类样本个数相同，则OVO方法的时间复杂度为$O(N(N-1)/2 \cdot c \cdot (2n/N)^r)$，约为$O(2 \cdot c \cdot n^2)$。A&O策略则需要分别按OVA策略及OVO策略训练N个及$N(N-1)/2$个子学习机，因此A&O的时间复杂度应为$O((2+N) \cdot c \cdot n^2)$。采用Hadamard纠错码则需要构造($N-1 \leqslant l < 2N-1$)个子学习机，且每个子学习机的训练均需要所有样本参与，因此本节方法的时间复杂度约为$O(l \cdot c \cdot n^2)$。此外，采用ECOC方法，还需考虑其编码复杂度的影响，本节方法也需要基于算法13.1生成Hadamard纠错码阵，这同样会增大算法的时间复杂度。但算法13.1的实现只与类别数N相关，因此在实际应用中可以进行预先编码，将其对算法时间复杂度的影响降至最低。

13.2.5 实验与分析

实验过程中选取高斯核作为核函数。为了验证算法的有效性，将本节方法分别与基于OVA方法和OVO方法的核匹配追踪多类分类算法进行对比。为了确保估计分类错误率的正确性，在样本集数目小于500的情况下，采用5重交叉验证，若大于500时则采用10重交叉验证，并依据双边估计t检验法计算置信水平为0.95的错误率置信区间为最后结果，具体计算公式为

$$\frac{|\bar{x}-\mu|}{\sigma/\sqrt{n}} \geqslant t_{0.025}(n-1) \tag{13.5}$$

式中，μ和σ分别表示十重（或五重）交叉验证的均值及标准差；$t_{0.025}(9)=2.2622$，$t_{0.025}(4)=2.7764$。

1. UCI数据集识别

实验首先选取8组UCI(University of California Irvine)数据集进行验证。这八组数据集的具体属性如表13.1所示。

表13.1 UCI数据集

数据集	数据集规模	样本维数	类别数
Iris	150	4	3
Yeast	1484	8	10
Glass	214	9	7
Satimage	4435	36	6
Segment	2310	19	7
Vehicle	846	18	4
Vowel	990	10	11
Zoo	101	18	7

此外根据需要，对其中的部分数据集进行了归一化处理。由于不同的解码策略的选择对算法性能有一定程度的影响，本实验在两种解码策略(汉明距离解码和欧式距离解码)下分别进行，具体实验结果如表 13.2、表 13.3 所示。

表 13.2　基于汉明距离解码的各编码方法错误率(置信度为 95%)

数据集	OVA 方法	OVO 方法	Hadamard 方法
Iris	4.96±6.12 3×3	4.19±4.72 3×3	**3.99±4.72** **3×3**
Yeast	76.14±13.72 10×10	56.26±6.54 10×45	54.44±11.94 10×15
Glass	13.87±10.61 7×7	**12.53±9.07** **7×21**	12.69±9.10 7×7
Satimage	22.82±5.53 6×6	**20.16±9.74** **6×15**	22.66±5.64 6×7
Segment	8.82±4.35 7×7	8.52±2.44 7×21	**8.18±3.52** **7×7**
Vehicle	22.92±5.35 4×4	23.57±6.40 4×6	**22.05±6.40** **4×3**
Vowel	2.91±1.41 11×11	**1.86±1.75** **11×55**	1.95±1.78 11×15
Zoo	30.62±11.26 7×7	**28.05±9.41** **7×21**	28.61±6.37 7×7

表 13.3　基于欧式距离解码的各编码方法错误率(置信度为 95%)

数据集	OVA 方法	OVO 方法	Hadamard 方法
Iris	8.34±6.27 3×3	7.01±9.47 3×3	**5.71±6.39** **3×3**
Yeast	65.54±5.57 10×10	**46.96±5.28** **10×45**	48.82±5.72 10×15
Glass	33.41±15.81 7×7	**20.53±13.82** **7×21**	21.53±10.31 7×7
Satimage	24.50±5.95 6×6	**20.25±2.62** **6×15**	20.39±4.28 6×7
Segment	9.96±3.28 7×7	**8.92±2.44** **7×21**	9.03±3.31 7×7
Vehicle	33.48±8.91 4×4	30.78±5.04 4×6	**28.27±7.71** **4×3**
Vowel	2.37±1.42 11×11	**1.80±2.03** **11×55**	2.13±1.13 11×15
Zoo	31.51±11.40 7×7	31.05±9.75 7×21	**28.35±9.84** **7×7**

表 13.2 和表 13.3 分别给出了两种解码策略下置信度为 95%的各编码方法分类错误率及置信区间，分类错误率下方给出了各编码方法对应的编码矩阵大小。此外，每列中加粗显示的为最小分类错误率。从表 13.2 和表 13.3 可以看出，OVA 方法的分类效果最差，而本节方法的分类错误率和 OVO 方法的分类错误率基本相当。虽然 OVO 方法也具有较好的分类效果，但其编码长度最长，算法复杂度最高；而本节方法的编码长度与 OVA 编码方法基本相当，运算长度却远小于 OVO 编码方法，这归功于 Hadamard 纠错码本身良好的纠错性能。一个最小汉明距离为 d 的纠错码表可以修正 $(d-1)/2$ 位错误。即使有 $(d-1)/2$ 个核匹配追踪分类器出错，系统在解码时也能对其修正并给出正确的结果。综合来看，本节提出的 Hadamard 纠错码结合核匹配追踪的多类分类算法具有较好的分类效果和鲁棒性，且不失为一种兼具编码效率及识别率的有效方法。

2. 手写音符数据集识别

实验选取手写音符数据集进行验证，其音符图像采自于现代及 19 世纪的手写乐谱[17]。数据集包含了分别来自 24 位不同作者手写音符，共 7 类 4098 个样本。这个数据集的识别难度在于不同作者间的写作风格差异较大以及缺乏一个统一的评价标准。部分样本示例如图 13.6 所示，采集音符样本的原始手写乐谱如图 13.7 所示。

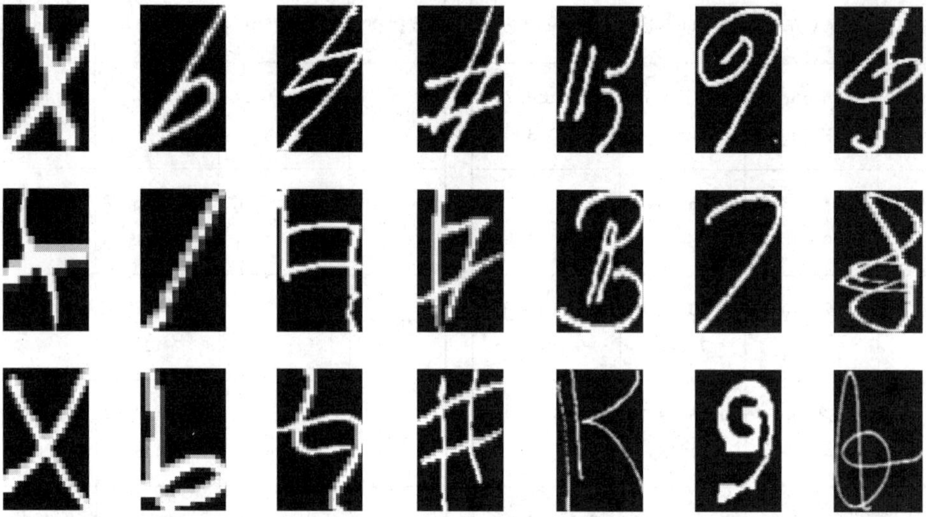

图 13.6　部分音符样本

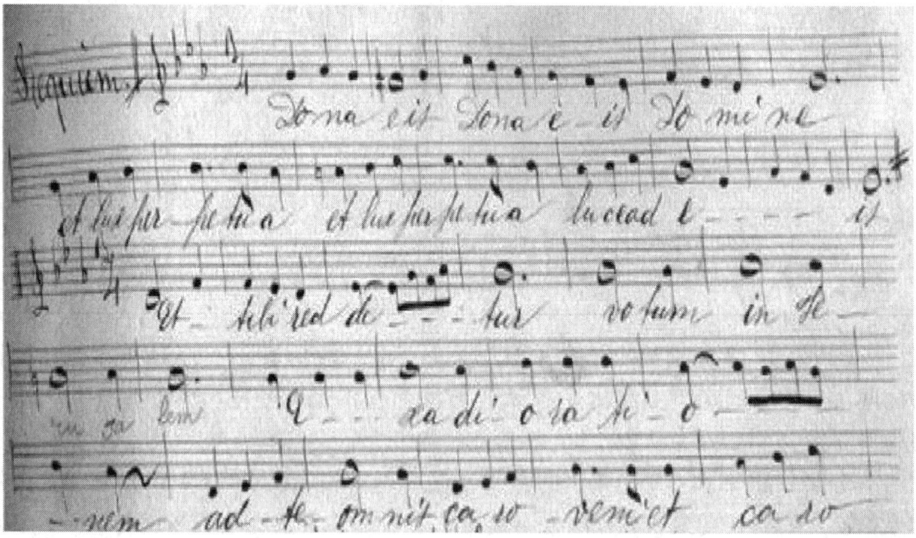

图 13.7　原始手写乐谱

由于原始数据尺寸大小不一，实验前将所有音符图像缩放至 50×50 大小进行统一处理。分别采用汉明距离解码(HD)、欧式距离解码(ED)及最小二乘解码(LS)等三种解码策略进行实验。实验结果如表 13.4 所示。

表 13.4 手写音符数据集识别错误率

解码方法	OVA 方法	OVO 方法	Hadamard 方法
HD	8.34±6.27 7×7	7.77±4.85 7×28	**7.71±6.39** 7×7
ED	9.54±5.57 7×7	**7.96±4.97** **7**×28	8.42±5.72 7×7
LS	8.51±6.40 7×7	**7.73±5.46** **7×28**	8.35±8.84 7×7

从表 13.4 可以看出，三种不同解码策略下，OVO 方法和 Hadamard 纠错码的性能基本相当，且均要优于 OVA 方法。实验结果与上一组与 UCI 数据集的实验结果基本吻合，说明本节方法是一种有效的多类分类方法。

13.3 基于免疫克隆选择编码的核匹配追踪多类分类方法

自 Dietterich 和 Bakiri 首次提出利用纠错码解决多类分类问题以来，事前编码方法便成为最主要的研究类型之一。其设计原则就是在编码长度固定的情况下尽可能地增大各类别码字向量间的汉明距离，从而提高判决过程中的纠错能力。但该类型编码存在编码矩阵的构造与待分类问题无关的缺陷。因此，基于纠错码的多类分类研究已经从最开始的注重提高编码矩阵的纠错能力逐步转移到如何构造符合问题域的编码矩阵上来。构造符合问题域的编码矩阵实质上是一个多约束组合优化问题，也是一个 NP 完全问题，而进化算法通常是解决 NP 完全问题的有效手段。鉴于此，本节采用一种新型进化算法——免疫克隆选择算法(Immune Clonal Selection Algorithm，ICSA)——对最优编码矩阵进行搜索，该方法通过引入抗原、抗体、克隆及其相应算子，使得该算法兼顾了全局最优和局部快速搜索，从而能够更快速、有效地得到符合问题域的编码矩阵。

13.3.1 免疫克隆选择算法

人工免疫算法是受生物免疫学启发，模拟生物免疫系统功能和原理来处理复杂优化问题的自适应系统。1958 年，Burnet 等人提出了的一种新的抗体克隆选择学说，其思想是：抗体先天性存在于细胞表面，当抗原入侵机体时，相应的抗体与之反应。在此过程中，主要通过克隆激活、分化和增殖抗体，最终通过免疫应答清除抗原。生物免疫系统在这一过程中所表现出的学习、记忆、多样性等特性，正是人工免疫算法所借鉴的。2002 年，Castro 首次提出了克隆选择算法[18]，并成功将其应用于组合优化、数值优化等领域。但是，在其算法实现过程中，克隆的父代和子代间只有单纯基因的复制，而没有不同基因间的交流，无法促进抗体种群自我进化。鉴于此，国内焦李成等人构造了适用于人工智能的克隆算子、记忆算子及遗传算子等，并提出了基于柯西变异的免疫单克隆策略[19~21]。

一般来说，免疫克隆选择算法包括以下三个步骤：

(1) 克隆操作，即在每一次迭代过程中，根据亲合度的大小，在候选解附近生成一个新的子种群；

(2) 基因操作，通常包括交叉和变异操作，仅包含变异操作的免疫克隆算法也被称为单克隆选择算法；

(3) 选择操作，从子种群中选择最优个体，并生成新的种群。

具体操作过程如式(13.6)所示：

$$A(k) \xrightarrow{\text{克隆操作}} A'(k) \xrightarrow{\text{基因操作}} A''(k) \xrightarrow{\text{选择操作}} A(k+1) \tag{13.6}$$

13.3.2 算法设计

1. 约束条件分析

一个可用 ECOC 编码的矩阵应具备如下性质：

性质 1 编码矩阵中无重复行。

若矩阵 $\boldsymbol{M}$ 存在重复行 y^i、y^j，说明 y^i、y^j 间的最小汉明距离为 0，则无法将码元 y^i、y^j 对应的两类样本 c^i、c^j 区分开来。

性质 2 编码矩阵中无全 0、全 1 列。

若矩阵 $\boldsymbol{M}$ 存在全 0(或全 1)列 d^i，则无法对 d^i 对应的分类器 h^i 进行训练，应将该列从矩阵 $\boldsymbol{M}$ 中删除。

性质 3 编码矩阵中无重复列、互补列。

若矩阵 $\boldsymbol{M}$ 存在重复列 d^i、d^j，则 d^i、d^j 对应的分类器 h^i、h^j 完全相同，因此删除这两列中的一列对分类器无影响；若矩阵 $\boldsymbol{M}$ 存在互补列 d^i、d^j，不考虑训练过程中的随机因素情况下，d^i、d^j 对应的分类器 h^i、h^j 的仅是输出互换。换句话说，分类器 h^i、h^j 是完全相关的，因此需将互补列中的一列删除。

通过以上分析，本节可以对一个可用的 ECOC 编码矩阵 $\boldsymbol{M}_{N\times n}\in\{-1, +1, 0\}$ 给出如下约束条件

$$\min[\delta_{\mathrm{AHD}}(y^i, y^k)] \geqslant 1 \quad \forall i, k: i \neq k, i, k \in [1, \cdots, N] \tag{13.7}$$

$$\sum_{j=1}^{N} d_j^i \neq N \quad \forall i, i \in [1, \cdots, n] \tag{13.8}$$

$$\sum_{j=1}^{N} d_j^i \neq 0 \quad \forall i, i \in [1, \cdots, n] \tag{13.9}$$

$$\min[\delta_{\mathrm{HD}}(d^j, d^l)] \geqslant 1 \quad \forall j, l: j \neq l, j, l \in [1, \cdots, n] \tag{13.10}$$

$$\min[\delta_{\mathrm{HD}}(d^j, -1\cdot d^l)] \geqslant 1 \quad \forall j, l: j \neq l, j, l \in [1, \cdots, n] \tag{13.11}$$

其中，d_j^i 表示矩阵 $\boldsymbol{M}$ 中第 i 列第 j 位元素。

同时，考虑到三元码阵中 0 元素在矩阵 $\boldsymbol{M}$ 行、列中的不同影响，因而在上述约束条件中分别采用衰减汉明距离 δ_{AHD}[15] 和汉明距离 δ_{HD} 来度量矩阵 $\boldsymbol{M}$ 的行距和列距，并给出如下定义：

$$\delta_{\mathrm{AHD}}(y^i, y^j) = \sum_{k=1}^{n} |y_k^i| |y_k^j| I(y_k^i, y_k^j) \tag{13.12}$$

$$\delta_{\mathrm{HD}}(y^i, y^j) = \sum_{k=1}^{n} I(y_k^i, y_k^j) \tag{13.13}$$

$$I(i,\ j)=\begin{cases}1 & i\neq j\\ 0 & 其他\end{cases} \tag{13.14}$$

2. 抗体编码及亲和度函数设计

在这里采用结构体的形式对抗体进行编码，表示为

$$\boldsymbol{I}_{\mathrm{ECOC}}=\langle \boldsymbol{M},\ \boldsymbol{C},\ \boldsymbol{P},\ \varepsilon\rangle \tag{13.15}$$

其中，$\boldsymbol{M}_{N\times n}\in\{-1,\ +1,\ 0\}$为三元编码矩阵。

文献[14]指出一个可用的 ECOC 矩阵的编码长度 n 必须满足 $n\geqslant \mathrm{Int}[\log_2 N]$，其中 $\mathrm{Int}[\cdot]$为上取整函数。因此在生成初始种群时，令编码长度 $n=\mathrm{Int}[\log_2 N]$。

$\boldsymbol{C}$ 为混淆矩阵，它描绘了样本类别与分类器识别结果之间的关系，常用于评估分类器的识别能力[22]。假设对 N 类分类问题，测试样本集包含 T 个样本，每类样本个数为 T_i 个($i=1,\ 2,\ 3,\ \cdots,\ N$)，则 $\boldsymbol{C}(i,\ j)$表示第 i 类样本被分类器识别为第 j 类样本的个数所占第 i 类样本总数的百分比，可得到一个 $N\times N$ 维的混淆矩阵 $\boldsymbol{C}_{N\times N}$。在模式分类过程中，如果某两种模式比较相似，那么它们的样本就容易被识别为对方类型。混淆矩阵行向量 $\boldsymbol{C}_i$($i=1,\ \cdots,\ N$)代表了模式 c_i 的样本在进行分类时对各模式 $\boldsymbol{C}_i$($i=1,\ \cdots,\ N$)的倾向性。

$P=\{p_1,\ p_2,\ \cdots,\ p_n\}$为 $\boldsymbol{M}_{N\times n}$各列对应的 n 个二分类器在验证集上的分类正确率。ε 为编码矩阵 $\boldsymbol{M}_{N\times n}$对应的多类分类器在验证集上的分类错误率。

亲合度函数是对各个抗体优劣程度的一种评价指标，算法的目标是为了获得符合问题域的最优编码矩阵 $\boldsymbol{M}_{N\times n}$。通常来说，衡量一个编码矩阵优劣程度最直接的一个指标即为识别正确率。此外，编码矩阵的性能与编码长度也有直接关系，编码长度越长，各类别码元间的衰减汉明距离越大，则分类系统的纠错能力也会越强，但这同样也会极大地提高系统的算法复杂度。因此，我们希望获得识别率高而编码长度较短的编码矩阵。基于以上考虑，为保证性能越优越的抗体亲合度函数值高，抗体 $\boldsymbol{I}_k$与抗原之间的亲合度函数可定义为

$$f(\boldsymbol{I}_k)=\frac{1}{\varepsilon_{\boldsymbol{I}_k}+\lambda\cdot n_{\boldsymbol{I}_k}} \tag{13.16}$$

其中，$\varepsilon_{\boldsymbol{I}_k}$为抗体 $\boldsymbol{I}_k$对应的多类分类器在验证集上的分类错误率；$n_{\boldsymbol{I}_k}$为抗体 I_k对应的编码长度；λ 为一个常系数。

3. 克隆操作

在生物免疫系统中，被选择应答的抗体依据其亲合力的强弱，进行一定规模的克隆，克隆的数目与其亲合力成正比。基于这一原理，对每个抗体进行克隆操作 T_c^C，可得

$$T_c^C(\boldsymbol{I}_k)=\boldsymbol{I}_k\Theta O_k \tag{13.17}$$

其中，O_k为元素值为 1 的 q_k维向量；q_k为抗体 I_k克隆后的规模，其大小与亲合度函数相关，即

$$q_k=\mathrm{Int}\left[m_c\times\frac{f(\boldsymbol{I}_k)}{\sum_{k=1}^{m}f(\boldsymbol{I}_k)}\right] \tag{13.18}$$

其中，m 为抗体规模；m_c为克隆扩增后的总的抗体种群规模，满足 $m_c>m$。

可以看出，经过克隆扩增操作，每个抗体都生成了多个克隆体，从而实现了个体空间的扩张，为下一步基因操作奠定了基础，以此增加对解空间的搜索力度。

4. 变异操作

基因变异操作是为了产生有潜力的抗体、实现全局搜索的重要操作。在保持种群多样性的前提下，这里设计了三种不同变异操作：

1）随机变异算法

随机选择编码矩阵中的几个位置，并将其值随机改为另外两种码字之一(即若原码字为1，则随机变为0或者−1)。考虑到随机变异后，编码矩阵 $\boldsymbol{M}$ 可能不满足ECOC编码矩阵的约束条件。因此，每变异一位码字之后，都要对是否满足式(13.7)至式(13.11)给出5个约束条件进行判断，若满足则保留变异操作，若不满足则还原变异操作。通过随机变异算子，不仅可以在候选解附近搜寻多个领域解，从而实现局部寻优，甚至可以使算法在一定程度上跳出局部搜索，更快地获得全局最优解。下面给出随机变异算法的具体步骤：

算法 13.3　随机变异算法

输入：编码矩阵 $\boldsymbol{M}_k$，变异位数 B。

输出：变异后的编码矩阵 $\boldsymbol{M}'_k$。

Step1：初始化，令变异计数器 $t=0$。

Step2：随机选择编码矩阵 $\boldsymbol{M}_k$ 的某一位 $\boldsymbol{M}_k(i, j)$，并将其值随机改变为另外两种码字之一。

Step3：判断变异后的矩阵是否满足约束条件。若满足约束条件，则 $t{+}{+}$，并跳转至Step4；若不满足则恢复变异前的状态并跳转至Step2。

Step4：判断是否满足终止条件 $t\geqslant B_t$，若满足，则停止迭代，输出变异后的编码矩阵 $\boldsymbol{M}'_k$；否则，转至Step2。

2）改良变异操作

通过混淆矩阵选择出最容易混淆的目标 $(c_i, c_j)=\arg\max\limits_{i,j}[\boldsymbol{C}(i,j)+\boldsymbol{C}(j,i)]$，变异过程中，改变这两类样本 c_i、c_j 对应的码元 y_i、y_j 中的“0”的值，从而可以在保证满足ECOC编码矩阵的约束条件下，增大码元 y_i、y_j 间的衰减汉明距离 $\delta_{\mathrm{AHD}}(y_i, y_j)$，进而有针对性地改良编码矩阵的性能。下面给出改良变异算法的具体步骤：

算法 13.4　改良变异算法

输入：编码矩阵 $\boldsymbol{M}_k$，混淆矩阵 $\boldsymbol{C}$，变异位数 B。

输出：变异后的编码矩阵 $\boldsymbol{M}'_k$。

Step1：初始化，令变异计数器 $t=1$。

Step2：搜索选择两类目标的 $(c_i, c_j)=\arg\max\limits_{i,j}[\boldsymbol{C}(i,j)+\boldsymbol{C}(j,i)]$，令搜索计位器 $l=1$。

Step3：判断，若 $|y_i^l|+|y_j^l|\leqslant 1$ 则跳转至Step4，否则 $l{+}{+}$，并跳转至Step5。

Step4：判断，若 $y_i^l=0$，$y_j^l=0$，则令 $y_i^l=1$，$y_j^l=-1$；若 $y_i^l=0$，则令 $y_i^l=-y_j^l$；若 $y_j^l=0$，则令 $y_j^l=-y_i^l$。

Step5：判断是否满足终止条件 $t\geqslant B$ 或 $l\geqslant n$，若满足，则停止迭代，输出变异后的编码矩阵 $\boldsymbol{M}'_k$；否则跳转至Step3。

3）扩增变异操作

在初始化编码矩阵时，采用的是最短编码长度方法（Minimal ECOC design）[14]，这种编码方法虽然也被验证了具有较好的性能。但在实际上，这种编码方法由于其码元间的最小衰减汉明距离为 1，因此不具备纠错能力。因此这里采用扩增变异算子将编码矩阵 $\boldsymbol{M}_{N\times n}$ 扩增为 $\boldsymbol{M}_{N\times(n+1)}$。通常的方法是基于混淆矩阵选出最不容易区分的两类样本 c_i、c_j，然后对这两类样本 c_i、c_j采用一对一编码，并生成一组新的编码 d_{n+1}。但考虑到编码的稀疏性，这里对新增的编码 d_{n+1} 进行稀疏化处理，即选择一类最不容易和 c_i、c_j 混淆的样本 $c_k=\arg\max\limits_{k}\times[\boldsymbol{C}(k,i)+\boldsymbol{C}(i,k)+\boldsymbol{C}(k,j)+\boldsymbol{C}(j,k)]$，将其值 d_{n+1}^{k} 改为 1 或者 -1。具体的扩增变异算法步骤如下所示：

算法 13.5　扩增变异算法

输入：编码矩阵 $\boldsymbol{M}_k$，混淆矩阵 $\boldsymbol{C}$。

输出：变异后的编码矩阵 $\boldsymbol{M}'_k$。

Step1：搜索选择两类目标的$(c_i, c_j)=\arg\max\limits_{i,j}[\boldsymbol{C}(i,j)+\boldsymbol{C}(j,i)]$。

Step2：令 $d_{n+1}^{i}=1$，$d_{n+1}^{j}=-1$（或 $d_{n+1}^{i}=-1$，$d_{n+1}^{j}=1$）。

Step3：搜索目标 $c_k=\arg\min\limits_{k}[\boldsymbol{C}(k,i)+\boldsymbol{C}(i,k)+\boldsymbol{C}(k,j)+\boldsymbol{C}(j,k)]$。

Step4：判断，若 $\boldsymbol{C}(k,i)>\boldsymbol{C}(k,j)$，则令 $d_{n+1}^{k}=d_{n+1}^{j}$，否则 $d_{n+1}^{k}=d_{n+1}^{i}$。

Step5：令 d_{n+1} 其他位置的取值都为 0，并将其添加到编码矩阵 $\boldsymbol{M}_k$ 里面，输出变异后的编码矩阵 $\boldsymbol{M}'_k$。

---

5. 交叉操作

虽然免疫学理论认为，抗体多样性的产生及亲合度成熟更多是依靠抗体的高频变异，而非交叉和重组。但在人工智能领域，个体间的信息交互在一定程度上实现了优势互补，有益于算法更快达到收敛。因此这里基于编码矩阵的分类正确率 $\boldsymbol{P}=\{p_1, p_2, \cdots, p_n\}$设计了一种交叉算子，即按照分类正确率 $\boldsymbol{P}=\{p_1, p_2, \cdots, p_n\}$ 的大小对编码矩阵的各列 $\{d_1, d_2, \cdots, d_n\}$进行排序，并依次从两个母体矩阵中取出相应的列组成新的编码矩阵，新的编码矩阵的长度取两个母体编码矩阵中较短的那个。为了确保交叉操作结束后能获得一个可用的 ECOC 编码矩阵，文献[15]指出在为新编码矩阵增加第 i 列时，矩阵 $\boldsymbol{M}_{N\times i}$中重复码元的个数 $R(\boldsymbol{M}_{N\times i})$必须满足 $R(\boldsymbol{M}_{N\times i})\leqslant 2^{n-i}$。下面给出交叉算法的具体步骤：

算法 13.6　交叉算法

输入：编码矩阵 $\boldsymbol{M}_k$，分类正确率向量 $\boldsymbol{P}_k$，编码矩阵 $\boldsymbol{M}_t$，分类正确率向量 $\boldsymbol{P}_t$。

输出：交叉后的编码矩阵 $\boldsymbol{M}_s$。

Step1：初始化，令变异计数器 $l=1$，并确定编码长度 $n=\min[n(\boldsymbol{M}_k), n(\boldsymbol{M}_t)]$。

Step2：根据 $\boldsymbol{P}_k$、$\boldsymbol{P}_t$分别确定编码矩阵 $\boldsymbol{M}_k$、$\boldsymbol{M}_t$中的选取序列 τ_k、τ_t。

Step3：令 $\boldsymbol{M}_k$为母体，则从选取序列 τ_k 中选择第一列，将其增添为编码矩阵 $\boldsymbol{M}_s$的第 l 列的同时选取序列 τ_k 并将其删去。

Step4：判断矩阵 $\boldsymbol{M}_{N\times l}$ 中重复码元个数是否满足 $R(\boldsymbol{M}_s)\leqslant 2^{n-l}$，若不满足则将第 l 列从编码矩阵 $\boldsymbol{M}_s$ 删去，并跳转至 Step3；若满足条件则继续判断是否满足终止条件，若满足终止条件 $l\geqslant n$ 则编码矩阵 $\boldsymbol{M}_s$，若不满足终止条件 $l\geqslant n$ 则 $t++$，并跳转至 Step5。

Step5：令 $\boldsymbol{M}_t$ 为母体，则从选取序列 τ_t 中选择第一列，将其增添为编码矩阵 $\boldsymbol{M}_s$ 的第 t 列的同时选取序列 τ_t 并将其删去。

Step6：判断矩阵 $\boldsymbol{M}_{N\times l}$ 中重复码元个数是否满足 $R(\boldsymbol{M}_s)\leqslant 2^{n-l}$，若不满足则将第 l 列从编码矩阵 $\boldsymbol{M}_s$ 删去，并跳转至 Step5；若满足条件则继续判断是否满足终止条件，若满足终止条件 $l\geqslant n$ 则编码矩阵 $\boldsymbol{M}_s$，若不满足终止条件 $l\geqslant n$ 则 $t++$，并跳转至 Step3。

鉴于交叉操作的实现过程较为复杂，图 13.8 给出一个简单算例进行补充说明。

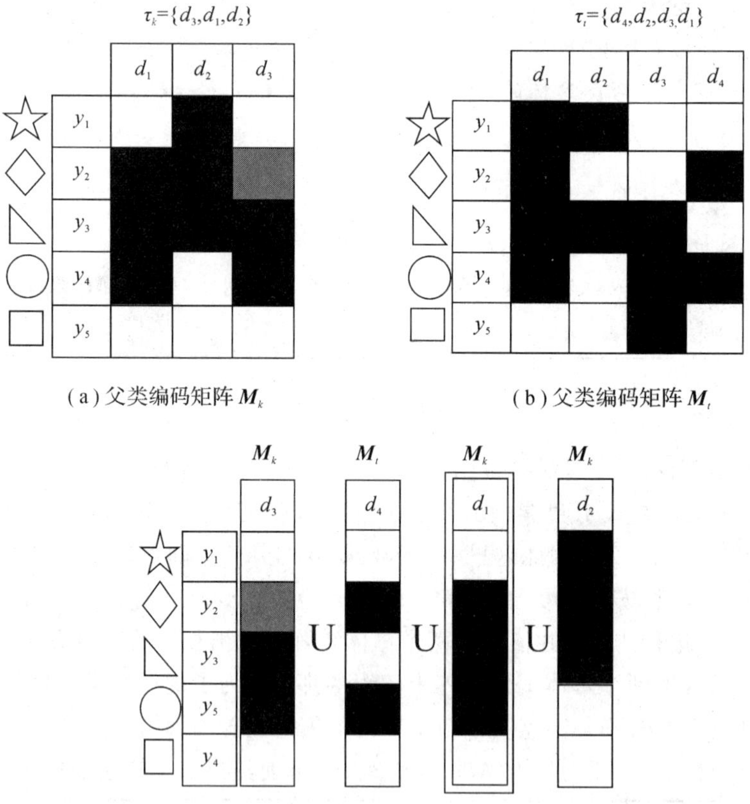

(a) 父类编码矩阵 $\boldsymbol{M}_k$　　(b) 父类编码矩阵 $\boldsymbol{M}_t$

(c) 交叉过程

图 13.8　5 类分类问题的交叉操作实例

从图 13.8 中可以看出，$\boldsymbol{M}_k$ 的编码长度为 3，$\boldsymbol{M}_t$ 的编码长度为 4。因此，交叉后编码矩阵 $\boldsymbol{M}_s$ 的编码长度为父类中的最小值 3。根据分类正确率 $\boldsymbol{P}$ 分别对两个父类矩阵排序，得到两个选取序列 $\tau_k=\{d_3, d_1, d_2\}$ 和 $\tau_t=\{d_4, d_2, d_3, d_1\}$。先令 $\boldsymbol{M}_k$ 为母体，并从选取序列 τ_k 中取出 d_3 作为输出编码矩阵 $\boldsymbol{M}_s$ 的第一列，并将 d_3 从选取序列 τ_k 删去。此时 $\boldsymbol{M}_s$ 中重复的码元的个数为 2，满足 $2\leqslant 4=2^{3-1}$。令 $\boldsymbol{M}_t$ 为母体，从选取序列 τ_t 中取出 d_4 添加到编码矩阵 $\boldsymbol{M}_s$ 中，并将 d_4 从选取序列 τ_k 删去。此时 $\boldsymbol{M}_s$ 中重复的码元的个数为 2，满足 $2\leqslant 2=2^{3-2}$。再令

$\boldsymbol{M}_k$为母体，从序列 τ_k 中选取出第一列 d_1 添加到编码矩阵 $\boldsymbol{M}_s$ 中，并将 d_1 从序列 τ_k 中删除。此时，$\boldsymbol{M}_s$ 中重复的码元的个数为 2，不满足 $2\leqslant 1=2^{3-3}$。因此将 d_1 从 $\boldsymbol{M}_s$ 删去，重新从序列 τ_k 选取 d_2 添加到 $\boldsymbol{M}_s$ 中，此时重复的码元的个数为 1，满足 $1\leqslant 1=2^{3-2}$，矩阵 $\boldsymbol{M}_s$ 的编码长度达到 3，算法终止，输出交叉后的编码矩阵 $\boldsymbol{M}_s$。

6. 选择操作

沿用生物进化理论中的概念，种群中能适应环境、在生存竞争中获得优胜的个体获得繁衍进化的机会，而在竞争中失败的个体遭到淘汰，即为自然选择。在对抗体进行扩增、变异和交叉等操作后，基于自然选择理论，同样也需要选择最优抗体进入下一代。设原抗体为 $\boldsymbol{I}_A(k)$，经过扩增、变异和交叉等操作后亲合度最大的抗体为 $\boldsymbol{I}'_A(k)$，为了保持抗体种群的多样性，给出如下选择算子：

$$P[\boldsymbol{I}_A(k+1)=\boldsymbol{I}'_A(k)]=\begin{cases}1 & f[\boldsymbol{I}_A(k)]<f[\boldsymbol{I}'_A(k)]\\ \exp\left(-\dfrac{f[\boldsymbol{I}_A(k)-f(\boldsymbol{I}'_A(k)]}{\alpha}\right) & f[\boldsymbol{I}_A(k)]\geqslant f[\boldsymbol{I}'_A(k)]\ \text{且}\ \boldsymbol{I}_A(k)\ \text{不是目前群体最优抗体}\\ 0 & f[\boldsymbol{I}_A(k)]\geqslant f[\boldsymbol{I}'_A(k)]\ \text{且}\ \boldsymbol{I}_A(k)\ \text{是目前群体最优抗体}\end{cases}\tag{13.19}$$

其中 $\alpha>0$ 是一个与抗体种群的多样性相关的常数；α 取值越大则多样性越好，反之则多样性越差。

13.3.3 算法流程

基于以上分析，给出基于免疫克隆选择编码的核匹配追踪多类分类算法的具体步骤：

算法 13.7　基于免疫克隆选择编码的核匹配追踪多类分类算法

输入： 训练样本集 D，测试样本集 X，验证样本集 T，类别数 N。

输出： 判决结果 C。

Step1： 参数设置，设置初始种群数目为 Popsize，克隆规模为 Clonalsize，变异概率 P_1，交叉概率 P_2 以及进化终止条件；设置核匹配追踪学习机的停机条件。

Step2： 根据式(13.17)、式(13.18)对当前种群 $A(k)$ 进行克隆扩增操作，得到种群 $A'(k)$。

Step3： 以概率 P_1 对扩增后的种群 $A'(k)$ 进行变异，得到种群 $A''(k)$。

Step4： 以概率 P_2 对当前种群进行交叉操作，得到种群 $A'''(k)$。

Step5： 根据式(13.19)对当前种群 $A'''(k)$ 进行选择操作，令 k++，得到新一代种群 $A(k)$。

Step6： 判断进化是否达到终止条件，如果是，则跳出循环，并输出最优编码矩阵 $\boldsymbol{M}_{N\times n}$。

Step7： 基于最优编码矩阵 $\boldsymbol{M}_{N\times n}$ 对训练集 D 进行训练，得到一个多类分类器。

Step8： 将测试集 X 输入多类分类器，得判决结果 C。

整个算法的流程如图 13.9 所示。

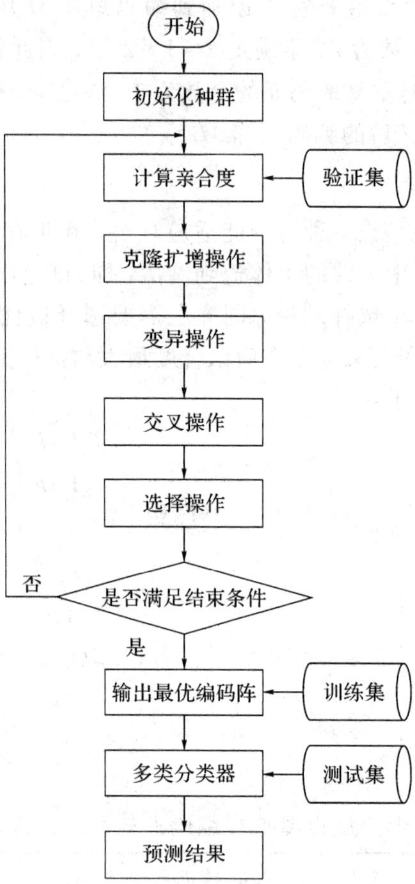

图 13.9 算法流程图

13.3.4 算法复杂度分析

若假设训练一个二分类器所需的平均计算量为一固定常数 r，那么对 n 类分类问题，采用 OVA 编码策略需要 n 个二分类器，则其算法复杂度为 $O(n\cdot r)$；若令抗体种群规模为 I，算法迭代次数为 k，且初始化过程中采用了最短编码长度方法，因此在迭代过程中各抗体的编码长度可近似看作 $\mathrm{Int}[\log_2 n]$，本节给出的基于免疫克隆选择编码方法的算法复杂度应为 $O(I\cdot k\cdot \mathrm{Int}[\log_2 n]\cdot r)$。但是实际应用发现，在算法迭代时，不需要重复对二分类器进行训练，只需要将训练好的二分类器参数存储起来，需要的时候直接读取相应参数即可，算法的时间复杂度可近似简化为 $O(I\cdot \mathrm{Int}[\log_2 n]\cdot r)$。该方法虽然在时间复杂度上要大于 OVA 编码方法，但仍是线性时间复杂度，因此本节方法的时间性能尚在可接受范围内。

13.3.5 实验与分析

为了验证本节提出的基于免疫克隆选择编码的核匹配追踪多类分类算法的有效性，将本节方法分别与本章 13.2 节提出的 Hadamard 方法、OVA 方法、OVO 方法三种事前编码方法及 Pedrajas 方法[16]、Bautista 方法[15]两种事后编码方法进行对比。为了保证估计分类错误率的正确性，依据双边估计 t 检验法计算置信水平为 0.95 的错误率置信区间为最后结果，具体如计算公式(13.5)所示。实验主要分为两个部分，第一个部分采用 13.2.5 节的 8 组 UCI 数据集及另外一组计算机视觉数据集对算法的有效性进行测试。第二部分则采用 10.3.4 节的弹道中段目标的 RCS 数据集，对本节算法应用于弹道中段目标识别领域的有效性进行测试。

1. 公共数据集识别

除了 UCI 数据外，还选择一组交通标志数据集(Traffic Symbols，TS)进行实验。该数据集包含了从自然场景中采集到的 17 类共 550 个样本。这些样本在实际采集过程中存在仿射变换、部分遮挡、背景影响以及照明变化等干扰因素存在，因此在识别过程中也存在不小的难度。部分交通标志样本如图 13.10 所示。

图 13.10　部分交通标志样本

实验过程中选取高斯核作为核函数，解码过程采用汉明距离解码方法，设置种群规模为 $5N$，其中 N 为类别数，克隆规模取初始种群的规模的 2 倍，变异概率 $P_1=0.9$，交叉概率 $P_2=0.6$，其余参数根据验证取值，令亲和度值连续 5 次迭代没有改善为算法终止条件。实验结果如表 13.5 所示。

表 13.5　各数据集分类错误率及置信水平为 0.95 的置信区间(%)

数据集	OVA	OVO	Hadamard	Pedrajas	Bautist	本节方法
Iris	4.96±6.12 3	4.19±4.72 3	**3.99±4.72 3**	4.26±6.74 3.8	4.81±3.69 3.2	4.32±3.41 3.2
Yeast	76.14±13.72 10	56.26±6.54 45	54.44±11.94 15	**53.14±18.32 5**	55.26±12.22 5.6	53.44±12.34 5
Glass	13.87±10.61 7	**12.53±9.07 21**	12.69±9.10 7	13.47±9.41 6.2	13.13±10.7 5.7	12.59±9.17 5.2
Satimage	22.82±5.53 6	20.16±9.74 15	22.66±5.64 7	21.33±7.88 3	19.21±6.85 4.3	**18.17±3.85 4**

续表

数据集	OVA	OVO	Hadamard	Pedrajas	Bautist	本节方法
Segment	8.82±4.35 7	8.52±2.44 21	8.18±3.52 7	9.63±6.75 3	9.18±3.52 5	**7.31±4.03** **5**
Vehicle	22.92±5.35 4	23.57±6.40 6	22.05±6.40 3	23.27±5.08 3.8	23.77±3.97 4	**21.95±6.02** **3**
Vowel	2.91±1.41 11	1.86±1.75 55	1.95±1.78 15	2.63±1.48 7	**1.68±1.33** **5.6**	1.77±1.99 5
Zoo	30.62±11.26 7	**28.05±9.41** **21**	28.61±6.37 7	29.47±10.22 5	31.05±9.73 5.6	29.23±4.55 7
TS	8.26±6.12 36	8.66±4.72 630	5.19±4.72 63	6.26±5.19 7.2	5.69±3.69 6.2	**4.63±4.72** **7**

表 13.5 分别为 6 种编码方法在 9 组公共数据下的错分率及置信水平为 0.95 的置信区间，各个数据集上最优的分类错误率在表中加粗表示，其中每一格的第二行为编码方法所需的编码长度。本节提出的基于免疫克隆选择编码的核匹配追踪多类分类算法在大部分数据集上获得了最低的分类错误率，在 Glass 和 Vowel 数据集上，本节方法的分类性能仅次于最好的方法，而且分类结果相差不大。可见本节通过引入免疫克隆选择编码方法，能够更好地搜索到符合问题域的编码矩阵，从而获得更好的分类效果。为了得到更具统计意义的实验结论，这里还采用秩和检验法对以上实验结果进行分析，其中秩水平计算公式为

$$R_j = \frac{1}{J}\sum_i r_i^j \tag{13.20}$$

式中 J 为每种方法所进行的实验次数；r_i^j 为在第 i 个数据集上用第 j 种方法所得到的秩大小。

表 13.6 给出了各编码方法错误率及编码长度对应的秩和平均数。

表 13.6 各编码方法秩和平均数比较

	OVA	OVO	Hadamard	Pedrajas	Bautist	本节方法
错误率	4.8	2.4	3.4	4.2	3.5	1.9
编码长度	2.8	5.6	3.2	2.2	1.9	1.6
平均值	3.8	4.0	3.3	3.2	2.7	1.7

从表 13.7 可以看出，综合考虑分类错误率及编码长度的情况下，本节方法所得到的秩和平均数最小，Bautist 方法次之，OVO 方法最大。为了进一步验证这六种编码方法在统计意义上的显著差别，采用 Nemenyi 检验方法——即两种方法的秩和平均差大于临界值 CD (critical difference value)时，两种方法具有显著性差异[23]

$$\mathrm{CD} = q_\alpha \sqrt{\frac{k(k+1)}{6J}} \tag{13.21}$$

其中 J 为每次实验的次数；k 为所要验证的方法数；q_α 则需通过查询"The Studentized

Range Statistic"表得到。

本实验比较了 6 种方法在置信水平为 $\alpha=0.05$ 下的分类效果，即 $k=6$，$q_{0.05}=2.850$，代入式(13.21)可得差异临界值 CD 为 1.778。观察表 13.7 可知，本节方法与 OVA 方法、OVO 方法、Hadamard 方法、Pedrajas 方法及 Bautist 方法的秩和平均差分别为 2.1、2.3、1.8、1.5、1。因此除了 Bautist 方法和 Pedrajas 方法，本节方法在 95% 的置信区间都要好于其他几种编码方法。同时，与其他方法相比，本节方法在大部分数据集上都能够获得最优的分类错误率，因此所提方法是有效的。

2. 弹道中段目标 RCS 数据集识别实验

为了检验本节算法应用于弹道中段目标识别领域的效果，实验选取 10.2.5 节的 RCS 数据集进行实验。实验过程中选取高斯核作为核函数，设置种群规模为 $5N$，其中 N 为类别数，克隆规模取初始种群的规模的 2 倍，变异概率 $P_1=0.85$，交叉概率 $P_2=0.65$，其余参数根据验证取值，令亲合度值连续 5 次迭代没有改善为算法终止条件。解码过程分别采用汉明距离解码(HD)、欧式距离解码(ED)及最小二乘解码(LS)等三种解码策略进行实验，结果如表 13.7 所示。

表 13.7　各分类方法的分类精度对比

解码方法	OVA	OVO	Hadamard	Pedrajas	Bautist	本节方法
HD	16.15±3.39 4	17.81±3.35 6	16.30±3.31 7	16.22±3.76 5.2	16.04±3.66 4	**15.36±4.24 4.3**
ED	18.37±4.51 4	17.86±2.57 6	16.38±3.52 7	16.33±3.65 5.2	**16.13±2.16 4**	16.30±2.73 4.3
LS	16.38±5.93 4	16.78±3.46 6	**15.33±3.21 7**	17.38±5.21 5.2	17.69±2.42 4	15.62±5.21 4.3

这里采用秩和检验法对表 13.7 所示的结果进行分析，其中秩水平计算如公式(13.20)所示。表 13.8 为各方法所对应的秩和平均数。

表 13.8　各编码方法秩和平均数比较

	OVA	OVO	Hadamard	Pedrajas	Bautist	本节方法
HD	3	6	5	4	2	1
ED	6	5	4	3	1	2
LS	3	6	1	4	5	2
平均值	4	5.6	3.3	3.6	2.6	**1.6**

从表 13.9 中可以看出本节方法的秩和平均数最小，而基于 OVO 编码方法的秩和平均数最大，这说明从统计学的角度来看本节提出的基于免疫克隆选择编码的核匹配追踪多类分类方法在对弹道中段目标 RCS 数据进行分类时，其性能要好于其余类型编码方法。此外，本章 13.2 节提出的基于 Hadamard 纠错码的核匹配追踪多类分类算法虽然在分类性能上要略逊于本节算法，但该方法属于事前编码方法，其时间性能较其他事后编码方法具有明显优势，因此 13.2 节算法在需要同时兼顾时效性和识别率的弹道中段目标识别领域同样不失为一种有效方法。

本章小结

本章针对核匹配追踪方法只能实现二类分类的问题进行研究，通过引入 ECOC 的思想，将核匹配追踪算法推广到多类分类领域，并利用纠错码本身具备的纠错能力进一步提高分类器的分类性能，具体内容有：

（1）首先对 ECOC 的思想进行了研究，从理论上分析了建立 ECOC 框架下核匹配追踪多类分类学习机的可行性，并提出了一种基于 Hadamard 纠错码的核匹配追踪多类分类方法，该方法能够对任意类别的多类分类问题快速生成编码矩阵，且编码长度较短，降低了存储量且提高了运行效率。实验结果表明，该方法相对经典的 OAR 方法及 OAO 方法而言，具有更好的识别效果和鲁棒性。

（2）为了构造符合问题域的编码矩阵，从而进一步提升基于 ECOC 的核匹配追踪多类分类方法的性能，提出了一种基于免疫克隆选择编码的核匹配追踪多类分类方法。该方法通过对约束条件进行分析，并引入抗原、抗体、克隆、变异及其相应算子，使得该算法兼顾了全局最优和局部快速搜索，从而能够更快速、有效地得到符合问题域的编码矩阵。通过在公共数据集和弹道中段目标 RCS 数据集上的实验验证，说明本章提出的基于免疫克隆选择编码的核匹配追踪多类分类方法相比其他方法而言，具有更好的识别效果，是一种比较实用、有效的弹道中段目标识别方法。

参考文献

[1] Vapnik V N. Statistical learning theory[M]. New York: John Wiley&Sons, 1998: 18 - 20.

[2] KreBel U. Pairwise classification and support vector machines in advances in kernel methods-support vector learning[C]. Schölkopf B, Burges C J C, Smola A J(eds). Cambridge, MA: MIT Press, 1999: 255 - 268.

[3] Nicolás G P, Domingo O B. Improving multiclass pattern recognition by the combination of two strategies [J]. IEEE Transactions on Pattern Analysis and Machine Intelligence, 2006, 28(6): 1001 - 1006.

[4] Dietterich T G, Bakiri G. Solving multiclass learning problems via error-correcting output codes[J]. Journal of Artificial Intelligence Research, 1995, 34(2): 263 - 286.

[5] Allwein, E, Schapire R, Singer Y. Reducing multiclass to binary: a unifying approach for margin classifiers [C]. In Machine Learning: Proceedings of the Seventeenth International Conference, 2000: 1545 - 1550.

[6] Francesco C, Oriol P, Petia R. ECOC - DRF: discriminative random fields based on error correcting output codes[J]. Pattern Recognition, 2014, 47(6): 2193 - 2204.

[7] MiguelÁ B, Sergio E, Xavier B, et al. On the design of an ECOC - compliant genetic algorithm[J]. Pattern Recognition, 2014, 47(2): 865 - 884.

[8] Mohammad A B, Gholam A M, Ehsanollah K. A subspace approach to error correcting output codes [J]. Pattern Recognition Letters, 2013, 34(2): 176 - 184.

[9] 尹安容，谢湘，匡镜明. Hadamard 纠错码结合支持向量机在多分类问题中的应用[J]. 电子学报，2008，36(1)：122 - 126.

[10] 周进登，王晓丹，崔永花，等. 基于证据理论的纠错输出编码解决多类分类问题[J]. 控制与决策，

2014, 28(4): 498 - 500.

[11] 周进登, 王晓丹, 周红建. 基于混淆矩阵的自适应纠错输出编码多类分类方法[J]. 系统工程与电子技术, 2012, 34(7): 1518 - 1524.

[12] Crammer K, Singer Y. On the learnability and design of output codes for multi-class problems[J]. Machine Learning, 2002, 47(2～3): 201 - 233.

[13] Lorena A C, Carvalho A C P L F. Evolutionary design of multiclass support vector machines[J]. Journal of Intelligent and Fuzzy Systems, 2007, 18(6): 445 - 454.

[14] Bautista M Á, Escalera S, Baró X, et al. Minimal design of error-correcting output codes[J]. Pattern Recognition Letters, 2012, 33(6): 693 - 702.

[15] Bautista M Á, Escalera S, Baró X, et al. On the design of an ECOC-compliant genetic algorithm[J]. Pattern Recognition, 2014, 47(2): 865 - 884.

[16] Pedrajas N G, Fyfe C. Evolving output codes for multiclass problems[J]. IEEE Transactions on Evolutionary Computation, 2008, 12(1): 93 - 106.

[17] Fornés A, Lladós J, Sánchez G. Old handwritten musical symbol classification by a dynamic time warping based method[J]. Lecture Notes in Computer Science, 2008, 46(1): 51 - 60.

[18] Castro L N, von Zuben F J. Learning and optimization using the clonal selection principle[J]. IEEE Transactions on Evolutionary Computation, 2002, 6(3): 239 - 251.

[19] 刘若辰, 杜海峰, 焦李成. 基于柯西变异的免疫单克隆策略[J]. 电子学报, 2004, 32(1): 1880 - 1884.

[20] Gou S P, Zhang X, Jiao L C. Quantum immune fast spectral clustering for SAR image segmentation [J]. IEEE Geoscience and Remote Sensing Letters, 2012, 9(1): 8 - 12.

[21] 马文萍, 黄媛媛, 李豪, 等. 基于粗糙集与差分免疫模糊聚类算法的图像分割[J]. 电子学报, 2014, 25(11): 2675 - 2689.

[22] Robert B, Pawel T. Construction of sequential classifier using confusion matrix[J]. Lecture Notes in Computer Science, 2013, 8104(1): 408 - 419.

[23] Demsar J. Statistical comparisons of classifiers over multiple data sets[J]. Machine Learning Research, 2006, 35(7): 1 - 30.

致 谢

著作的完成永远是我生命中重要的里程碑。为此，许多人值得感谢！

如果没有尤著宏教授、张明书副教授的精心指导，我不可能顺利完成整本专著的撰写与修正。两位老师治学严谨，博闻敏识，雅量高致，蔚为宗风，使我犹之惠风，荏苒在衣，受益匪浅。在此，谨向两位老师表示最诚挚的谢意！

感谢孔韦韦副教授，亦是我的爱人。孔韦韦副教授造诣高深，思想深邃，谈吐幽默，求真务实，富于创新性。在我撰写专著期间，孔韦韦副教授在学习、生活和工作各方面对我非常关心，多次给我进行指导。谢谢您，我的爱人！

感谢余晓东、刘佳、任聪老师！他们在全书编撰过程中也付出了大量的辛劳与时间，也让我通过这次的编著经历感受到了他们渊博的学识、精深的造诣、开阔的思路、创新的思维！

对所引资料的作者们表示崇高的敬意和诚挚的谢意！

最后，感谢此书的编辑李惠萍和唐小玉的指导与建议和辛勤劳动！